Unser
Technikerbe

Unser Technikerbe

350 Denkmäler und Zeugnisse deutscher Technikkultur

Ellen Aster, Henning Aubel, Dietmar Falk,
Lars Günther, Brigitte Lotz

Inhalt

Technoseum

TECHNO-
SEUM
Landesmuseum für
Technik und Arbeit
in Mannheim
Museumsstraße 1
68165 Mannheim
Tel. 0621/42989
www.techno-
seum.de

Die Industrie- und Arbeiterstadt Mannheim hat sich mit dem Technoseum ein würdiges Denkmal gesetzt. An die Bedeutung als Hafenstadt erinnert ein Museumsschiff.

Neben dem Deutschen Museum in München und dem Deutschen Technikmuseum Berlin gehört das Technoseum zu den großen Technikmuseen in Deutschland. 1990 eröffnete der rampenförmige Bau seine Pforten und bringt auf 8000 Quadratmetern dem Publikum die Industrialisierung Südwestdeutschlands nahe. Schwerpunkte der Dauerausstellung sind die Sternwarte, eine Papiermühle, eine Weberei und eine Dampfmaschine sowie die Themen Eisenbahn und Bionik. Das Museumsschiff auf dem Neckar ist das größte Exponat. Der historische Schaufelraddampfer informiert über die Geschichte der Binnenschifffahrt, das Bergungstauchen und die Seelsorge für Schiffsleute. Vorbildlich ist das museumspädagogische Konzept des Technoseums. 2011 wurde die dritte Mitmach-Ausstellung »Elementa 3« eröffnet, 2012 fanden zum dritten Mal die »Mannheimer Techniktage« statt, gegliedert in einen Fortbildungstag für Lehrerinnen und Lehrer aller Schularten und einen Schülertag, an dem sich die Schülerinnen und Schüler mit eigenen Technikprojekten einbringen konnten.

Die 1908 gebaute Kolbendampfmaschine sicherte die Eigenversorgung einer Waggonfabrik. Sie läuft im Vorführbetrieb des Museums.

Sternwarte

Dem naturwissenschaftlichen Interesse von Kurfürst Karl Theodor von der Pfalz ist es zu verdanken, dass Mannheim 1772 eine Sternwarte von europäischer Bedeutung erhielt.

Alte Sternwarte
A4
68159 Mannheim
Tel: 0621/2935900
www.rhein-neckar-industriekultur.de

Sie wurde als mit Sandstein verblendeter Achteckbau in Sichtweite

des Schlosses errichtet und enthielt Instrumente zur Erdvermessung und Himmelsbeobachtung, unter anderem einen großen Mauerquadranten aus der Werkstatt von John Birch aus London. Die Sternwarte wird heute privat genutzt und kann nicht besichtigt werden. Modelle und Instrumente sind im Technoseum in Mannheim ausgestellt.

Der barocke Turm der Sternwarte beherbergt heute Ateliers.

Wasserturm am Friedrichsplatz

Der 1889 vollendete Wasserturm ist das Wahrzeichen der Quadratestadt Mannheim und Teil der Jugendstilanlage Friedrichsplatz.

Wasserturm
Friedrichsplatz
68161 Mannheim

Mit einer Höhe von 60 Metern, einem Durchmesser von 19 Metern und einem Fassungsvermögen von 2000 Kubikmetern war der 1886 bis 1889 im Stil des Neobarock errichtete Turm als Teil der Mannheimer

Trinkwasserversorgung noch bis zum Jahr 2000 in Betrieb. Das Jugendstilensemble Friedrichsplatz mit Arkadenhäusern, Wasserbecken, Garten, Kunsthalle und Festhalle Rosengarten entstand im Anschluss.

Im Zweiten Weltkrieg wurde der Wasserturm stark beschädigt und erst 1963 wieder originalgetreu restauriert.

Benz Patent-Motorwagen

**Automuseum
Dr. Carl Benz**
Ilvesheimer
Straße 26
68526 Ladenburg
Tel. 06203/181786
www.automuseum-
dr-carl-benz.de

**Prunkstück der
Sammlung ist der
Benz Patent-Motor-
wagen.**

Im Januar 1886 reichte Carl Benz das Patent für das erste Automobil mit Verbrennungsmotor ein, ein halbes Jahr später fand in Mannheim die erste Probefahrt mit dem dreirädrigen Wagen statt.

Unterstützung erhielt der Automobilpionier Carl Benz durch seine Frau Bertha, die mit dem Nachfolgemodell Benz Patent-Motorwagen Nummer 3 im Jahr 1888 mit ihren beiden Söhnen eine 106 Kilometer lange Überlandfahrt von Mannheim nach Karlsruhe und zurück unternahm. In der Stadtapotheke von Wiesloch musste sie Ligroin, eine Art Waschbenzin, tanken. Die Apotheke bezeichnet sich heute stolz als erste Tankstelle der Welt.
Der Prototyp steht heute im Automuseum Dr. Carl Benz in Ladenburg, der alten Benz-Fabrik von 1906. Hier wurden zunächst Motoren, später bis 1925 auch Autos hergestellt. Seit 2004 sind in historischem Ambiente rund 70 Fahrzeuge ausgestellt. Erinnerungsstücke an den Gründer der Benz-Fabriken in Mannheim und Ladenburg sind in der ehemaligen Benz-Villa in Ladenburg ausgestellt.

Wankelmotor

**Museum
Autovision**
Hauptstraße 154
68804 Altlußheim
Tel. 06205/307661
www.autovision-tra-
dition.de

Schon 1926 beschäftigte sich der Ingenieur Felix Wankel (1902–1988) mit der Konstruktion eines Kreiskolbenmotors. Das »Museum Autovision« widmet dem Wankelmotor eine Dauerausstellung.

In der Ausstellung »Autovision« wird anhand von mehr als 80 Rotationsmotoren und über 20 Wankelfahrzeugen eine Chronik von den rotierenden Umlaufmotoren bis zu aktuellsten Entwicklungen der Kreiskolbenmotoren – und deren Anwendungsmöglichkeiten gezeigt. Vorteile des 1957 in den NSU-Werken in Neckarsulm entwickelten Wankelmotors sind seine Laufruhe und der geringe Raumbedarf, ein großer Nachteil der hohe Kraftstoffverbrauch.

Hochdrucktechnik

Gemeinsam mit Fritz Haber entdeckte Carl Bosch 1910 im Auftrag des Chemiekonzerns BASF das Haber-Bosch-Verfahren zur industriellen Herstellung von Ammoniak.

Das 1998 eröffnete Carl Bosch Museum, 2007 um das Museum am Ginkgo erweitert, widmet sich auf acht Stationen dem Lebenswerk des genialen Erfinders. Im »Forschungslabor« und in der »Hochdruckwerkstatt« wird das Haber-Bosch-Verfahren veranschaulicht.

Carl Bosch Museum
Schloss-Wolfsbrunnenweg 46
69118 Heidelberg
Tel. 06221/603616
www.carl-bosch-museum.de

Das Carl Bosch Museum befindet sich im ehemaligen Garagenhaus der Heidelberger Villa von Carl Bosch.

Heidelberger Bergbahnen

Gleich drei deutsche Rekorde können die Bergbahnen aufweisen: Mit 1,5 Kilometern sind sie die längste Standseilbahn; das untere Teilstück ist die modernste, das obere die älteste ihrer Art.

1890 wurde die untere Bergbahn eingeweiht. Sie führt vom Kornmarkt in Heidelberg über das Schloss zur Molkenkur. Die treppenförmig aufgebauten Wagen fuhren damals noch mit Wasserballast. 1907 wurde das obere Teilstück, das am Aussichtsberg Königstuhl endet, eröffnet. Beide Bahnen hatten nun einen elektrischen Antrieb. Zwischen 2002 und 2005 wurden die Bahnen umfassend saniert, sodass 2007 das hundertjährige Jubiläum gefeiert werden konnte.

Heidelberger Straßen- und Bergbahn GmbH
Kurfürsten-Anlage 42–50
69115 Heidelberg
Tel. 06221/513-0
www.bergbahn-heidelberg.de

Historische Bergbahn an der Station Molkenkur

Auto & Technik MUSEUM SINSHEIM

Auto & Technik MUSEUM SINSHEIM
IMAX 3D Filmtheater
Museumsplatz
74889 Sinsheim
Tel. 07261/92990
www.sinsheim.technik-museum.de

Die ausgestellten Flugzeuge auf dem großen Freigelände sieht man bereits von der Autobahn A6 aus. Das an 365 Tagen im Jahr geöffnete Technikmuseum und das IMAX 3D Filmtheater ziehen alljährlich mehr als eine Million Besucher an.

Auf der 50 000 Quadratmeter großen Ausstellungsfläche, davon allein 30 000 Quadratmeter Hallenfläche, werden über 3000 Exponate präsentiert. Das Auto & Technik MUSEUM SINSHEIM wird zusammen mit dem Technikmuseum in Speyer von einem Förderverein betrieben. 1981 öffneten sich in Sinsheim die Tore des Museums. Damals stand eine respektable Sammlung von Oldtimern im Mittelpunkt der Ausstellung. Dank steigender Besucherzahlen wurde das Haus ständig erweitert, 1996 eröffnete Deutschlands erstes IMAX 3D Filmtheater in Sinsheim. Zu den größten Attraktionen gehören zwei

Überschall-Passagierflugzeuge: 2000 konnte die russische Tupolew TU-144 erworben werden, 2004 die britisch-französische Concorde. Allein der spektakuläre mehrmonatige Transport der beiden großen Flugzeuge zu Land und zu Wasser zog viele Schaulustige an. Die beiden Überschallflugzeuge sind begehbar, ebenso wie eine Junkers JU 52, eine Douglas DC 3, eine Vickers Viscount, eine Iljuschin II-18 und eine Tupolew TU-134.
Neben den Flugzeugen nehmen eine militärhistorische Ausstellung, landwirtschaftliche und andere Nutzfahrzeuge sowie die thematisch geordneten Auto- und Motor-

Das Raketenauto »The Blue Flame« – der Rennfahrer Gary Gabelich stellte damit 1970 mit über 1000 Stundenkilometern einen neuen Weltrekord auf.

radsammlungen einen breiten
Raum ein: von den American
Dream Cars über die Sport- und
Rennwagen bis zu den Prunkstü-
cken von Maybach. Zu den ganz

speziellen Exponaten gehören die
»Blue Flame«, das schnellste Land-
fahrzeug mit Raketenantrieb, und
eine der modernsten Photovoltaik-
anlagen auf dem Museumsdach.

**Schon von Weitem
sieht man das
Überschallflugzeug
Tupolew TU-144.**

Salzbergwerk Bad Friedrichshall-Kochendorf

Südwest-deutsche Salzwerke AG
Salzbergwerk
Bad Friedrichshall-Kochendorf
Bergrat-Bilfinger-Straße 1
74177 Bad Fried-richshall
Tel. 07136/2713303
www.salzwerke.de

Über den Schacht König Wilhelm II. führt ein Aufzug den Besucher 180 Meter in die Tiefe.

1994 stellte die Südwestdeutsche Salzwerke AG den Salzabbau im Bergwerk Bad Friedrichshall-Kochendorf ein. Erhalten blieb das Besucherbergwerk Kochendorf mit dem beeindruckenden Kristallsaal.

Ab 1816 wurde in Jagstfeld am Neckar Steinsalz gefördert. 1895 zerstörte ein Wassereinbruch die Saline, zurück blieb der Schachtsee, heute ein Badesee. Die Förderung von Speise- und Industriesalz wurde ab 1899 im benachbarten Kochendorf weitergeführt. 1933 wurden Kochendorf und Jagstfeld, seit 1831 Solbad, zur Stadt Bad Friedrichshall vereinigt. Der 180 Meter tiefe Schacht König Wil-helm II. er-schloss in Kochendorf ein 25 Meter mächtiges Steinsalzlager. Das in der Friedrichshaller Saline aufbereitete Salz wurde über den Neckarkanal bis in die Niederlande verschifft. 1994 wurde die Förderung in Ko-chendorf eingestellt, während die unterirdisch mit Kochendorf verbun-denen Salzlager in Heilbronn weiter ausgebeutet werden. Ein besonde-res Produkt sind Salzlecksteine für Tiere in der Land- und Forstwirt-schaft.

Der größte Teil des ehemaligen Bergwerks wird als Versatzbergwerk benutzt und verfüllt. Weitergeführt wird das schon seit 1990 existie-rende Besucherbergwerk. Nach der Einfahrt mit dem Förderkorb erwar-tet den Besucher ein 1,5 Kilometer langer Rundweg, der zu dem denk-malgeschützten Kristallsaal aus dem Jahr 1920, einer Salzaufbereitungs-anlage und mehreren Ausstellungs-räumen führt. An ein trauriges Kapitel erinnert die Ausstellung Ge-denkstätte KZ Kochendorf. Die Häftlinge einer Abteilung des Kon-zentrationslagers Natzweiler-Strut-hof sollten 1944 im Salzbergwerk eine Rüstungsfabrik anlegen.

Bahnbetriebswerk

Das zum Teil denkmalgeschützte Gelände des ehemaligen Bahnbetriebswerks Heilbronn bietet reichlich Platz für das Herzstück des Eisenbahnmuseums, den Ringlokschuppen mit voll funktionsfähiger Drehscheibe.

Die Königlich Württembergischen Staats-Eisenbahnen eröffneten 1893 in Böchingen bei Heilbronn einen großen Rangierbahnhof mit Betriebswerkstatt und Lokschuppen. Der zunächst siebenständige Ringlokschuppen mit einer im Durchmesser 16 Meter großen Drehscheibe wurde schon 1899 auf 15 Stellplätze erweitert. Die neuere Drehscheibe aus dem Jahr 1943 machte ein Wenden der Dampflokomotiven auf engem Raum möglich. Sie besteht aus zwei beweglich miteinander verbundenen Haupttragwerken und hat eine maximale Traglast von 350 Tonnen.

1997 wurde das Bahnbetriebswerk von der Deutschen Bahn stillgelegt. Seit 2000 führt ein privater Trägerverein die Anlage als Museum und kann inzwischen mehr als 80 Eisenbahnwagen und Lokomotiven präsentieren. Bei speziellen »Dampftagen« werden einzelne Exponate und verschiedene Gastlokomotiven auf der Drehscheibe vorgeführt.

Süddeutsches Eisenbahnmuseum Heilbronn
Leonhardstraße 15
74080 Heilbronn
Tel. 07131/3907434
www.eisenbahn-museum-heilbronn.de

Bei den »Dampftagen« dürfen die Lokomotiven auf der Drehscheibe zweimal im Jahr zeigen, was sie können.

Schmuck- und Uhrenherstellung

Technisches Museum der Pforzheimer Schmuck- und Uhren- industrie
Bleichstraße 81
75173 Pforzheim
Tel. 07231/392869

1767 wurde in Pforzheim die erste Schmuck- und Uhrenfabrik zur Beschäftigung von Kindern in einem Waisenhaus gegründet. Seit dieser Zeit entwickelte sich die Stadt zu einem der führenden Zentren der deutschen Schmuck- und Uhrenherstellung.

Noch heute kommen knapp drei Viertel des in Deutschland gefertigten Schmucks und etwa die Hälfte aller Uhren aus der »Goldstadt« Pforzheim. Die Goldschmiede- schule mit Uhrmacherschule ist die einzige ihrer Art in Europa und ge- nießt einen weltweiten Ruf.
Das in einer ehemaligen Schmuck- warenfabrik beheimatete Techni- sche Museum der Pforzheimer Schmuck- und Uhrenindustrie de- monstriert mithilfe von über 700 meist voll funktionsfähigen Maschi- nen die traditionelle Arbeit der Goldschmiede und Uhrmacher.

Der Besucher erfährt, wie Ketten hergestellt werden, wie man Hohl- formen aus Edelmetall gießt oder wie eine Guillochiermaschine feinste Gravuren auf Metall zaubert. Die Uhrenabteilung des Museums führt die Arbeitsschritte eines Uhr- machers in der Vergangenheit und Gegenwart vor.
Die fertigen Produkte lassen sich im nahe gelegenen Schmuckmuseum bewundern, darunter auch die Ta- schenuhren aus der Sammlung Phi- lipp Weber. Der Pforzheimer Uh- renfabrikant stellte 1971 die erste deutsche Quarzarmbanduhr her.

Beim Guillochieren werden vorgege- bene dekorative Li- nienmuster in eine Metalloberfläche geschnitten.

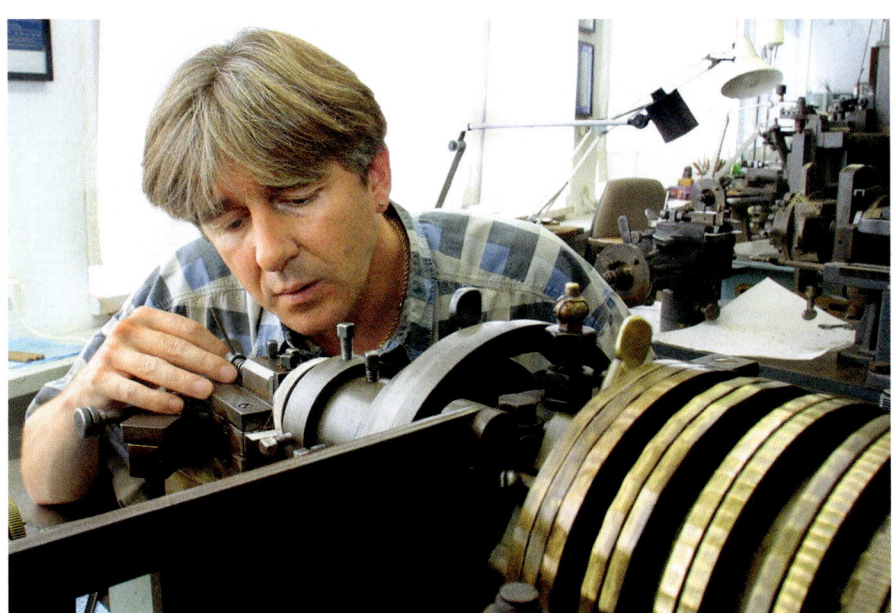

Fernsehturm

Er war das Vorbild für viele andere: Der 1954/55 aus Stahlbeton erbaute Stuttgarter Fernsehturm auf dem Hohen Bopser war der erste seiner Art weltweit.

Fernsehturm Stuttgart
Jahnstraße 120
70597 Stuttgart
Tel. 0711/232597
www.fernsehturms-tuttgart.com

Der 217 Meter hohe Fernsehturm im Stuttgarter Stadtteil Degerloch ist eines der Wahrzeichen der schwäbischen Metropole. Ursprünglich wollte der Süddeutsche Rundfunk, wie auch andernorts üblich, seine Sendeanlagen auf einem 200 Meter hohen Stahlgittermast errichten. Nach anfänglichem Zögern ging man auf den Vorschlag des Stuttgarter Brückenbauers Fritz Leonhard ein und entschied sich für eine wesentlich teurere Stahlbetonkonstruktion, die sich auch touristisch und gastronomisch nutzen ließ.

Das besondere Merkmal der Konstruktion ist der fast kreiszylindrische Korb, in dem die Aussichtsplattform, eine Gaststätte und die Sendertechnik untergebracht sind. Nach 20 Monaten Bauzeit wurde der Turm 1956 eingeweiht. Die hohen Baukosten hatten sich schon nach fünf Jahren durch die Eintrittsgelder amortisiert. Weil die Fernsehantennen für den Frequenzbereich des terrestrischen Fernsehens nicht mehr geeignet sind, sendet der Fernsehturm seit 2006 nur noch Radioprogramme, dank einer neuen Antenne auch digital. Bis dahin hatten schon 25 Millionen Besucher einen der Fahrstühle betreten, um in 36 Sekunden auf die Aussichtsplattform zu gelangen. 2009 wurde der Fernsehturm als »Historisches Wahrzeichen der Ingenieurbaukunst in Deutschland« ausgezeichnet.

Mercedes-Benz Museum

**Mercedes-
Benz Museum**
Mercedesstraße 100
70372 Stuttgart
Tel. 0711/1730000
www.mercedes-
benz-classic.com

Rund 120 Jahre
Automobilgeschich-
te kann der Besu-
cher im Museum
nacherleben; schon
das Bauwerk selbst
ist eine Besichtigung
wert.

Seit 2006 zieht im Stuttgarter Stadtteil Bad Cannstatt die auf einem künstlich aufgeschütteten Hügel errichtete Mercedes-Benz-Welt mit ihrer außergewöhnlichen Architektur die Blicke auf sich.

Als Grundriss des Gebäudes dient ein sogenanntes Reuleaux-Dreieck, eine Figur, deren Seiten nicht gerade, sondern gekrümmt sind. Das nach dem deutschen Ingenieur Franz Releaux (1829–1905) benannte Dreieck findet seine praktische Anwendung beispielsweise beim Wankelmotor. Das Gebäude umschließt ein Atrium, um das sich zwei einer DNA-Spirale mit ihrer Doppelhelix nachempfundene Rampen ziehen.

Die Mercedes-Benz-Welt ist das Kundenzentrum des Unternehmens Daimler und beherbergt neben dem Verkaufscenter das Mercedes-Benz Museum.

Die Ausstellungsfläche von 16 500 m² erstreckt sich über neun Ebenen. Während eines etwa zweistündigen barrierefreien Rundgangs können Besucher anhand von mehr als 1500 Exponaten die Geschichte der Automobilindustrie verfolgen. Im Mittelpunkt stehen die Autos von Mercedes-Benz. Die Ebene 0 »Faszination Technik« im Erdgeschoss ist der Forschung und Entwicklung des Fahrzeugkonzerns gewidmet.

Optisches Museum

Der bei Weitem größte Arbeitgeber der Stadt auf der Ostalb ist die Carl Zeiss AG, die in Oberkochen optische Komponenten für militärische und zivile Bereiche sowie optische Systeme für die Halbleiterproduktion herstellt.

Carl Zeiss AG
Carl-Zeiss-Straße 22
73447 Oberkochen
Tel. 07364/202878
www.zeiss.de

Im Ausstellungszentrum der Firma wurde ein optisches Museum mit wertvollen Exponaten nicht nur aus dem Haus Carl Zeiss eingerichtet. Im Zentrum der historischen Ausstellung steht eine umfangreiche Sammlung von Sehhilfen und Brillen aus sieben Jahrhunderten. Gezeigt werden außerdem Fernrohre und Ferngläser, Mikroskope, Objektive und Instrumente zur Vermessung der Erde.

Der Optikkonzern Carl Zeiss AG siedelte sich 1946 in Oberkochen an. Hier ist auch der Sitz der Zentrale. Mit den Tochterfirmen Carl Zeiss Surgical GmbH, die sich auf die Herstellung von Medizingeräten spezialisiert hat, und Carl Zeiss SMT AG, einem führenden Unternehmen für Lithografiesysteme zur Microchipherstellung, bietet die Firma mehr als 4000 Arbeitsplätze.

Geschliffene Lesesteine in allen Größen und Stärken waren die Vorläufer der Brillen.

Märklin Modelleisenbahn

**Märklin
Erlebniswelt**
Reutlinger Straße 2
73037 Göppingen
Tel. 07161/608289
www.maerklin.de

**Seit mehr als 150 Jahren erfreuen die Produkte des Traditions-
unternehmens Märklin die Herzen der Kinder und fast noch mehr
die ihrer Väter.**

1859 begann man mit der Produktion von Puppenküchen, 1891

konnte die erste Modelllokomotive
»Storchenbein« präsentiert werden,
noch in der Spur 1 (Maßstab 1:32).
Zum Wappentier von Märklin
wurde das »Krokodil«. Der große
Erfolg setzte 1935 mit der Spur H0
(Maßstab 1:87) ein; diese Spurweite
ist heute am weitesten verbreitet.
Das Museum in der Erlebniswelt –
schon 1900 gab es ein »Musterzim-
mer« als Werksmuseum – präsentiert eine begehbare Modelleisen-
bahnanlage und bietet Themen-
veranstaltungen.

Kochertalbrücke

**Brücken-
und Urlurch-
museum**
Im Steinig
74542 Braunsbach
Tel. 07906/1480

**Mit einer Höhe von 185 Metern ist die Kochertalbrücke bei
Geislingen am Kocher die höchste Talbrücke Deutschlands.**

1128 Meter führt die Autobahn
über die Hohlkastenbrücke, die
1979 nach dreijähriger Bauzeit fertiggestellt wurde. Über die Bautech-
nik und die wirtschaftliche
Bedeutung des Bauwerks an der A 6
informiert ein kleines Museum, das
nur auf Anfrage geöffnet ist. Dort
sind auch rund 370 Millionen Jahre
alte Fossilien der sogenannten
Dachschädler – ausgestorbene
Amphibien aus dem Unterdevon –
ausgestellt.

**Die acht Pfeiler der
Kochertalbrücke
sind zwischen 40
und 178 Meter
hoch.**

Textildruckerei Pausa

Über 130 Jahre war die Textilindustrie der Wirtschaftsmotor in der Stadt am Fuß der Schwäbischen Alb. 2004 wurde die Stoffdruckerei Pausa stillgelegt, 2006 erwarb die Stadt Mössingen das Firmenareal und die Stoffsammlungen.

Stadtbücherei
Mössingen
Löwensteinplatz 1
72116 Mössingen
Tel. 07473/2701414
www.moessingen.de

1919 gründeten die Brüder Löwenstein auf dem Gelände einer 1875 entstandenen Mechanischen Buntweberei die Pausa AG. Ihr Markenzeichen waren hochwertige Dekorationsstoffe. Künstler wie HAP Grieshaber oder Willi Baumeister und renommierte Textildesigner lieferten die Vorlagen. Die Stoffe wurden auf Ausstellungen gezeigt und mit Preisen ausgezeichnet. Auch die von dem Bauhausschüler Manfred Lehmbruck entworfenen und zwischen 1951 und 1961 errichteten Firmengebäude

sind Zeugnisse des eigenen »Pausa-Stils«. Gedruckt wurde zunächst mit Handmodeln, 1931 stellte man auf Filmhanddruck um.
2001 musste die Firma wegen des immensen Produktionsaufwandes Insolvenz anmelden. Seit 2006 wird das Firmenareal von der Stadt umfangreich saniert. 2011 konnte die erneuerte Tonnenhalle ihrer neuen Bestimmung als Stadtbibliothek übergeben werden. Die Stoffsammlungen, die derzeit restauriert werden, sollen die Basis des zukünftigen Pausa-Museums werden.

Die Entwürfe für die Textildrucke wurden aufwendig mit der Hand gestaltet.

Atomkeller

**Atomkeller-
Museum
Haigerloch**
Pfluggasse 7
72401 Haigerloch
Tel. 07474/69727
www.haigerloch.de

Das idyllische Haigerloch am Rand der Schwäbischen Alb war
Ende des Zweiten Weltkriegs ein Zentrum der deutschen Atomfor-
schung. In einem Felsenkeller entstand der Forschungsreaktor
Haigerloch.

**Herzstück des
Atomkeller-Muse-
ums ist der Nachbau
des Versuchsreak-
tors von 1945.**

Aus Furcht vor den Bombenangriffen der Alliierten während des
Zweiten Weltkriegs wurden Teile
des Kaiser-Wilhelm-Instituts für
Physik, Vorgänger des Max-Planck-

Instituts, 1943 von Berlin nach
Hechingen verlegt. Im nahen Haigerloch wurde im ehemaligen Bierkeller unter der Schlosskirche
Anfang 1945 im Rahmen des natio-
nalsozialistischen »Uranprojekts«
B8 der Forschungsreaktor Haigerloch gebaut. Die Leitung hatte No-
belpreisträger Werner Heisenberg,
dem es wohl zu verdanken war,
dass das ursprüngliche Ziel des Projekts – eine Uran-Atombombe – auf
den Bau eines Reaktors reduziert
werden konnte.
Beim Versuch wurden 664 Uran-
würfel in den mit Schwerem Wasser
gefüllten Reaktor getaucht, der
dann mit einem Deckel verschlos-
sen wurde. Die durch eine Neutro-
nenquelle in Gang gesetzte
Uranspaltung löste allerdings keine
nukleare Kettenreaktion aus.
Der Felsenkeller beherbergt heute
das Atomkeller-Museum, dessen
Hauptattraktion eine Nachbildung
des Forschungsreaktors ist. Daneben finden sich Modelle und Schautafeln zur Geschichte der deutschen
Atomforschung von Otto Hahn bis
heute. Das Original des Reaktors
wurde 1945 von der US-amerikani-
schen Spezialeinheit Alsos abgebaut
und in die USA gebracht.

Krummbach

Das ehemalige Benediktinerkloster Ochsenhausen verfügte im 15. Jahrhundert über ein ausgeklügeltes Bewässerungssystem. Der künstlich angelegte Krummbach versorgte die Mönche mit Brauch- und Trinkwasser.

Städtisches Verkehrsamt
Marktplatz 1
88416 Ochsenhausen
Tel. 07352/922026
www.ochsenhausen.de

Der Wasserbauhistorische Wanderweg Krummbach erklärt entlang des ehemaligen Brevierwegs der Mönche das ehemalige Wasserversorgungssystem der Klosteranlage.

Der Krummbach ist einer von drei Klosterwaalen der Benediktiner in Oberschwaben. Waale sind Bewässerungsgräben, die Wasser über eine Strecke mit minimalem Gefälle transportieren. Mit dem Ausbau des Klosters Ochsenhausen an der Wende zum 15. Jahrhundert benötigten die Mönche eine bessere Wasserversorgung. Im näheren Umkreis war die Quelle der Rottum mit 150 Litern in der Sekunde am ergiebigsten. Sie lag einen Kilometer weit vom Kloster entfernt, aber nur unwesentlich höher. Außerdem

musste eine Wasserscheide überwunden werden.
Das künstliche Bachbett wurde so in das Hanggelände eingemessen, sodass der Krummbach kaum an Gefälle verlor. Erddämme, in die eine unterirdische Quellwasserleitung eingebaut wurde, verhinderten ein Ausbrechen des Wassers, das zugleich der Energiegewinnung für den Betrieb des Bräuhauses und zweier Mühlen diente. Seit 200 Jahren begleitet ein Spazierweg, heute der Wasserbauhistorische Wanderweg Krummbach, den Kanal.

Schönbergturm

Stadt
Pfullingen
Marktplatz 5
72793 Pfullingen
Tel. 07121/7030
www.pfullingeron-
derhos.de

Mitten im Wald liegt
der Schönbergturm
und ist nur zu Fuß
erreichbar.

Der wegen seiner eigenwilligen Form auch »Pfullinger Unter-hose« genannte Schönbergturm ist ein Aussichtsturm auf dem 793 Meter hohen Schönberg am Albtrauf südlich von Pfullingen.

Das 1905/06 als Doppelturm errichtete 28 Meter hohe Gebäude ist der erste aus Eisenbeton errichtete Turm weltweit und das Wahrzeichen der Stadt. Der Entwurf stammt von dem bekannten Architekten Theodor Fischer, einem Mitbegründer des Deutschen Werkbundes.

Historische Ölmühle

Ölmühle
Simonswald
Talstraße 55
79263 Simonswald
Tel. 07683/909257
www.simonswald.de

1712 wurde die Ölmühle im Stil eines Heidenhauses erbaut, der ältesten Form des Schwarzwaldhauses mit tief heruntergezogenem Schindeldach.

2002 wurde die Ölmühle restauriert und verarbeitet heute an insgesamt

zwölf Wintertagen eine Tonne Walnüsse pro Jahr zu hochwertigem Öl. In einem Granitbecken zerreibt der 720 Kilogramm schwere Reibestein die Samen zu einem Brei, der ins Pressbecken gefüllt wird. Ein zehn Meter langer Torkelbaum aus Eichenholz presst mit einem Druck von 16 Tonnen das Öl aus dem warmen Nussbrei. Außer Nüssen werden auch Raps, Mohn und Bucheckern verarbeitet.
Zum Ensemble gehört auch eine kleine Getreidemühle.

Hohner-Areal

Mit der Gründung der Firma Matthias Hohner 1857 erlangte Trossingen im Musikinstrumentenbau Weltruf. Repräsentative Fabrikgebäude auf dem alten Werksgelände werden heute anderweitig genutzt.

Der 2010 mit dem Denkmalschutzpreis Baden-Württemberg ausgezeichnete Bau V des Hohner-Areals dient heute als Zweigstelle des Deutschen Harmonikamuseums für die jährlichen Sonderausstellungen. Außerdem beherbergt er die Stadtbücherei von Trossingen und ein Hostel. Im ehemaligen Kesselhaus finden nun Musik- und Kleinkunstveranstaltungen statt. Das Hauptausstellungsgebäude zeigt Musikinstrumente und Werksgeschichte.

Deutsches Harmonikamuseum
Löwenstraße 11
78647 Trossingen
Tel. 07425/21623
www.harmonikamuseum.de

Ein besonders originelles Stück – eine Mundharmonika in Form eines Zeppelins.

Deutsches Uhrenmuseum

Das Deutsche Uhrenmuseum in Furtwangen wartet mit der größten Uhrensammlung Deutschlands auf.

Seit 1740 werden in der an der Deutschen Uhrenstraße gelegenen Stadt Uhren hergestellt. Eine Besonderheit der 1984 geschlossenen Badischen Uhrenfabrik war die Reichskolonialuhr, die heute neben 2500 anderen Exponaten ausgestellt ist. Das informative Museum ist seit 2008 Ankerpunkt der Europäischen Route der Industriekultur.

Deutsches Uhrenmuseum
Robert-Gerwig-Platz 1
78120 Furtwangen
Tel. 07723/9202800
www.deutsches-uhrenmuseum.de

Im Mittelpunkt der Sammlungen stehen Schwarzwälder Uhren; Blick in eine alte Werkstatt.

Uhrenfabrik Bürk Söhne

**Lebendiges
Uhrenindus-
triemuseum**
Bürkstraße 39
78054 Villingen-
Schwenningen
Tel. 07720/38044
www.uhrenindus-
triemuseum.de

Die ehemalige Württembergische Uhrenfabrik Bürk Söhne in Schwenningen ist einer der Höhepunkte der Deutschen Uhrenstraße. Sie lässt die traditionsreiche Herstellung von Uhren im Schwarzwald wieder aufleben.

Die einstige Uhrenfabrik trägt ihren Namen »Lebendiges Uhrenindustriemuseum« zu Recht. Im Vordergrund steht die Herstellung von Uhrwerken aus der ersten Hälfte des 20. Jahrhunderts mit zeitgenössischen Maschinen. Gezeigt wird an blank geputzten Drehautomaten und Zahnradfräsmaschinen die handgefertigte arbeitsteilige Fertigung eines Weckers – jahrzehntelang ein Verkaufsschlager. Den Wecker kann man bestellen.
Die Geschichte der Firma geht bis 1854 zurück: Zur Weltausstellung in Paris meldete Johannes Bürk mit den tragbaren Nachtwächterkontrolluhren die Vorläufer der Stempeluhren an; im Folgejahr gründete er die Württembergische Uhrenfa-

brik. Das Firmengebäude mit dekorativer Backsteinfassade liegt neben der denkmalgeschützten Jugendstilvilla der Unternehmerfamilie. Sohn Richard entwickelte einen Arbeitszeitregistrierapparat – eine altertümliche Stechuhr muss auch heute der Besucher beim Eintritt ins Museum betätigen. Das zweite Standbein der Firma waren seit den 1920er-Jahren elektrische Haupt- und Nebenuhren sowie mechanische Wecker.
1984 musste die Uhrenfabrik schließen, 1994 öffnete das Uhrenindustriemuseum seine Pforten. 2003 wurde es als bestes europäisches Industrie- und Technikmuseum ausgezeichnet.

Mit diesen Kontrolluhren aus dem 19. Jahrhundert wurde früher die Arbeitszeit erfasst.

Schwarzenbachtalsperre

66 Meter ragt die mächtige Staumauer der Schwarzenbachtalsperre im Schwarzwald auf.

Das mit Blöcken aus Forbachgranit verblendete Bauwerk aus Gussbeton entstand 1922–1926 als wichtige Komponente des Rudolf-Fettweis-Werks, des zwischen 1914 und 1918 errichteten ersten Pumpspeicherwerks in Deutschland. Die

400 Meter lange Staumauer staut den Schwarzenbach zu einem See mit einem Fassungsvermögen von 14 Millionen Kubikmeter. Über Druckstollen und Druckrohrleitungen erreicht das Wasser das 357 Meter tiefer gelegene Kraftwerk.

Rudolf-Fettweis-Werk Forbach (EnBW)
Werkstraße 5
76596 Forbach
Tel. 07228/916205
www.enbw.com

Um den Stausee führt ein etwa 6,5 Kilometer langer Rundweg mit Informationstafeln zur Baugeschichte und Stromgewinnung.

Linachtalsperre

Um von den überregionalen Stromversorgern unabhängig zu werden, beschloss die Schwarzwaldgemeinde Vöhrenbach 1921 den Bau einer Talsperre mit einem kleinen Kraftwerk.

1925 war die Linachtalsperre, die einzige Gewölbereihenstaumauer in Deutschland, fertiggestellt und lieferte bis 1967 Strom. 2007 wurde das Kulturdenkmal umfassend saniert und der kleine See wieder aufgestaut. Demnächst soll das modernisierte Kraftwerk als Erneuerbare-

Energien-Kraftwerk wieder ans Netz gehen.

Stadtverwaltung Vöhrenbach
Friedrichstraße 8
78147 Vöhrenbach
Tel. 07727/5010
www.voehrenbach.de

Höllentalbahn

Regio-Verkehrsverbund Freiburg GmbH (RVF)
Bismarckallee 4
79098 Freiburg im Breisgau
Tel. 0761/207280
kursbuch.bahn.de

Seit 1887 führt die Höllentalbahn durch das tief eingeschnittene Tal des Rotbachs. Neben einer Straße verbindet die Bahnstrecke Freiburg im Breisgau mit Neustadt (Schwarzwald).

Die Bahnstrecke führt durch einen der schönsten Abschnitte des Südschwarzwaldes (historische Postkarte von ca. 1900).

Mit dem Bau der Höllentalbahn wurde 1884 der Eisenbahningenieur Robert Gerwig betraut, der schon die Schwarzwald- und Rheintalbahn gebaut hatte. Die 35 Kilometer lange Strecke gilt mit einer maximalen Steigung von 55 Promille als steilste Normalspurstrecke der Deutschen Bahn. Auf der steilen Rampe zwischen den Bahnhöfen Himmelreich und Hinterzarten verkehrten noch bis 1933 Zahnradlokomotiven. Schon 1936 wurde die Strecke elektrifiziert.

Die Route führt durch 14 Tunnel mit so klangvollen Namen wie Hirschsprung und Finsterbühl. Zwischendurch eröffnen sich immer wieder eindrucksvolle Ausblicke in den Südschwarzwald. Das imposanteste Bauwerk ist das 224 Meter lange und 36 Meter hohe Viadukt, das die enge Ravennaschlucht, ein Nebental des Höllenbachs, überquert. Die gegen Ende des Zweiten Weltkriegs von deutschen Soldaten gesprengte Ravennabrücke wurde 1947/48 wieder aufgebaut.

Wutachtalbahn

Die wegen ihres kurvenreichen Verlaufs mit mehreren Kehren auch Sauschwänzlebahn genannte Wutachtalbahn gehört ohne Zweifel zu den schönsten Bahnstrecken Deutschlands.

Die Bahn wurde 1887 bis 1890 durch die ehemals Großherzoglich Badische Staatsbahn erbaut und führte von Blumberg nach Weizen (heute zu Stühlingen). Auf der knapp 26 Kilometer langen Strecke – die beiden Orte liegen nur zehn Kilometer voneinander entfernt – wird ein Höhenunterschied von 231 Metern bewältigt. Die Ausrichtung als »strategische Bahn«, auf der auch schwere Eisenbahngeschütze transportiert werden sollten, führte zu dem kuriosen Streckenverlauf, denn man konnte damals wegen der schweren Lasten nur Steigungen von höchstens zehn Promille bewältigen.

Die Deutsche Bundesbahn stellte 1976 den normalen Betrieb ein, aber schon ein Jahr später wurde der Museumsbahnbetrieb eröffnet. Glanzpunkte der Strecke sind das Eisenbahnmuseum in Blumberg, das 253 Meter lange Biesenbachviadukt, der Haltepunkt Wutachblick, der 1700 Meter lange Stockhalde-Kreiskehrtunnel – ein Spiraltunnel – und die Überquerung der eindrucksvollen Wutachschlucht auf dem 28 Meter hohen Wutachviadukt.

Bahnhof Zollhaus
Bahnhofstraße 1
78176 Blumberg
Tel. 077 02/477604
www.sauschwaenz-lebahn.de

Das Epfenhofer Viadukt, eine Stahlbrücke, ist die längste und höchste Brücke der Wutachtalbahn.

Schluchseewerk

**Schluchsee-
werk AG**
Säckinger Straße 67
79725 Laufenburg
(Baden)
Tel. 07763/92780
www.schluchsee-
werk.de

Aus dem kleinen Schluchsee, einem Gletschersee nahe dem Feld-
berg, wurde 1932 nach dem Bau einer 64 Meter hohen Staumauer
der größte See des Schwarzwaldes mit einem Stauinhalt von 108
Millionen Kubikmetern.

Der 930 Meter hoch gelegene Schluchsee ist Teil der aus drei Kraftwerken bestehenden Schluchseegruppe des 1928 gegründeten Energieunternehmens Schluchseewerk AG. Das aus den drei Komponenten bestehende Pumpspeicherkraftwerk mit 470 Megawatt nutzt über drei Staustufen das 620 Meter hohe Gefälle zwischen dem Hochrhein und dem über dem Schluchsee gelegenen Windgfällweiher. Das im Oberbecken gespeicherte Wasser stürzt durch das starke Gefälle mit Druck auf die tiefer gelegene Turbine, die den Stromgenerator antreibt. Das Wasser wird in ein Unterbecken geleitet und mit nachts oder am Wochenende zu viel produziertem Strom in das Oberbecken gepumpt und dort wieder gespeichert. Der Schluchsee ist das Oberbecken des 1931 in Betrieb genommenen Kraftwerks Häusern. Ebenfalls im Südschwarzwald plant die Schluchsee AG den Bau des Pumpspeicherwerks Atdorf mit der Leistung von 1400 Megawatt. Der Strom soll in einer Kaverne im Berginnern erzeugt werden.

Die Staumauer bei Schluchsee gilt als das größte Massebauwerk im Schwarzwald und hat eine Höhe von 35 Metern über der Talsohle und 63,5 Metern über der Grundsohle.

Humpis-Quartier

Ein Lederhandwerker, ein Fernhändler, ein Gerber und ein Wirt: Sie alle lebten und arbeiteten im Humpis-Quartier, einem aus sieben Gebäuden bestehenden spätmittelalterlichen Ensemble mitten in Ravensburg.

Museum Humpis-Quartier
Marktstraße 45
88212 Ravensburg
Tel. 0751/82820
www.museum-humpis-quartier.de

Blick in eine Gerberwerkstatt aus dem 18. Jahrhundert.

Mit der Einrichtung des Wohnquartiers hatte die Fernhandelsfamilie Humpis um 1380 begonnen. Bei Ausgrabungen im Innenhof stieß man auf die Reste einer Werkstatt des vielleicht ersten Bewohners, eines Lederhandwerkers, der dort im 11. Jahrhundert feines Schafsleder verarbeitete. Um 1479 bezog der mehrmalige Bürgermeister von Ravensburg und Regierer – heute würde man Geschäftsführer sagen – der Großen Ravensburger Handelsgesellschaft Hans Humpis eine repräsentative Wohnetage im Obergeschoss eines der Gebäude. Die Gesellschaft unterhielt Niederlassungen und Agenturen in West-, Süd- und Mitteleuropa.

Im 18. Jahrhundert zogen ein Weiß- und ein Rotgerber in das Humpis-Quartier ein, wie Gerbergruben, Schabebäume und Werkbänke belegen. Die gegerbten Häute wurden im Dachgeschoss zum Trocknen aufgehängt. In das 19. Jahrhundert führt die Lebenswelt eines Bierbrauers und Gastwirts, der in einem der ersten Geschosse ein Speiselokal betrieb. Im Haus Marktstraße 47 kann man sich auch heute noch gastronomisch verwöhnen lassen.

Grube Krunkelbach

Radon Revital Bad St. Blasien-Menzenschwand
In der Friedrichsruhe 13
79837 Sankt Blasien
Tel. 07675/929104
www.mineralienatlas.de

Umwelt- und naturschutzrechtliche Bedenken, aber auch wirtschaftliche Überlegungen führten 1991 zur Einstellung des Uranbergbaus in der Grube Krunkelbach im Schwarzwald.

Insgesamt rund 100 000 Tonnen Uranerz wurden von 1961 bis 1991 aus der Grube Krunkelbach bei Menzenschwand (heute Sankt Blasien) gefördert. Von der ehemaligen Grube ist nichts mehr zu sehen, die Halden wurden kultiviert. Schwach radioaktives, radonhaltiges Wasser wird heute zu Heilzwecken im Radonbad von Menzenschwand genutzt.

Bei der Radontherapie, die nur nach gründlicher medizinischer Untersuchung verordnet wird, steigt man für 20 Minuten in eine Badewanne mit 37 C warmem radonhaltigem Badewasser.

Urangewinnung in größerem Stil fand in Deutschland bis 1990 in Ostthüringen, im Erzgebirge und der Sächsischen Schweiz statt.

Das radonhaltige Wasser in Menzenschwand verspricht Linderung bei Gelenkschmerzen. Hier im Radonbad Revital.

Hopfenmuseum

HopfenMuseum Tettnang
Hopfengut 20
88069 Tettnang-Siggenweiler
Tel. 07542/952206
www.hopfenmuseum-tettnang.de

In der Maschinenhalle des Hopfenbetriebs wird eine moderne Hopfenpflückmaschine vorgeführt.

Die im Hinterland des Bodensees gelegene Stadt Tettnang ist ein Zentrum des Obst-, Spargel- und Hopfenanbaus.

Das in den drei historischen Gebäuden eines Hopfenbetriebs untergebrachte Hopfenmuseum Tettnang ist der Ausgangspunkt des etwa vier Kilometer langen Hopfenwanderpfades, der über den Hopfenanbau und die Kunst des Bierbrauens informiert. Das Ergebnis der Braukunst lässt sich am Endpunkt der Wanderung in der kleinen, noch privat geführten Kronen-Brauerei verkosten.

Dornier-Museum

1914 gründete der Flugzeugbauer Claude Dornier in Friedrichshafen am Bodensee eine Flugzeugwerft, die sich zunächst auf den Bau von Flugbooten spezialisierte.

Seit 2012 ist im 2009 eröffneten Dornier Museum ein Nachbau des »Amundsen-Wals« zu sehen, mit dem der Polarforscher Roald Amundsen 1925 von Spitzbergen aus zum Nordpol startete. 1931 wasserte das zwölfmotorige Großflugboot Do-X, damals das weltgrößte Flugzeug, nach einem Transatlantikflug auf dem Hudson River in New York. Das Leitwerk gehört zu den kostbarsten Exponaten des Museums.

Dornier Museum Friedrichshafen
Claude-Dornier-Platz 1
88046 Friedrichshafen
Tel. 07541/4873600
www.dorniermuseum.de

Der 2009 eröffnete Neubau des Museums ist einem Hangar nachempfunden.

Die Do 31 (hinten), ein Senkrechtstarter-Transportflugzeug, absolvierte 1967 ihren Erstflug, ging aber nie in Serie.

Zeppeline

Zeppelin Museum Friedrichshafen
Seestraße 22
88045 Friedrichshafen
Tel. 07541/38010
www.zeppelin-museum.de

Untrennbar ist die Luftschifffahrt mit dem Namen Ferdinand Graf von Zeppelin verbunden. Bei Friedrichshafen baute er 1898 in einer auf Pontons schwimmenden Halle sein erstes Luftschiff, das LZ 1.

Nach dem geglückten Start im Juli 1900 wurden weit mehr als hundert Zeppeline gebaut. Das Starrluftschiff mit einem Gerüst aus Metall hatte sich durchgesetzt. 1908 wurde in Friedrichshafen die Luftschiffbau Zeppelin GmbH gegründet, der ein Jahr später eine Motorenbaufabrik folgte. Ab 1910 fuhren die zigarrenförmigen Flugkörper, die in ihren seitlich angeordneten Gondeln Mannschaft, Fahrgäste und Fracht aufnehmen konnten, planmäßig. 1928 startete das Luftschiff »Graf Zeppelin« zu seiner ersten Transatlantikfahrt. Das Unglück von Lakehurst im US-Bundesstaat New Jersey, bei dem die »Hindenburg«

1937 in Flammen aufging, bedeutete das Ende des deutschen Luftschiffbaus.
Als Teilnachbau wieder auferstanden ist die »Hindenburg« im Museum, das die weltweit größte Sammlung zur Technik und Geschichte der Luftschifffahrt beherbergt. 1996 wurde das Haus, das sich auch der Kunst im Bodenseeraum widmet, im umgebauten Hafenbahnhof von Friedrichshafen eröffnet. Seit 1993 werden in Friedrichshafen Zeppeline Neuer Technologie – kurz Zeppelin NT – gebaut. Die halbstarren Luftschiffe starten auch zu Rundflügen über den Bodensee.

Seit 1996 bietet der umgebaute Hafenbahnhof von Friedrichshafen Platz für Technik und Kunst.

Porzellanikon

Unter dem Namen »Porzellanikon« sind vier Museen in den oberfränkischen Städten Selb und Hohenberg an der Eger zusammengefasst. Drei haben in Selb, dem Zentrum der deutschen Porzellanherstellung, ihren Standort.

Porzellanikon
Werner-Schürer-Platz 1
95100 Selb
Tel. 09287/918 000
www.porzellani-kon.org

Das Porzellanikon in Selb: Auch über die Herstellung von Porzellan und Keramik erfährt man hier einiges.

Alle drei Museen befinden sich auf dem Gelände einer 1866 gegründeten und 1969 geschlossenen Fabrik der Rosenthal AG: Das Europäische IndustrieMuseum für Porzellan zeigt die Porzellanherstellung von der Porzellanrohmasse bis zum Geschirr im Zeitverlauf bis heute. Das Rosenthal Museum widmet sich der Geschichte des Porzellanherstellers Rosenthal (heute Rosenthal GmbH), und das Europäische Museum für Technische Keramik stellt den Einsatz von Keramik im Bereich der Technik dar, z. B. in der Raumfahrt, Medizin, Chemie, Elektronik und der Hochspannungstechnik.

Etwa 12 000 Exponate zeigt das Deutsche PorzellanMuseum in Hohenberg an der Eger. In einer inzwischen durch einen Anbau erweiterten ehemaligen Direktorenvilla sind Porzellangegenstände aus verschiedenen Epochen seit der Erfindung des europäischen Porzellans 1708 ausgestellt.

Wasserschöpfräder

**Wasserrad-
gemeinschaft
Möhrendorf**
An der Marter 7
91096 Möhrendorf
Tel. 09131/44554
www.moehren-
dorf.de

**Historische Wasserschöpfräder aus Holz sind am fränkischen
Main-Zufluss Regnitz zu bewundern – allein neun in Möhrendorf
im Landkreis Erlangen-Höchstadt.**

Schon seit dem späten Mittelalter
werden die großen Wasserräder an
der Regnitz für die Bewässerung der

Felder eingesetzt. Heute sind die
meisten durch moderne Wasser-
pumpen ersetzt. Der Bauplan der
Räder, von denen jedes pro Tag
rund 1400 Kubikmeter Wasser
schöpft, hat sich seit dem 15. Jahrhundert nicht mehr wesentlich
verändert.

**Die Wasserschöpf-
räder an der Reg-
nitz sind seit dem
späten Mittelalter
fast unverändert in
Betrieb.**

Alter Kranen

**Stadt Würz-
burg**
Rückermainstraße 2
97070 Würzburg
Tel. 0931/370
www.wuerzburg.de

Der Alte Kranen in Würzburg ist ein Hafenkran am Ufer des Main.

Der 1767 bis 1773 gebaute dreh-
bare Doppelauslegerkran ist in ein
Rundhaus von etwa zehn Metern

Durchmesser eingebaut. Obwohl er
nur bis 1846 in Betrieb war, ist sein
Mechanismus bis heute intakt, was
ihn zu einem wertvollen Industriedenkmal der Barockzeit macht.
Am Alten Kranen, d. h. der Ufer-
marke, wird auch seit 1824 der
Mainpegel von Würzburg gemes-
sen; er ist damit der älteste Pegel
an diesem Fluss. Aufgrund eines
nahe gelegenen, gleichnamigen
Biergartens ist der Alte Kranen
heute besonders im Sommer ein
beliebter Treffpunkt.

Ludwigskanal

Der Ludwigskanal war eine über 170 Kilometer lange Wasserstraße zwischen dem Main bei Bamberg und der Donau bei Kelheim.

Der 1836 bis 1846 auf Betreiben des bayerischen Königs Ludwig I. gebaute Kanal, weswegen er eigentlich Ludwig-Donau-Main-Kanal heißt, schuf eine schiffbare Verbindung zwischen Nordsee und Schwarzem Meer. Damit wurde zugleich die Europäische Hauptwasserscheide zwischen Rhein und Donau überwunden. Nach 1950 wurde der Kanal teilweise trockengelegt. Teilabschnitte wurden in den zwischen 1960 und 1992 gebauten

Main-Donau-Kanal integriert, weitere noch bestehende Streckenstücke dienen der Naherholung.

Hier der Abschnitt bei Pfeifferhütte, Gemeinde Schwarzenbruck.

Kontinentales Tiefbohrprogramm

Das Bohrloch in der Oberpfalz ist mit 9101 Metern das tiefste in bzw. unter Europa.

Das Kontinentale Tiefbauprogramm der Bundesrepublik Deutschland (KTB) in Windischeschenbach war eine 1987 bis 1995 durchgeführte Bohrung zu wissenschaftlichen Zwecken. Damit sollten Erkenntnisse über den Aufbau der Erdkruste gewonnen und die Vorhersagen von Erdbeben verbessert werden. Die angestrebte Tiefe von 10 000 Metern wurde allerdings nicht erreicht. Bei einer Temperatur von 280 °C konnte der Bohrer nicht weiterarbeiten, weil sich das Gestein bereits verflüssigte. 1998 wurde an diesem

Ort das GEO-Zentrum an der KTB gegründet.

Umweltstation GEO-Zentrum an der KTB
Am Bohrturm 2
92670 Windischeschenbach
Tel. 09681/400430
www.geozentrum-ktb.de

Das Geozentrum an der KTB, mit Ölförderturm, dient als Begegnungs- und Bildungsstätte für Wissenschaft, Schule und Öffentlichkeit und organisiert Führungen, Tagungen und Entdeckungstouren für Kinder.

Rundfunk- und Tonbandgeräte

**Rundfunk-
museum der
Stadt Fürth**
Kurgartenstraße 37
90762 Fürth
Tel. 0911/7568110
www.rundfunkmu-
seum.fuerth.de

**Zahlreiche Radio-, Fernseh- und Tonwiedergabegeräte aus
Geschichte und Gegenwart sind im Rundfunkmuseum der Stadt
Fürth ausgestellt.**

Das 1993 gegründete Museum be-
fand sich zunächst in Nebengebäu-
den des Schlosses Fürth-Burgfarrn-
bach. Seit 2001 ist es im Alten
Direktionsgebäude des Elektrokon-
zerns Grundig untergebracht.
Die 1930 gegründete Grundig AG,
die 2003 Insolvenz anmeldete,
hatte selbst großen Anteil an der im
Museum dargestellten Rundfunk-
geschichte. In zwölf Stationen stellt
eine Dauerausstellung die Ge-

schichte des Hörfunks und Fernsehens in Deutschland dar. Dabei
schlägt sie eine Brücke von den ersten Anfängen (1923–1933) bis in
die Gegenwart und Zukunft. Die
Stationen widmen sich teils historischen Abschnitten (z. B. »Drittes
Reich«, 1950er-Jahre, Rundfunk in
der DDR), teils technischen Entwicklungen (»Vom Grammophon
zur CD«, »Vom Magnetophon zum
Tonband«).

Ein nachgebautes
Wohnzimmer aus
den 1950er-Jahren
mit Musik- und
Fernsehschrank, im
Fürther Rundfunk-
museum.

Industriemuseum Lauf

Das Industriemuseum im historischen Gewerbe- und Industrie-
viertel von Lauf an der Pegnitz widmet sich der Handwerks- und
Industriegeschichte, insbesondere in der Zeit von 1890 bis 1970.

Das 1992 eröffnete Museum befindet sich in insgesamt 14 historischen Gebäuden, deren älteste aus
dem 16. Jahrhundert stammen.
Es zeigt nicht nur frühere Produkti-
onsgeräte, sondern widmet sich
auch dem sozialen Umfeld der
Arbeiter.
Das Industriemuseum gliedert sich
in die vier Bereiche »Frühindustrie«,
»Handwerk und Gewerbe«, »Woh-
nen« und »Hochindustrie«. Herzstück des Bereiches »Hochindustrie« sind zehn Gebäude der 1911
gegründeten und 1991 stillgelegten
Ventilfabrik Dietz & Pfriem, die
2008 in das Museum integriert wurden. Die Fabrikräume der Firma
sind weitgehend unverändert erhalten. Dreherei, Schleiferei, Stahlla-
ger, Gesenkschmiede, Packerei und
Ventillager erlauben einen genauen
Blick auf die Geräte und Maschinen, etwa die riesigen Pressen.

Industrie-
museum Lauf
Sichartstraße 5–25
91207 Lauf a. d.
Pegnitz
Tel. 09123/99030
www.industriemu-
seum-lauf.de

Ausstellungsraum
des Industriemuse-
ums in Lauf an der
Pegnitz.

Historische Eisenbahnen

DBMobility Logistics AG
DB Museum
Lessingstraße 6
90443 Nürnberg
Tel. 0180/4442233
www.deutsche-bahn.com

Das Firmenmuseum der Deutschen Bahn AG, Teil des Verkehrsmuseums Nürnberg, zeigt unter seinen zahlreichen Ausstellungsstücken u. a. einen Nachbau der »Adler«-Lokomotive, mit der 1835 die Geschichte der deutschen Eisenbahn begann.

1899 als königlich-bayerisches Eisenbahnmuseum gegründet, ist das DB Museum das älteste deutsche Eisenbahnmuseum und eines der ältesten technikgeschichtlichen Museen in Europa. Dauerausstellungen widmen sich den verschiedenen Epochen der Eisenbahngeschichte von den Anfängen bis heute sowie der Geschichte der Bahnhöfe.

Besonders an Kinder richtet sich die »Eisenbahn-Erlebniswelt«. An Außenstellen in Koblenz und Halle/

Saale stehen weitere Exponate. Im Frühjahr und Sommer bietet das Museum Fahrten mit der »Adler« zwischen Nürnberg und Fürth, am 7. Dezember 1835 die erste Eisenbahnstrecke in Deutschland, an. Weitere bedeutende Ausstellungsstücke aus der Frühzeit der Eisenbahn sind ein englischer Kohlenwagen von 1829 – das älteste erhaltene Eisenbahnfahrzeug außerhalb Großbritanniens – und Teile des Salonzugs des bayerischen Königs Ludwig II. (1864–1886).

Die »Adler«-Lokomotive (Nachbau) und ein moderner Schnellzug im DB Museum in Nürnberg.

Nicolaus-Copernicus-Planetarium

Das 1927 eröffnete Nicolaus-Copernicus-Planetarium in Nürnberg ist das einzige Großplanetarium Bayerns.

Nicolaus-Copernicus-Planetarium der Stadt Nürnberg
Am Plärrer 41
90429 Nürnberg
Tel. 0911/9296553
www.naa.net/ncp

Im Zentrum des Planetariums befindet sich der fünf Meter hohe analoge Projektor Zeiss Modell V, der spektakulär anzusehen, aber inzwischen etwas veraltet ist. Er wird heute durch digitale Technik ergänzt.

Der Kuppelsaal mit einem Durchmesser von 18 Metern bietet 200 Besuchern Platz. Neben astronomischen Shows und wissenschaftlichen Vorträgen bietet das Planetarium auch zahlreiche Vorführungen für Kinder – speziell auch für Schulen – sowie kulturelle Veranstaltungen an. Die digitale »Fulldome-Projektion« ermöglicht dabei eine besonders authentisch wirkende 360-Grad-Darstellung und virtuelle Flüge durch das Universum. Dennoch kann man im »klassischen« Planetarium mit dem Zeiss Modell V (1977) auch noch ganz traditionell die Bahnen von Sonne, Planeten und Mond verfolgen.

Faber Castell »Alte Mine«

Museum »Alte
Mine« Faber
Castell
Mühlstraße 2
90547 Stein
Tel. +0911/99655536
www.faber-castell.de

In einem 1848 errichteten Gebäude am Ufer der Rednitz hat
der Schreibwarenhersteller Faber-Castell das Museum »Alte Mine«
eingerichtet. Die Räumlichkeiten blieben weitestmöglich
unverändert.

Das Museum zeigt die Besonderheiten der Fertigung von Bleiminen im 19. und 20. Jahrhundert – wie z. B. »die Mine in den Stift« kommt. Dabei wird die Entwicklung von den stark handwerklich geprägten zu modernen Produktionsmethoden aufgezeigt, in die der Besucher auch durch Bild-, Text- und Tondokumente Einblick erhält. Bis 1955 wurden die Fertigungsanlagen mit Wasserrädern am Fluss über Transmissionswellen angetrieben. Das Museum, das an jedem dritten Sonntag im Monat geöffnet hat, dient auch der Darstellung der 250-jährigen Geschichte des Unternehmens, das seit 1761 Bleistifte herstellt. Die heutige Faber Castell Aktiengesellschaft wird seit 1978 durch Anton Wolfgang Graf von Faber-Castell in der achten Generation von der Familie Faber(-Castell) geführt.

Der Chef des Bleistiftherstellers
Faber-Castell,
Anton Wolfgang
Graf von Faber-Castell, in den Räumen des Museums
»Alte Mine«.

Donauschiffe

Das Donau-Schiffahrts-Museum in Regensburg widmet sich der Flussschifffahrt – sowohl ihrer technischen Seite als auch dem Alltag der Binnenschiffer. Untergebracht ist es am Marc-Aurel-Ufer auf seinen beiden wichtigsten »Ausstellungsstücken«.

Donau-Schiffahrts-Museum Regensburg
Thundorfer Straße
Liegeplatz: Marc-Aurel-Ufer
93047 Regensburg
Tel. 0941/5075888
www.dsmr.de

Das Donau-Schiffahrts-Museum Regensburg ist selbst auf zwei Donauschiffen untergebracht.

Hier liegen seit dem Jahr 2004 der Raddampfschlepper »Érsekcsanád« – gebaut 1922/23 in Regensburg – und der 1941 in Linz gebaute Motorzugschlepper »Freudenau«. Die Besucher können auf beiden Schiffen Originalräume besichtigen und sich anhand von Modellen und Schaubildern über die Geschichte der Schifffahrt auf der deutschsprachigen Donau informieren. Die Dieselmotoren sind noch heute funktionsfähig und werden manch-mal interessierten Besuchern vorgeführt. Der Arbeitskreis Schiffahrts-Museum Regensburg, Trägerverein des Museums, wurde 1979 gegründet, als die Verschrottung des in Regensburg gebauten, inzwischen ungarischen Schiffes »Érsekcsanád« (ursprünglich »Ruthof«) drohte. Das Schiff konnte aufgekauft werden und wurde bis zur Museumseröffnung 1983 renoviert. 1995 erwarb der Verein auch das österreichische Schiff »Freudenau«.

Karlsgraben

Karlsgraben-
ausstellung
Hüttinger-Scheune
Karlsgrabenstraße
91757 Treuchtlingen-
Graben
Tel. 09142/8617
www.treuchtlingen.de

In Deutschland waren Transporte bis in die frühe Neuzeit schneller auf dem Wasser als auf unbefestigten Fahrwegen abzuwickeln. Daher befassten sich die Fürsten immer wieder mit Kanalbauprojekten.

Der Karlsgraben, ein etwa drei Kilometer langer Kanal, der die Flusssysteme von Rhein und Main sowie Donau miteinander verband, wurde um das Jahr 800 auf Veranlassung Karls des Großen ausgehoben. Er ist damit ein Vorläufer des über 1000 Jahre später gebauten Ludwigskanals und des heutigen Main-Donau-Kanals. Doch schon nach kurzer Zeit wurde die »Fossa Carolina« offenbar wieder aufgegeben. Heute ist nahe dem Ortsteil Graben der mittelfränkischen Stadt Treuchtlingen noch ein etwa 500 Meter langer, wassergefüllter Abschnitt des »kaiserlichen Projekts« erhalten.

Glockengießerhandwerk

Glockengießerei Rudolf
Perner GmbH
& Co. KG
Stephanstraße 18–20
94034 Passau
Tel. 0851/955290
www.glocke.com

Seit dem 12. Jahrhundert besteht in Passau eine ununterbrochene Glockengießer-Tradition. Die heute in der Stadt ansässige Glockengießerei Rudolf Perner liefert Glocken in alle Welt.

Wie in Schillers »Lied von der Glocke« arbeitet Glockengießer Rudolf Perner mit einer mit Lehm ummantelten Form.

Der Klang einer Glocke muss individuell abgestimmt werden. Das geschieht bei einer Kirchenglocke bei der Formherstellung in der Gießgrube, der Auswahl und dem Bau des Glockenstuhls, zuletzt bei der »Melodieabstimmung« vor Ort. Seit Jahrhunderten gibt die aus Italien stammende Glockengießerfamilie Perner ihr Wissen von Generation zu Generation weiter. Sie gründete Gießereien in Pilsen (bis 1904), Budweis und 1946 in Passau.

Historisches Wasserwerk am Hochablass

Wasserwerk am Hochablass
Am Eiskanal 48
86161 Augsburg
Tel. 0821/6500-8603
www.wasserkraft-weg-augsburg.de

Das 1879 in Betrieb genommene Wasserwerk am Hochablass war das erste Wasserwerk in Augsburg. Es diente der Förderung und Aufarbeitung von Trinkwasser und setzte neue hygienische Maßstäbe bei der Trinkwasserversorgung der schwäbischen Großstadt.

Bei seiner Inbetriebnahme war das Wasserwerk am Hochablass eine technische Sensation. Erstmalig wurde der Leitungsdruck – ohne Wasserturm – mit Wasserturbinen aus Wasserkraft erzeugt. Bereits 1879 pumpten sie etwa 4 Mio. Kubikmeter Wasser ins Augsburger Leitungsnetz. Bei Niedrigwasser des Lech trieben ab 1885 eine Dampf- maschine, ab 1935 ein Dieselmotor die Pumpen an. 1973 wurde das Wasserwerk stillgelegt, die Turbinen aus dem Jahr 1910 wurden ab 1993 zur Stromerzeugung wieder eingesetzt. Seit 2005 versorgen neue Turbinen etwa 2300 Menschen mit Strom. Das Wasserwerk dient ferner als Technikmuseum und Trinkwasserinformationszentrum.

Die Maschinenhalle im Wasserwerk am Hochablass.

Staatliches Textil- und Industrie-museum Augsburg

Staatliches Textil- und Industrie-museum Augsburg
Augsburger Kamm-garnspinnerei (AKS)
Provinostraße 46
86153 Augsburg
Tel. 0821/81001-50
www.timbayern.de

Das Staatliche Textil- und Industriemuseum (tim) im Augsburger Textilviertel widmet sich der Geschichte der Textilindustrie, darüber hinaus aber auch ihrer Bedeutung für die Stadtentwicklung Augsburgs.

Unter dem Motto der »vier M's« – Mensch, Maschine, Muster und Mode – lässt eine Dauerausstellung die Besucher Geschichte erleben, zeigt aber auch gegenwärtige Entwicklungen und Zukunftstrends der Textilindustrie auf. Daneben gibt es wechselnde Sonderausstellungen. Zahlreiche Mitmachangebote richten sich insbesondere an Kinder. Auf der Museumsbühne werden Stücke des Augsburger Theaters inszeniert.
Als erstes Landesmuseum Schwabens wurde das Textil- und Industriemuseum im Januar 2010 eröffnet. Dazu waren ab 2007 mehrere Gebäude der Augsburger Kammgarnspinnerei umgebaut worden; das 1836 gegründete Textilunternehmen war 2002 in die Insolvenz gegangen. Das Museum liegt im Textilviertel, einem rund 180 Hektar großen Stadtviertel, in dem ab Mitte des 19. Jahrhunderts neben zahlreichen Textilfabriken und Unternehmervillen auch Wohnungen, Geschäfte, soziale Einrichtungen und Sportstätten für die Textilarbeiter errichtet wurden.

Eine Sonderausstellung im tim 2011 zeigte erotische Kleidungsstücke aus 150 Jahren.

Dieselmotoren

Das MAN-Museum in Augsburg widmet sich der Geschichte der Firma MAN SE. Unter den zahlreichen Dokumenten und Exponaten aus Geschichte und Gegenwart befindet sich unter anderem der erste Dieselmotor, den Rudolf Diesel zwischen 1893 und 1897 in Augsburg entwickelte.

Die Geschichte des MAN-Konzerns geht bis zur Gründung der Eisenhütte St. Antony 1758 in Oberhausen zurück. Mit der Sander'schen Maschinenfabrik in Augsburg und der Eisengießerei und Maschinenfabrik Klett & Comp. in Nürnberg wurden 1840 und 1841 die ersten süddeutschen Vorläuferunternehmen gegründet. Aus dem Zusammenschluss dieser beiden entstand 1898 das Unternehmen, das seit 1908 den Namen »Maschinenfabrik Augsburg-Nürnberg AG« (M.A.N.) trug und seit 2009 als Europäische Aktiengesellschaft MAN SE (Sitz: München) eingetragen ist.

Das MAN-Museum wurde 1953 im 1938 errichteten Gebäude der »Forschungsanstalt für Mechanik und Gestaltung« auf dem MAN-Gelände eröffnet. Mit zahlreichen Originalexponaten, Modellen, Bildern und Infotafeln führt es durch mehr als zwei Jahrhunderte Technikgeschichte bis hin zu neuesten Entwicklungen.

Zum Museum gehören außerdem Veranstaltungsräume und ein historisches Archiv mit rund 1,5 Millionen Dokumenten zur Geschichte der MAN-Gruppe und der bis

2006 zum Konzern gehörenden manroland AG (ehemals MAN Roland Druckmaschinen AG).

MAN Diesel & Turbo SE
MAN-Museum
Heinrich-von-Buz-Straße 28
86153 Augsburg
Tel. 0821/322-3366
www.man.de

Der erste funktionierende Versuchsdieselmotor im MAN-Museum Augsburg.

Flugzeugtriebwerke

MTU Aero Engines GmbH
Dachauer Straße 665
80995 München
Tel. 089/14890
www.mtu.de

Zahlreiche Triebwerke verschiedener Epochen sind seit einigen Jahren auch für die Öffentlichkeit im werkseigenen Museum der MTU Aero Engines GmbH in München zu bewundern.

Der Hersteller MTU Aero Engines Holding, der 2013 auf eine 100-jährige Geschichte zurückblicken kann, lange unter dem Dach von BMW bzw. Daimler-Benz, unterhält ein werkseigenes Museum, das 2008 noch einmal erweitert und modernisiert wurde.
Seit 2009 wird es zu einigen Anlässen auch der Öffentlichkeit zugänglich gemacht. In der didaktisch neu ausgerichteten Ausstellung sind zahlreiche Triebwerke zu sehen, die MTU Aero Engines samt seiner Vorgängerunternehmen für die

militärische und zivile Luftfahrt gebaut hat.
Die MTU (ursprünglich die Abkürzung für Motoren- und Turbinen-Union) ist heute über Tochtergesellschaften und Beteiligungen nahezu an jedem hergestellten Triebwerk für den zivilen und militärischen Bereich beteiligt.
Neben München hat das Unternehmen unter anderem Standorte in Kanada und China. Der Standort Hannover ist exklusiver Hersteller des Triebwerks PW 6000 für den Airbus A318.

Ein Doppelstern-Motor vom Typ BMW 801 M, der zwischen 1940 und 1945 gebaut wurde.

BMW-Museum

Einen Einblick in die Unternehmensgeschichte des Kraftfahrzeugherstellers Bayerische Motorenwerke AG (BMW) gibt das BMW-Museum am Firmensitz München, nahe dem Olympiagelände.

Das Museum, 1973 als eines der ersten Markenmuseen eröffnet, stellt die technischen Entwicklungen des Unternehmens von seinen Anfängen bis heute dar. Zwischen 1980 und 2004 zeigte es unter den Titeln »Zeitsignale«, »Zeitmotor« und »Zeithorizonte« nacheinander drei Dauerausstellungen. Heute ist es Teil der BMW-Welt, die sich als »Gesamtkunstwerk« zwischen Automobilgeschichte (z. B. »Entwicklungsreihen«), Ingenieurskunst, Design, Kauf- und Fahrerlebnis versteht. 2008 wurde es mit deutlich größerer Ausstellungsfläche wiedereröffnet. Neben Dauer- und Wechselausstellungen historischer und aktueller Fahrzeuge, die in sieben themenorientierte »Häuser« (z. B. »Haus der Technik« zu Karosserie- und Motorenbau) eingeordnet sind, gibt es ein Junior-Museum mit speziell ausgearbeiteten Workshops und Führungen. An »Tagen der offenen Türen« darf den Klassikern der Marke, ob Roadster (BMW 507), Mittelklasse-Limousine (BMW 1500) oder Kleinwagen (Isetta) unter die Motorhaube geschaut werden.

Bayerische Motoren Werke Aktiengesellschaft
Petuelring 130
80809 München
Tel. 0180/2118822
www.bmw-welt.com

Ausstellungsstücke im umgebauten BMW-Museum, wenige Tage vor dessen Wiedereröffnung im Juni 2008.

Deutsches Museum

**Deutsches
Museum**
Museumsinsel 1
80538 München
Tel. 089/21791
www.deutsches-
museum.de

Das Deutsche Mu-
seum wurde 1903
auf einer Isarsand-
bank erbaut. Rechte
Seite: das begeh-
bare Modell einer
350 000-fach vergrö-
ßerten menschli-
chen Körperzelle in
der Chemie-Aus-
stellung.

**Das Deutsche Museum auf der Museumsinsel in München ist das
größte naturwissenschaftlich-technische Museum der Welt und
das meistbesuchte in Deutschland.**

1903 gründete sich auf Betreiben des Bauingenieurs Oskar von Miller (1855–1934) und unter der Schirmherrschaft des späteren bayerischen Königs Ludwig III. (regierte 1913 bis 1918) der »Verein des Museums von Meisterwerken der Naturwissenschaft und Technik«.

Als Baugrund für die Errichtung des geplan- ten Museums stiftete die Stadt München eine Sandbank in der Isar, die wegen ihrer früheren Verwendung als Lagerstätte »Kohleinsel« hieß – die heutige Museumsinsel. Der Baubeginn war 1909, bereits drei Jahre zuvor war das Museum an seinem provisorischen Standort, dem alten Nationalmuseum in der Maximilianstraße, eröffnet worden.

Die Einweihung des Museumsgebäudes fand nach einer durch Krieg und Inflation verzögerten Bauphase am 7. Mai 1925 statt. Mit seinen

**Blick in die Flug-
halle mit der drei-
motorigen Ju 52/3m
von 1932 der ehe-
maligen Junkers
Flugzeugwerk AG,
Dessau.**

**Im Steuerraum
eines U-Boots.**

didaktisch neuartigen Ansätzen –
das Museum versteht sich als »drei-
dimensionale Enzyklopädie« der
Naturwissenschaften und Technik
und will deren Kenntnis auch interessierten Laien anschaulich vermitteln – setzte das Deutsche Museum
neue bahnbrechende Standards,
die auch in anderen Ländern übernommen wurden.

1944 wurden durch Fliegerangriffe
ein Großteil der Gebäude und viele
Exponate zerstört oder beschädigt.
Der Wiederaufbau kam nur lang-
sam voran, erst 1965 erreichte die
Ausstellungsfläche wieder den Umfang der Vorkriegszeit. In den folgenden Jahrzehnten wurden neue

Blick in einen Bergwerksschacht: Hier werden die gefüllten Erzkübel abgesetzt und in Wagen gekippt.

Wissenschafts- und Technikbereiche wie Pharmazie und Gentechnik aufgenommen und der Fokus auf die Erforschung der historischen Entwicklung von Wissenschaft, Technik und Industrie sowie auf die Darstellung ihrer kulturellen Bedeutung hin ausgerichtet. Außenstellen des Museums sind das Deutsche Museum Bonn, die Flugwerft Schleißheim und das Verkehrszentrum in München.

Eine andere Dimension

Das Museum bietet Ausstellungen zu verschiedenen Themenbereichen, die wiederum nach Fachgebieten unterteilt sind. Der Bereich

»Naturwissenschaft« gliedert sich beispielsweise in Astronomie, Chemie, Geodäsie (Vermessung der Erde), Maß und Gewicht, Mathematik, Pharmazie, Physik sowie Zeitmessung.

Wissenschaftliche Erkenntnisse werden einleuchtend, anschaulich und praxisnah vermittelt. So wird etwa mathematisches Wissen den Besuchern im »Mathematischen Kabinett« durch Versuche, Rätsel und Spiele nahegebracht. Auch in der Physik, deren Verständnis große Bedeutung für das Verstehen techni-

scher Zusammenhänge zukommt und die daher seit jeher einen großen Raum im Konzept des Museums einnimmt, beschränkt sich die Ausstellung nicht auf die Präsentation historischer Apparate. Vielmehr stellen sich physikalische Gesetze durch viele einfache Versuche und teils spektakuläre Demonstrationen (z. B. »Faraday-Käfig«) dar. In der Astronomie gibt es neben der Ausstellung ein Planetarium, ein Sonnenteleskop und eine Sternwarte. Andere große Bereiche neben den Naturwissenschaften sind »Werkstoffe und Produktion« (u. a. mit Agrartechnik, Bergbau, Keramik, Metallen, Laser, Papiertechnik, Werkzeugmaschinen), »Energie« (Kraftmaschinen, Starkstromtechnik, Energietechnik, Umwelt), »Kommunikation« (Drucktechnik, Foto und Film, Informatik, Mikroelektronik, Telekommunikation, Amateurfunk) und »Verkehr« (Schifffahrt, Luftfahrt, Raumfahrt, Modelleisenbahn, Tunnelbau, Brückenbau und Wasserbau). Neben den Dauerausstellungen gibt es Sonderausstellungen.

Klangwelten

Ein eigener Bereich ist Musikinstrumenten verschiedener Epochen gewidmet, wobei ein Hauptaugenmerk auf dem Zusammenhang von Musik, Technik und Handwerk liegt. Neben Führungen und Workshops werden selten gespielte Instrumente auch in Konzerten den Besuchern präsentiert. Für Kinder von drei bis

Ein Faradayscher Käfig leitet elektrische Energie, auch Blitze, ab. Personen im Inneren bleiben unversehrt.

acht Jahren – und ihre Eltern – gibt es ein eigenes »Kinderreich«. Hier werden den Nachwuchs-Wissenschaftlern technische und naturwissenschaftliche Phänomene spielerisch vermittelt, etwa im »Wasser-Reich«, dem Studienlabor, der »Musik-Klangwelt« und natürlich am Computer. Auch auf einem Schiff, Feuerwehrauto, im Lichtspielhaus oder beim Spiel mit Bauklötzen können die Kinder Neues kennen und verstehen lernen. Das Museum bietet Vorträge, Fortbildungen und Führungen – auch speziell für Schulklassen – an.

Im Dienst der Forschung

Das Deutsche Museum verfügt über Sammlungen von über 100 000 Objekten zu zahlreichen Themen, darunter Maschinen und Haushaltsmaschinen, Musikinstrumente und medizintechnische Geräte.
Ein Archiv mit etwa 4,5 Regalkilometern verwahrt Gegenstände, Quellen und Dokumente zur Geschichte der Naturwissenschaft und Technik.
Dem Museum angeschlossen ist das Forschungsinstitut für Technik- und Wissenschaftsgeschichte, in dem zahlreiche Wissenschaftler an Projekten forschen. Ebenfalls zum Museum gehört eine Bibliothek mit über 900 000 Bänden, die täglich geöffnet ist. Allerdings dürfen keine Bücher entliehen werden.
Für ein Museum eher ungewöhnlich, verfügt das Deutsche Museum

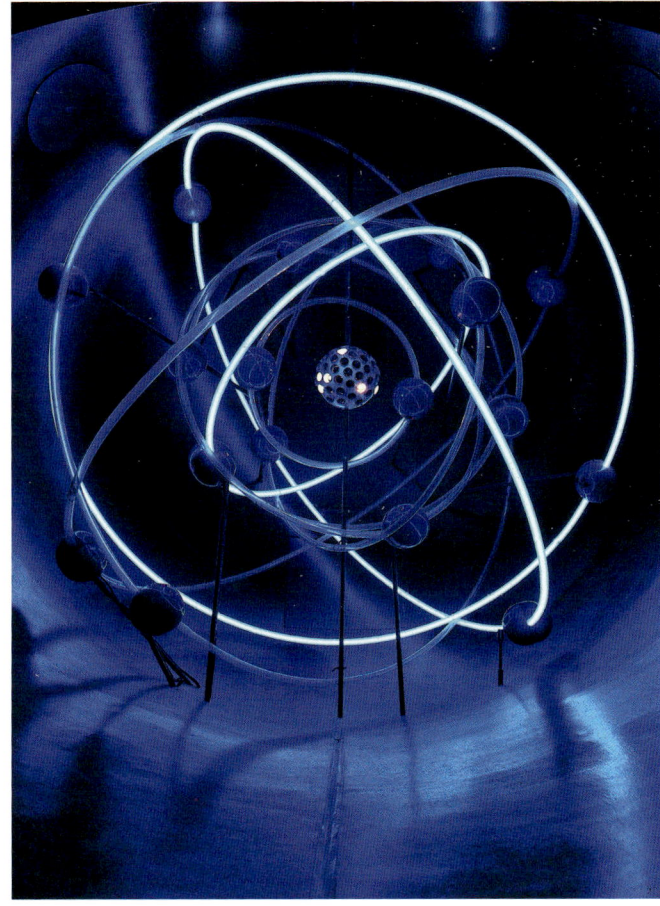

auch über einen eigenen Verlag. Neben Publikationen rund um das Museum (z. B. Kataloge und Bildbände) werden hier auch wissenschaftliche Fachpublikationen veröffentlicht, sowie Werke, die wissenschaftliche Sachverhalte in anschaulicher Form vermitteln. Die Verlagspublikationen können im Buchhandel bestellt oder im Museumsshop erworben werden. Dort finden sich außerdem zahlreiche andere Produkte wie Poster und Postkarten, Modelle, Spiele, Geschenkartikel oder DVDs.

Das Bohrsche Atommodell wurde 1913 von dem Physiker Nils Bohr entwickelt. Es enthielt als erstes Modell Elemente der Quantenmechanik und bildete eine wesentliche Grundlage für die Atomphysik.

Alte Saline

Alte Saline
Alte Saline 9
(Salinenstraße)
83435 Bad Reichen-
hall
Tel. 08651/7002146
www.alte-saline-
bad-reichenhall.de

Das Bayerische Staatsbad Bad
Reichenhall mit Bayerisch Gmain
liegt inmitten herrlicher Natur.
Bekannt durch das Salz, gehört
Bad Reichenhall heute zu den
beliebtesten Kur- und Urlaubs-
zielen in Bayern.

Das Staatsbad Reichenhall blickt
auf eine lange Tradition der Salzgewinnung zurück. Immer noch wird
in der Saline Salz gewonnen. In der
Alten Saline mit dem repräsentativen Quellenbau unterhalb der Burg
Guttenstein kann sich der Besucher
in unterirdischen Stollen von der
Salzgewinnung im 19. Jahrhundert
ein Bild machen. Bad Reichenhall
verfügt über insgesamt 29 Sole-
quellen mit einem Salzgehalt von
bis zu 26,5 Prozent.

*Das Pumpwerk mit
großem Wasserrad
(Durchmesser:
13 Meter) in der
Maschinenhalle der
Alten Saline förderte
die salzhaltige Sole
zutage.*

*Der Quellenbau
der Alten Saline
wurde ab 1834, nach
dem großen Stadt-
brand, in neuroma-
nischem Stil erbaut.*

Salzbergwerk

Seit dem 12. Jahrhundert wird in Berchtesgaden Salz abgebaut, seit 1517 in dem heute noch bestehenden Salzbergwerk.

Seit seiner Eröffnung vor fast 500 Jahren ist das Salzbergwerk ununterbrochen in Betrieb und ist damit eines der ältesten Bergwerke Europas. Heute beschäftigt es rund 100 Mitarbeiter, davon die Hälfte unter Tage. Täglich werden etwa 1700 Kubikmeter Wasser benötigt, um das Salz aus dem Gestein zu lösen (»nasser Abbau«). Die Sole wird über eine 18 Kilometer lange Leitung nach Bad Reichenhall geleitet, wo sie gesiedet wird – am Ende bleibt der Rohstoff Salz übrig. Das Bergwerk bietet seinen etwa

400 000 jährlichen Besuchern in einem 2007 neu konzipierten Ausstellungszentrum eine multimediale Erlebnistour (»SalzZeitReise«) rund um das »weiße Gold«. Bereits 1990 war ein Salzheilstollen eröffnet worden; die salzhaltige Luft bei 85 Prozent Luftfeuchtigkeit soll Linderung etwa bei Asthma und Bronchitis verschaffen. Daneben wird das Bergwerk auch für Veranstaltungen genutzt, so etwa für Konzerte und das Dinner de Sole, für das Besucher in Bergwerkstracht mit der Grubenbahn in den Salzberg fahren.

Salzbergwerk Berchtesgaden
Bergwerkstraße 83
83471 Berchtesgaden
Tel. 08652/600220
www.salzzeitreise.de

Ein fast surreales Erlebnis ist die Einfahrt tief in den Salzstollen mit der Projektion der Salzkathedrale.

Speicherkraftwerk Walchensee

E.ON Wasser-
kraft GmbH
Kraftwerksgruppe
Walchensee
Altjoch 21
82431 Kochel
Tel. 08851/770
www.walchensee.net

Das Speicherkraftwerk Walchensee in der oberbayerischen Gemeinde Kochel am See ist eines der größten Hochdruck-Speicherkraftwerke in Deutschland.

Im Dezember 1918 wurde der Bau begonnen, im Januar 1924 ging die erste Turbine ans Stromnetz. Das Kraftwerk nutzt den Höhenunterschied von gut 200 Metern zwischen den beiden natürlichen Seen Walchensee und Kochelsee. Vom Wasserschloss, einem 10 000 Kubikmeter fassenden Wasserbecken am Walchensee, wird das Wasser in sechs etwa zwei Meter dicken Rohren zu den 200 Meter tiefer liegenden Turbinen geleitet, die jährlich rund 320 Millionen Kilowattstunden Energie liefern; anschließend fließt es in den Kochelsee.

Da die natürlichen Zuflüsse des Walchensees für den Kraftwerksbetrieb nicht ausreichen, wird zusätzlich Wasser aus Isar und Rißbach in den See geleitet. An beiden Überleitungen sind seit den 1950er-Jahren ebenfalls Kraftwerke in Betrieb.

Das Industriedenkmal wartet als »Erlebniskraftwerk« mit Ausstellungen, einem Medienraum und einem Gastronomiebetrieb auf und lockt jährlich bis zu 100 000 Besucher an.

In zwei Meter dicken Rohren wird das Wasser vom Walchensee zu den Turbinen am 200 Meter tiefer liegenden Kochelsee geleitet.

Mittenwaldbahn

Die Mittenwaldbahn (auch Karwendelbahn genannt) ist eine etwa 56 Kilometer lange, grenzübergreifende Verbindung zwischen Innsbruck und Garmisch-Partenkirchen über Seefeld (Tirol) und Mittenwald (Bayern).

www.mittenwald-bahn.de

Nach zweijähriger Bauzeit wurde die Strecke 1912 in Betrieb genommen und gemeinsam von der österreichischen und der bayerischen Staatsbahn betrieben. Die rund 33 Kilometer lange Strecke vom Innsbrucker Westbahnhof bis zur Grenze wurde von Beginn an mit Strom betrieben, die 23 Kilometer auf deutschem Boden ab 1913. Später wurde die Stromversorgung durch das Speicherkraftwerk Walchensee gesichert. Als eine der ersten Bahnen wurde die Mittenwaldbahn mit hochgespanntem einphasigem Wechselstrom betrieben und wurde so zum Vorreiter für die weitere Entwicklung des Eisenbahnbetriebs in Mitteleuropa.

Nahe Seefeld in Tirol erreicht die Mittenwaldbahn mit knapp 1185 Metern über dem Meeresspiegel ihren höchsten Punkt und überwindet damit gegenüber den beiden Endbahnhöfen einen Höhenunterschied von über 1000 Metern.

Einer der spektakulärsten Streckenabschnitte führt über die Schlossbachklamm.

Zugspitzbahn

**Bayerische
Zugspitzbahn
Bergbahn AG**
Olympiastraße 27
82467 Garmisch-
Partenkirchen
Tel. 08821/7970
www.zugspitze.de

Von Garmisch-Partenkirchen hinauf zur Zugspitze, mit 2962 Metern über dem Meeresspiegel der höchste Berg Deutschlands, fährt die Bayerische Zugspitzbahn. Sie ist eine von vier noch betriebenen Zahnradbahnen in Deutschland.

Die insgesamt 19 Kilometer lange Strecke wurde 1928 bis 1930 gebaut. Sie beginnt im Ortsteil Garmisch auf 705 Metern Höhe. Ursprünglicher Endpunkt war das frühere Hotel und Restaurant Schneefernerhaus auf 2650 Metern; seit 1987 steuert die Bahn einen mit 2588 Metern etwas tiefer gelegenen Punkt des Zugspitzplatts – einer Hochebene unterhalb des Gipfels –

an. Der Endbahnhof liegt nun an einem Restaurant in einem Skigebiet. Allein der Zugspitztunnel am oberen Ende der Strecke ist 4466 Meter lang und überwindet einen Höhenunterschied von über 1000 Metern. Er wurde in den 1980er-Jahren um eine 975 Meter lange Abzweigung ergänzt, den nach der Ski-Olympiasiegerin Rosi Mittermaier benannten Rosi-Tunnel.

Die Bayerische Zugspitzbahn vor der Zugspitzgruppe bei Garmisch-Partenkirchen.

Rohrpost

111 Jahre lang funktionierte die Rohrpost als modernes Kommunikationsmedium in Berlin. Erst seit 1976 hat sie ausgedient.

Mitte des 19. Jahrhunderts wurde das Leben der Industriegesellschaft schneller. Dem entsprach die neue Erfindung der Rohrpost, die vom Telegramm bis zum Päckchen Sendungen per Luftdruck auf den Weg schickte. 1865 wurde die »pneumatische Depeschenbeförderung« eingeweiht. Zum Schluss war das Netz auf 400 Kilometer Länge angewachsen.

Rohrpost
http://berliner-un-terwelten.de

Mit ein wenig Fantasie kann man sich heute noch die hektische Betriebsamkeit vorstellen, die an den Empfangsstellen der Rohrpost herrschte.

Gasometer Schöneberg

Einst gehörte der Gasometer zu den drei größten seiner Art in Europa. Übrig geblieben ist sein Gerüst, doch das hat Zukunft.

Der 1910 vollendete, 78 Meter hohe Gasometer konnte 160 000 Kubikmeter Gas speichern. Als sogenanntes Stadtgas war es ein wertvoller Energielieferant. 1994 kam das Ende der Epoche.
Heute dient das denkmalgeschützte Gebäude als Kulisse für Fernsehproduktionen. In Zukunft wird es der markante Höhepunkt einer neuen Universitätslandschaft sein.

Gasometer Schöneberg
Torgauer Straße 18
10829 Berlin
Tel. 030/284498748
www.euref-insti-tut.eu

Kraftwerk Klingenberg

Kraftwerk
Klingenberg
Köpenicker Chaus-
see 42–45
10317 Berlin
Tel. 030/26741444
www.stadtentwick-
lung.berlin.de

Das Kraftwerk blickt auf eine Geschichte zurück, die bis zum ersten Spatenstich 1925 reicht. In den 1920er-Jahren gab es kein moderneres Elektrizitätswerk auf dem Kontinent.

Die Architektur des Gebäude-komplexes ist in einer strengen Sachlichkeit gehalten, die Fassade besteht aus roten Klinkern. Nicht nur die Bauart strahlt Moderne aus, das Kraftwerk war stets auch auf der Höhe der technischen Entwicklung. Bei der Inbetriebnahme 1927 wur-de es mit Braunkohlenstaub betrieben.

In den 1970er-Jahren änderte sich die Bestimmung. Durch das neue Verfahren der Kraft-Wärme-Kopp-lung wird seitdem Fernwärme er-zeugt. Unmittelbar nach der deut-schen Wiedervereinigung war das Werk Klingenberg in seiner Region wieder Vorreiter bei modernen Technologien: Damals wurde die erste Rauchgasentschwefelungsan-lage in den östlichen Bundeslän-dern installiert. Heute besteht ein Verbund mit dem Heizkraftwerk Marzahn, beide Anlagen zusammen versorgen 300 000 Berliner Haus-halte mit Wärme.

In naher Zukunft wird das alte Werk ersetzt. Dann werden als alternative Brennstoffe Erdgas und Biomasse zum Einsatz kommen.

Die beiden Schorn-steine bestimmen die Silhouette des Ende der 1920er-Jahre eingeweihten Kraftwerks.

Archenhold Sternwarte

Ganze 21 Meter lang ist die Brennweite des Linsenfernrohrs der Archenhold Sternwarte. Damit ist es weltweit unübertroffen – und das bereits seit 1896, als es seiner Bestimmung übergeben wurde.

Mit der Erfindung des Teleskops im frühen 17. Jahrhundert hatte das Interesse an der Himmelsbeobachtung schlagartig zugenommen. Die Fernrohre wurden immer präziser und größer. Mit dem Exemplar der Archenhold Sternwarte in Berlin war am Ende des 19. Jahrhunderts schließlich eine Dimension der Linsenfernrohre erreicht, die nicht mehr sinnvoll zu steigern war. Weltweit haben lediglich sieben Geräte dieser Art einen größeren Objektivdurchmesser als die 68 Zentimeter der Archenhold Sternwarte. Insgesamt setzen sich 130 Tonnen in Bewegung, wenn das Teleskop auf ein neues Ziel ausgerichtet wird.

Seit 1967 ist es als technisches Denkmal geschützt – als ein Denkmal allerdings, das bis heute genutzt wird. Immer wieder war es für Jahre stillgelegt und musste aufwendig saniert werden. Seit 2002 ist die Sternwarte in der Obhut des Deutschen Technikmuseums Berlin. So sind dem über 100 Jahre alten Wunderwerk stetige Besucherströme garantiert.

Archenhold
Sternwarte
Alt-Treptow 1
12435 Berlin
Tel. 030/536063719
www.sdtb.de

Seit einem Jahrhundert staunen Besucher über die gigantischen Dimensionen des längsten Linsenfernrohrs der Welt.

Museum im Wasserwerk

Museum im Wasserwerk
Müggelseedamm 307
12587 Berlin
Tel. 030/86447695
www.museum-im-wasserwerk.de

Als 1893 das Wasserwerk Friedrichshagen in Betrieb genommen wurde, war es erst die dritte Anlage dieser Art in der Metropole Berlin. Im Kesselhaus gewährt heute ein Museum Einblicke in die Geschichte der Wasseraufbereitung.

Die Maschinenhalle des Wasserwerks vermittelt einen Eindruck, mit welchem Aufwand vor rund einem Jahrhundert Wasser aufbereitet wurde.

In den Anfangsjahren bereitete das Wasserwerk Wasser aus dem Müggelsee zu Trinkwasser auf. Doch schon bald wurde es für eine zusätzliche Grundwassergewinnung umgerüstet. Jahrzehnte diente eine Dampfmaschine als Antrieb und obwohl bereits in den 1920er-Jahren auf Elektrizität umgestellt wurde, blieb die Dampfmaschine bis 1979 in Betrieb.

Als besonderes Prunkstück des 1987 eröffneten Museums gilt die Maschinenhalle, deren Mittelpunkt die noch immer funktionstüchtigen drei Schöpfmaschinen von 1893 sind. Darüber hinaus finden sich auf dem Gelände ein Maschinenraum aus den 1920er-Jahren, historische Pumpen, Rohrleitungen und ein Sammelbrunnen. Alle Exponate stehen an ihren Originalplätzen.

Planetarium am Insulaner

Am lichtverschmutzten Nachthimmel Berlins kann keine wirkliche Sternenpracht bewundert werden. Im Planetarium am Insulaner geht das dafür umso intensiver.

Seit 1965 werden dort Tausende von Sternen an die im Durchmesser 20 Meter große Kuppel projiziert. 1991 kam eine Laseranlage hinzu. Nur wenige Hundert Meter vom Planetarium entfernt liegt die Wilhelm-Foerster-Sternwarte. Zusammen ergeben die beiden Häuser ein

einmaliges Ensemble der Astronomie in Berlin.

Planetarium am Insulaner
Munsterdamm 90
12169 Berlin
Tel. 030/7900930
www.planetarium-berlin.de

Mit seiner Sternenkuppel ist das Planetarium das größte und modernste Sternentheater Europas.

Wasserturm Prenzlauer Berg

Berlins ältester Wasserturm stammt aus dem Jahr 1877.

Bis 1952 versorgte der Turm die Bürger rund um den heutigen Kollwitzplatz mit Trinkwasser. Das prägnante Denkmal ist eines der Wahrzeichen des Viertels und prangte als solches lange Jahre auf dem Wappen des Bezirks. Früher wohnten die im Turm beschäftigten Arbeiter direkt unterhalb des Wasserreservoirs. Heute haben diese Wohnungen einen hohen Statuswert in einem der gefragtesten »Kieze« der Hauptstadt.

Wasserturm Prenzlauer Berg
Knaackstraße 23
10405 Berlin
www.prenzlauer-berg.de

Wo früher die Trinkwasserversorgung garantiert wurde, ist ein Denkmal übrig geblieben, mit dem sich jeder im Viertel identifizieren kann.

Museum für Kommunikation

Museum für Kommunika-tion Berlin
Leipziger Straße 16
10117 Berlin
Tel. 030/202940
www.mfk-berlin.de

Auch vor den Zeiten des Internets konnte man sich weltweit verständigen: ein Telegrafenapparat von 1853 (rechte Seite oben). Damit auch die junge Generation die »gelbe« Post nicht vergisst, zeigt das Museum eine große Sammlung an Briefkästen (rechte Seite unten).

Symbol der modernen Telekommunikation – Mobiltelefone.

140 Jahre reicht die Tradition der Sammlungen zurück, die Einblicke in die Geschichte der Telekommunikation, des Radios und der Post geben. Der Blick geht auch nach vorn: Die Entwicklungen der Neuen Medien behalten die Museumsmacher im Auge.

Am Anfang stand das im Jahr 1872 gegründete Reichspostmuseum, dessen nach dem Zweiten Weltkrieg übrig gebliebenen Bestände in das Bundespostmuseum der Bundesrepublik Deutschland und das Postmuseum der DDR übergingen. Seit 1995 findet sich alles wieder unter einem Dach.

Gleich im Foyer laden bewegliche und sprechende Roboter die Besucher zur Kommunikation ein. Ein Konzept, das sich im gesamten Erdgeschoss wie ein roter Faden durch die Ausstellung zieht. Besonders Kinder fühlen sich bei den

Mitmachstationen angeregt und kommunizieren miteinander: vom Rauchzeichen bis zum Schnurtelefon.

Technikfreunde kommen in den oberen Stockwerken auf ihre Kosten. Fast geisterhaft hängt eine in ihre Einzelteile zerlegte Postkutsche von der Decke, in anderen Räumen locken Exponate, von denen manche erst wenige Jahre alt sind, doch schon so fern scheinen. Besonders beeindruckend ist diese Schnelllebigkeit bei den Telefonen, vor denen man Kindern etwa erklären muss, was eine Wählscheibe ist. Zum Abschluss eines Rundgangs bietet sich das Untergeschoss an, in dem sich die abgedunkelte »Schatzkammer« verbirgt. Wer sich hineintraut, wird mit besonders wertvollen Ausstellungsstücken belohnt, die erst dann beleuchtet werden, sobald man an sie herantritt. Zu den Prunkstücken gehört eine der seltensten und teuersten Briefmarken der Welt: eine blaue Mauritius aus dem Jahr 1847. Nach dem Zweiten Weltkrieg war sie lange verschollen, wurde dann zum Streitobjekt zwischen Ost und West, bevor sie seit 1990 unumstritten in die Sammlung zurückkehren konnte.

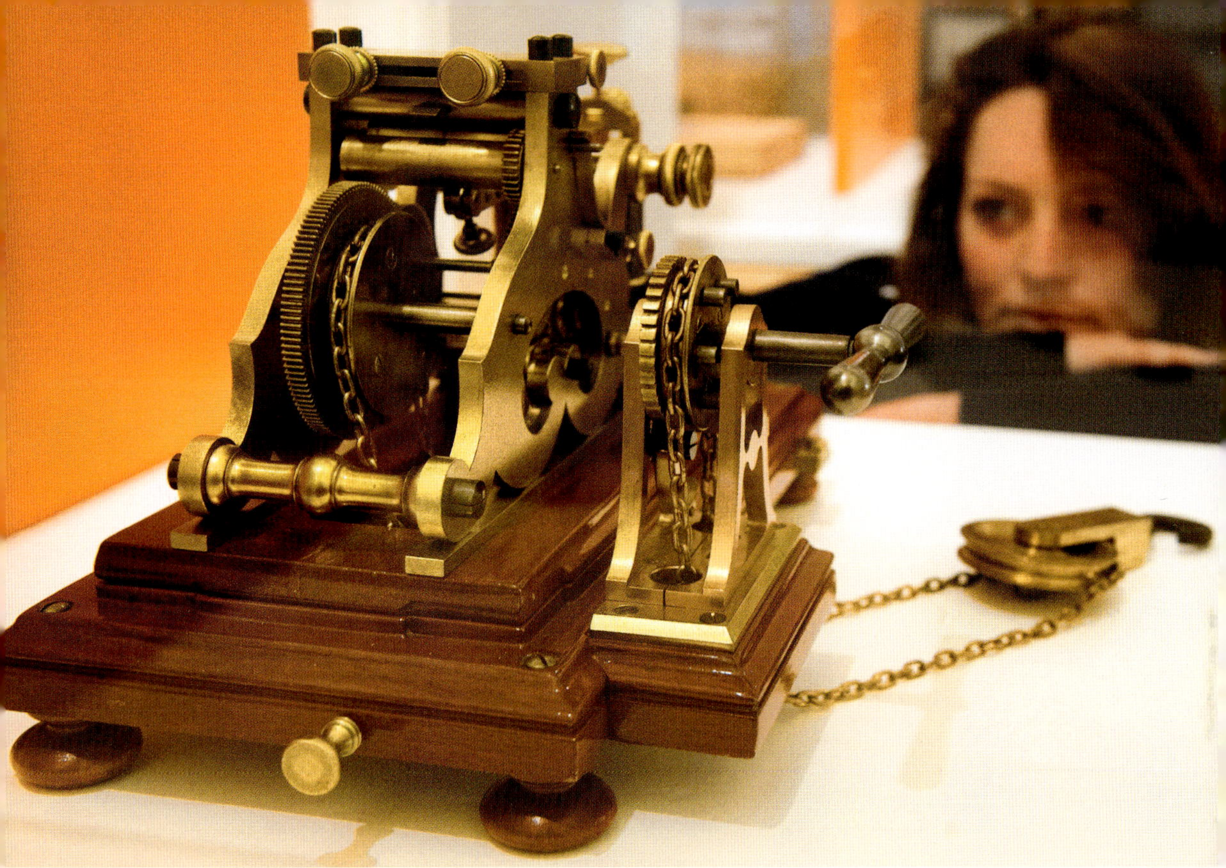

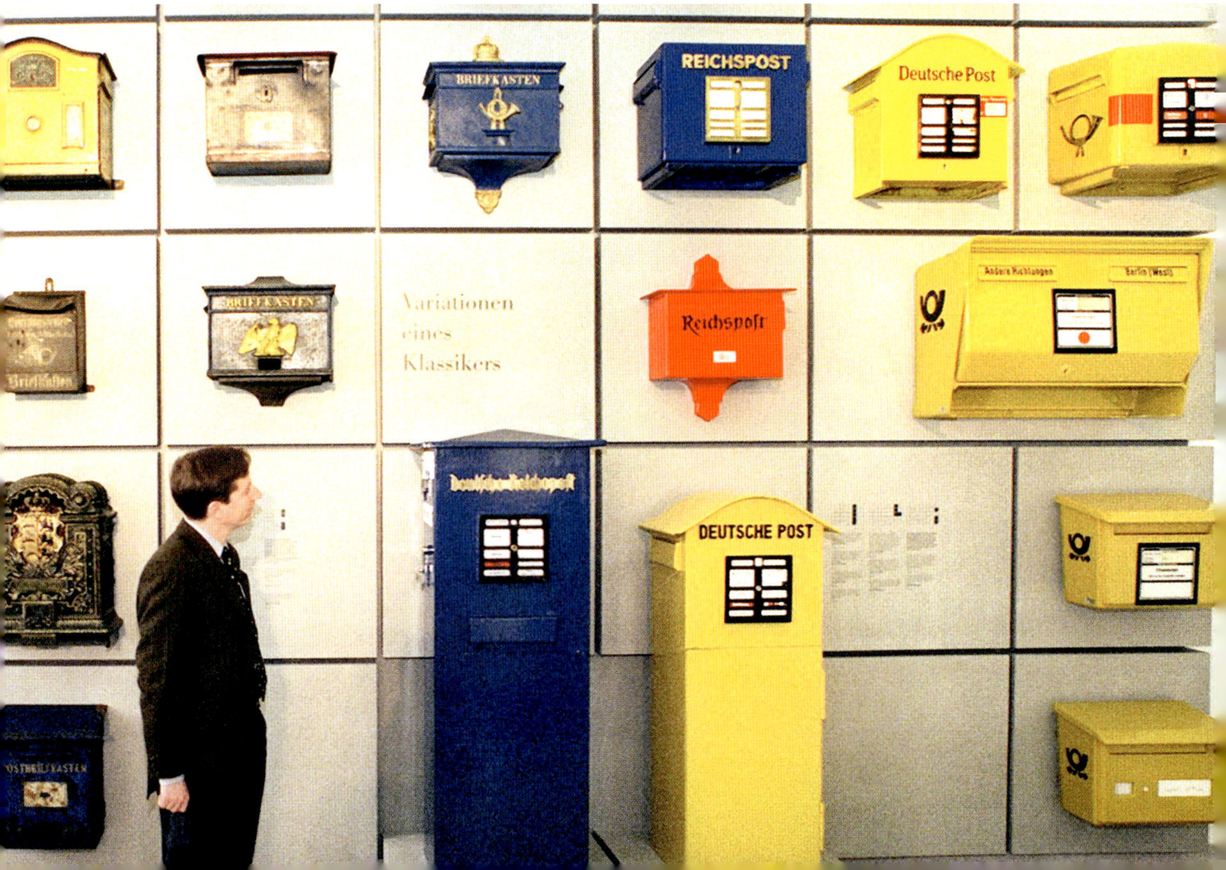
BRIEFKASTEN
REICHSPOST
Deutsche Post
BRIEFKASTEN
Variationen
eines
Klassikers
Reichspost
DEUTSCHE POST

Deutsches Technikmuseum

Deutsches Technik-museum
Trebbiner Straße 9
10963 Berlin
Tel. 030/902540
www.sdtb.de

Seit drei Jahrzehnten wächst das Deutsche Technikmuseum aus bescheidenen Anfängen zu einem Giganten der Museums-landschaft in Berlin und Deutschland. Für die nahe Zukunft ist ein umfassender Komplex geplant, das Technoversum.

Schon von Weitem ist das Deutsche Technikmuseum eindeutig zu er-kennen: Auf der Dachterrasse hängt das Exemplar eines »Rosinenbom-bers«. Wie im Landeanflug ist die Douglas C-47 Skytrain inszeniert. Von den Westalliierten wurde sie während der Berliner Blockade durch die Sowjetunion 1948/49 be-nutzt, um West-Berlin über eine Luftbrücke mit Gütern zu versorgen. Auch an anderen Stellen gelingt es dem Museum, allgemeine Technik-geschichte mit der konkreten Ge-schichte der Stadt zu verknüpfen.

Tradition der Technik-sammlungen

Das heutige Museum wurde 1983 eröffnet, kann sich aber auf eine über 100-jährige Tradition berufen. Vor dem Zweiten Weltkrieg lagen einige Museen mit technischen Sammlungen über die Stadt ver-streut. Viele ihrer Exponate wurden zerstört, nur weniges konnte ge-rettet und in die heutigen Samm-lungen integriert werden. Zu den ehemaligen Höhepunkten der Berli-ner Museumslandschaft zählten das 1900 gegründete Museum für Mee-reskunde und das 1906 eröffnete Verkehrs- und Baumuseum. Nach jahrzehntelangen Ideen und Planungen für ein neues und großes Haus konnten ab Ende 1983 auf 1900 Quadratmetern die ersten Ausstellungsstücke präsentiert wer-den. Nach einigen Erweiterungen wurden 1987 der 3300 Quadrat-

Der »Rosinen-bomber« auf der Dachterrasse wirkt so neu, als könnte er sich jederzeit wieder in die Lüfte erheben.

Zu den Exponaten
in den Lokschuppen
gehört diese würt-
tembergische
Rangierlok aus dem
Jahr 1899.

meter große erste Lokschuppen, im Folgejahr der nur wenig kleinere zweite Lokschuppen zu wichtigen Ausstellungsräumen. 1990 kam das Science Center Spectrum hinzu, in dem nicht nur Kinder Technik hautnah selbst erleben können. Das heutige Technikmuseum wäre jedoch nichts ohne den Neubau, in dem mit jeweils rund 6000 Quadratmeter Ausstellungsfläche die Schifffahrt (seit 2003) und die Luftfahrt (seit 2005) einen würdigen Rahmen fanden. Gegenwärtig besteht das Deutsche Technikmuseum aus 14 Abteilungen, deren 26 500 Quadratmeter kein Besucher im Laufe eines Museumsbesuchs bewältigen kann.

Sammlungsschwerpunkt Schienenverkehr

Kein Themenbereich des Museums kann authentischer präsentiert werden als die Eisenbahnen, denn das Haus steht auf dem Grundstück des alten Anhalter Güterbahnhofs und des Bahnbetriebswerks Anhalter Bahnhof. Zwei jeweils halbrunde Lokschuppen von 1874 bieten die beste Kulisse für mehr als 40 große Schienenfahrzeuge. Manche sind Nachbauten, die meisten im Original erhalten. In die Anfänge der Dampflokomotiven entführt die Borsig-Lok von 1842, eines der jüngsten Ausstellungsstücke ist die im Jahr 1973 produzierte Versuchsdiesellok DE 2500.

An vielen Stellen zeigt es sich, dass Technik- und Kulturgeschichte eng miteinander verknüpft sind: Gleich zu Beginn können sich Kinder an einem »Grubenhund« des Jahres 1800 ausprobieren. In einem engen Tunnel kann das schwere Fahrzeug auf hölzernen Schienen bewegt werden. Anschaulicher kann ein Museum Kinderarbeit früherer Jahr-

hunderte nicht vermitteln. Auch Deutschlands dunkelstes Kapitel wird nicht ausgespart. Im Bereich »Judendeportationen« wird die Rolle der Reichsbahn beleuchtet, Details aller Transporte von 1941 bis 1945 können abgerufen werden.

Lebenswelt Schiff

Mit über 1100 Exponaten zeigt Berlin eine der weltweit größten Ausstellungen zur Schifffahrt. Schon der Titel »Lebenswelt Schiff« ist Programm: Es geht nicht um die reine Technik, sondern um alle Bereiche, die seit 10 000 Jahren mit der Schifffahrt in Verbindung stehen. Blickfang des Erdgeschosses ist ein »Kaffenkahn« aus der ersten Hälfte des 19. Jahrhunderts, dessen Mast bis in das obere Stockwerk reicht. Der schwerfällige Lastensegler war um 1840 auf der Havel gesunken,

weil er zu viele Ziegel geladen hatte. Neben dem eigentlichen Schiff werden Alltagsgegenstände der Besatzung gezeigt, etwa Teller und Pfeifen. Die Welt von damals lebt auch auf, wenn man die rekonstruierte Kajüte betritt, in deren Enge eine ganze Familie leben musste. Während das Deck des Kaffenkahns für Besucher gesperrt ist, darf das des benachbarten Schleppschiffs »Kurt-Heinz« betreten werden. Mit seinem Stahlrumpf und der Dampfmaschine markiert das 1901 vom Stapel gelassene Schiff eine neue Epoche in der Schifffahrtsgeschichte.

Ganz andere Dimensionen erfährt der Besucher im zweiten Obergeschoss. Dort lebt die internationale Hochseeschifffahrt auf. Mehr als 50 Modelle lassen Einblicke in die früheste Zeit zu, die legendären Fahrten der europäischen Entdecker zwischen dem 15. und 18. Jahrhundert erhalten mit sehr detailgetreuen Nachbildungen neuen Glanz. Die Schattenseiten der Epoche zeigen sich in einer besonderen Installation, die lebensgroß das Elend der schwarzen Sklaven unter Deck eines Schiffes zeigt. Wer sich in einem Technikmuseum eher auf die Technik konzentrieren möchte, kommt nicht zu kurz. Auch Themenkomplexe wie Strömungstechnik und Schraubenantrieb werden erläutert.

Vom Ballon zur Luftbrücke

In gleich zwei Geschossen finden die Fluggeräte des Bereichs Luft- und Raumfahrt Platz. Einer der Pioniere der Luftfahrt wirkte in Brandenburg und Berlin: Otto Lilienthal. Seine Flüge mit einem Hängegleiter

Ende des 19. Jahrhunderts waren revolutionär, seine Arbeit wird im Museum mit vier Gleiternachbauten und zahlreichen Dokumenten besonders gewürdigt.

In der Sammlung mit über 40 großen Objekten gibt es einige spektakuläre Einzelstücke, die zwei Jahrhunderte des Traums vom Fliegen abdecken. Mit fast 30 Metern Spannweite nimmt die 1941 gebaute Junkers JU 52 entsprechend ihres legendären Rufs als »Tante JU« viel Raum ein. Nicht die Spannweite, aber das Gewicht von knapp über sechs Tonnen macht das Kampfflugzeug North American F-86 »Sabre« zu einem weiteren Superlativ des Museums. Nur für diese Maschine mussten zwei zusätzliche Stahlträger in die Dachkonstruktion eingezogen werden. Neben dieser Hochtechnikmaschine aus den

Durch die interessante Zusammenstellung der Exponate wird klar, was Ingenieure sowohl bei Flugzeugen als auch bei Autos interessiert: die Aerodynamik.

1940er-Jahren wirkt das älteste Flugzeug der Ausstellung mit seinen Speichenrädern zerbrechlich: Die Jeannin-Stahltaube stammt aus dem Jahr 1914.

Mensch in Fahrt

Das jüngste Kind des Technikmuseums ist dem Verkehr auf der Straße gewidmet. Unter dem Motto »Mensch in Fahrt« wurde 2011 in einem Nachbargebäude die Ausstellung mit dem Schwerpunkt Automobil eröffnet. Mit 43 Fahrzeugen kann nur ein kleiner Teil der Depotbestände öffentlich zugänglich gemacht werden. Hinter den Kulissen besteht die Sammlung aus über 200 Pkws und Lkws, rund 250 Motorrädern und mehr als 300 Fahrrädern.

Die Chronologie beginnt mit einem Ochsenkarren, wie er vor 150 Jahren in Brasilien zum Transport von Zuckerrohr benutzt wurde. Die Anfänge des automobilen Zeitalters wirken auf heutige Besucher befremdlich, wenn sie etwa einem Gefährt begegnen, bei dem sich die Passagiere wie in einer Kutsche gegenübersaßen. Angetrieben wurde es von einem Motor mit 5 PS. Präsent sind deutsche Modelle, z. B. ein auf Hochglanz polierter Mercedes »Nürburg« von 1930, ein VW-Käfer von 1951 und ein signalorange lackierter Trabant P601 von 1985, in den man sich setzen kann und der sich schnell zu einem Lieblingsmotiv der Fotografierenden entwickelt hat.

Der Zuse Z1, der mechanische Rechner von Konrad Zuse aus dem Jahr 1937, war der erste Rechner, der mit binären Zahlen arbeitete.

Zur Ausstellung über die Geschichte des Films gehört ein Mutoskop aus dem Jahr 1900, mit dem die Illusion sich bewegender Bilder erzeugt werden kann.

Restliche Sammlungen und viele Zukunftspläne

Neben den vier großen Sammlungsschwerpunkten bietet das Deutsche Technikmuseum zahlreiche weitere Höhepunkte, von denen die Chemie- und Pharmaindustrie, die Fototechnik und die Textiltechnik nur einige sind. Wert wird auch auf anschauliche Präsentationen gelegt, wozu eine Demonstration zur Papierherstellung ebenso gehört wie die Produktion von Koffern, die anschließend gekauft werden können. Besonders bei jungen Besuchern ruft ein Exponat ungläubiges Erstaunen hervor: der Z 1. Dabei handelt es sich um den ersten Computer der Welt, der einen ganzen Raum einnimmt. Konstruiert hat ihn 1936 Konrad Zuse in Berlin, zu sehen ist ein Nachbau von 1986.

Wer nach so vielen Eindrücken Luft schnappen muss, kann dies im Museumspark tun, wo Wind- und Wassermühlen genauso bestaunt werden können wie eine Schmiede und eine historische Brauerei. Zum Technikmuseum gehören außerdem andere Standorte, die über die Stadt verteilt sind: die Archenhold Sternwarte, das Zeiss-Großplanetarium und das Zucker-Museum.

Für die Zukunft hat man sich viel vorgenommen: Bis 2022 wird das Museumsquartier Technoversum entstehen mit zusätzlich 25 000 Quadratmeter Fläche. Ein neues Ausstellungskonzept wird sich dann nicht mehr auf die Sammlungsschwerpunkte konzentrieren. Geplant sind Präsentationen, die die Beziehungen zwischen Mensch und Technik in den Mittelpunkt stellen.

U-Bahn- und S-Bahn-Museum

**Berliner
U-Bahn-
Museum**
U-Bahnhof Olym-
piastadion
14053 Berlin
030/25627171
www.ag-berliner-
u-bahn.de

**Berliner
S-Bahn-
Museum**
Rudolf-Breitscheid-
Straße 203
14482 Potsdam
030/78705511
www.s-bahn-
museum.de

Ohne seine U- und S-Bahnen würde das öffentliche Leben in der Metropole Berlin zusammenbrechen. Gleich zwei Museen würdigen den Stellenwert der beiden Transportsysteme. Da die Häuser ehrenamtlich betrieben werden, sind sie nur selten geöffnet.

Ein U-Bahn-Museum braucht Platz. Der bot sich 1983, als das alte Stellwerk am Olympiastadion geschlossen wurde. Heute sind die Stellwerksanlagen aus dem Jahr 1931 Prunkstück und Mittelpunkt des Museums. Mit seinen Hebeln wurden damals jeweils rund 100 Weichen und Signale kontrolliert. Die nächstmodernere Generation wird durch ein elektronisches Stellwerk von 1986 dokumentiert.

Neben diesen Großanlagen bietet das Museum viele Details wie ein Modell des alten U-Bahnhofs Gleisdreieck, einen 1977 ausrangierten Fahrkartenschalter und eine Vielzahl an Schildern mit Bahnhofsnamen. Leider reicht der Platz nicht aus, um die 34 Fahrzeuge präsentieren zu können, deren ältestes aus dem Jahr 1908 stammt. Als Ausgleich gibt es immer wieder Sonder-

fahrten mit den historischen Zügen. Das Berliner-S-Bahn-Museum hat 1997 sein Domizil auf Potsdamer Boden am S-Bahnhof Griebnitzsee bezogen. Es ist Mitgliedern des Berliner Fahrgastverbandes IGEB zu verdanken, dass die heute ausgestellten Exponate nicht verloren gegangen sind. So dokumentiert ein Fahrkartenautomat aus den Anfangszeiten der S-Bahn, dass es damals noch drei Klassen gab. Und das Bahnhofsschild »Marx-Engels-Platz« hält die Erinnerung an die Zeiten der DDR wach. Technikfreunde stürzen sich mit Begeisterung auf ein teils noch funktionstüchtiges elektromechanisches Stellwerk oder einen Fahrsimulator. Regelmäßig veranstaltet das S-Bahn-Museum Sonderausstellungen, die an wechselnden Orten präsentiert werden.

Besonders kleine Besucher sind angetan von den vielen Hebeln, die sowohl im U-Bahn- als auch im S-Bahn-Museum betätigt werden können.

11
Berlin-Reinickendorf
Bellevue
Bornholmer Straße
Witzleben
Nikolassee
Hohenzollerndamm
Schöneweide
BERLIN FRIEDRICHSTRASSE

Deutsches Rundfunkarchiv

Deutsches Rundfunk-archiv Babelsberg
Marlene-Dietrich-Allee 20
14482 Potsdam
Tel. 0331/58120
www.dra.de

Das Deutsche Rundfunkarchiv ist eine Stiftung, die von den Rundfunkanstalten der ARD getragen wird. Seine Aufgabe ist es, an den Standorten Frankfurt am Main und Potsdam den Bestand an Ton- und Bildträgern zu erhalten.

Reizvoll ist die Gerätesammlung, die sich in Potsdam befindet und die Zeit zwischen 1923 und 2000 abdeckt. Zu ihr gehören 1100 Radios und Fernseher, darunter die ersten Batterieröhrenradios und die ältesten Fernsehgeräte von 1937.

Der Geradeaus-Ortsempfänger stammt von 1926.

Bockwindmühle

Bockwind-mühle Calau
An der Bockwind-mühle 15
03205 Calau
Tel. 03541/800617
www.calau.de

Einst waren sie in ganz Europa verbreitet: die Bockwindmühlen, die auf nur einem Pfahl stehen.

Die frühesten Modelle stammen aus dem 12. Jahrhundert, die Calauer Mühle geht auf das Jahr 1534 zurück. Bis heute haben sich noch Teile des ursprünglichen Mahlwerks erhalten. Mit dem Besitzer kann ein Besichtigungstermin vereinbart werden, um ein Mini-Museum zur Geschichte der Mühle innerhalb des Mühlenkastens zu erkunden.

Mit Windmühlen weiß der Mensch seit Jahrhunderten die Kraft der Natur für sich zu nutzen.

Forstmuseum

Lange hat der Mensch gebraucht, um zu erkennen, dass der Wirtschaftswald eine Ressource ist, mit der er behutsam umgehen muss. Im Forstmuseum werden seit 2002 die Zusammenhänge zwischen Ökologie und Ökonomie des Waldes präsentiert.

Den Gedanken der Nachhaltigkeit gibt es in Brandenburgs Forsten bereits seit über hundert Jahren. Zuvor herrschte dort Raubbau: Ob als Quelle für Bauholz oder Brennmaterial, als Futterplatz für das Vieh oder Standort für Glashütten – der Wald wurde übernutzt und konnte sich nicht regenerieren. Das änderte sich erst im 19. Jahrhundert, als die Menschen bemerkten, dass sie ihre Lebensgrundlage zerstörten und zu einer geregelten Forstwirtschaft übergingen.

Auf über 600 Quadratmetern zeichnet das Forstmuseum in einem Fürstenberger Fachwerkhaus diese Entwicklung in seiner Dauerausstellung nach. Wie wird ein Forst geplant, mit welchen Geräten wird das Holz verarbeitet und welche Rolle spielt der Wald als Lebens- und Erholungsraum? Auf diese Fragen gibt es zahlreiche Antworten. Ergänzt wird das Angebot durch Waldwanderungen und Sonderausstellungen, die sich etwa der Kiefer, dem Wolf oder Pilzen widmen.

Brandenburgisches Forstmuseum Fürstenberg
Rathenaustraße 16
16798 Fürstenberg/Havel
Tel. 033093/ 39893
www.brandenburgisches-forstmuseum.de

Das Bergen des Holzes war (und ist es zum Teil noch) harte Knochenarbeit; standen keine Rücke-Pferde zur Verfügung, musste der Mensch die Last ziehen.

Flößereimuseum

**Flößerei-
museum**
Clara-Zetkin-Straße 1
17279 Lychen
Tel. 039888/2992
www.floesserverein-
lychen.de

Seit dem 16. Jahrhundert ist die Tradition des Flößens in Lychen und seiner Region belegt.

Die kleinen Wasserstraßen und Seen eigneten sich hervorragend, um das Holz aus den umgebenden Wäldern leicht zu transportieren. Um den Weg zu optimieren, errichtete man 1720 im Küstriner Bach vier Wehre, die sogenannten Floßarchen oder Floßrutschen. Bis 1970 wurde das Handwerk betrieben. Heute können in dem kleinen Museum im Naturpark Uckermärkische Seen die Gerätschaften der Flößer bestaunt werden.

Modelle veranschaulichen in Lychen das Leben und die Arbeit von Flößern.

Finowkanal

**Kommunale
Arbeitsge-
meinschaft
(KAG)
Region Finow-
kanal**
Familiengarten
Am alten Walzwerk 1
16227 Eberswalde
Tel. 03334/384913
www.finowkanal.info

1603 gab Kurfürst Joachim Friedrich den Auftrag für den ersten Spatenstich am Finowkanal. Schon bald wurde so die Havel mit der Oder verbunden.

Doch verfiel der Kanal und wurde erst wieder nach einer Erneuerung 1749 auf einer Länge von 30 Kilometern befahrbar. Seit 1972 gibt es keinen kommerziellen Verkehr mehr auf dem zu klein gewordenen Wasserweg. In den letzten Jahren ist er für Touristen interessant geworden. Sie können u. a. die zwölf Schleusen per Boot entdecken.

Man staunt, welche Last von nur einer Pferdestärke bewältigt werden kann.

Schiffshebewerk Niederfinow

2007 wurde erstmals die Auszeichnung »Historisches Wahrzeichen der Ingenieurbaukunst in Deutschland« vergeben. Sie ging an das Schiffshebewerk Niederfinow, das seit fast acht Jahrzehnten in Betrieb ist.

Wer vor dem Schiffshebewerk steht, ist schnell vom Gigantismus des technischen Denkmals überwältigt: 60 Meter ist es hoch, 14 000 Tonnen wiegt sein Stahl, fünf Millionen Nieten wurden eingeschlagen. Sieben Jahre waren nötig, um den Bau zu errichten, der 1934 eingeweiht wurde.
Mithilfe des Finowkanals können Schiffe 36 Meter Höhe überwinden, so wird ein durchgehender Wasserweg gewährleistet, der die Oder mit der Havel verbindet. Dazu fahren die Schiffe in einen Trog, der mit Wasser gefüllt rund 4300 Tonnen auf die Waage bringt. Gehalten wird die Konstruktion von 256 Stahlseilen. Auf einer eineinhalbstündigen Tour kann jeder den ungewöhnlichen Aufzug selbst erleben. Die Hebung selbst dauert allerdings nur fünf Minuten.
Der Übergang zwischen den Flusssystemen Oder und Havel hat allerdings nicht nur museale Bedeutung. Um die Wasserstraßenverbindung auch für zukünftige und größere Schiffe passierbar zu machen, wurde 2009 der Grundstein für ein neues Schiffshebewerk gelegt, das 2014 seinen Betrieb aufnehmen soll.

Schiffshebewerk Niederfinow
Hebewerkstraße 52
16248 Niederfinow
Tel. 033362/71377
www.schiffshebewerk-niederfinow.info

Zu den unvergesslichen Erlebnissen einer Reise in Brandenburg gehört eine »Aufzugfahrt« im Schiffshebewerk Niederfinow.

Ziegeleipark Mildenberg

Ziegeleipark
Ziegelei 10
16792 Zehdenick
Tel. 03307/310410
www.ziegeleipark.de

Große Städte brauchen große Mengen an Baumaterial. Das gilt auch für Berlin, in dem viele Häuser mit Ziegeln gebaut sind, die in Mildenberg hergestellt wurden. Nach der deutschen Wiedervereinigung wurde das Areal in ein Museum umgewandelt.

In diesem Ringofen wurden ungezählte Ziegel gebrannt, die heute noch in Berliner Häusern verbaut sind.

Es war eine glückliche Fügung: Am Ende des 19. Jahrhunderts, angefeuert von der Industrialisierung, boomte die Metropole Berlin. Menschen strömten in die Stadt, Miethäuser mussten errichtet werden. Da passte es gut, dass 1887 rund um Mildenberg reiche Tonvorkommen entdeckt wurden. Schnell waren Ziegeleien eingerichtet, allein für das Jahr 1910 konnte die Produktion von 625 Millionen Ziegeln bekannt gegeben werden. Nach Jahren der Stagnation bescherten die Zerstörungen des Zweiten Weltkriegs erneut volle Auftragsbücher. Angesichts des neuen Baustoffs Beton kam der Niedergang, 1990 wurde die letzte Ziegelei geschlossen. Das Gelände des Ziegeleiparks ist riesig. Wo einst bis zu 5000 Menschen arbeiteten, fahren heute Besucher mit Bahnen, Fahrrädern oder Gokarts von einer Attraktion zur nächsten. Jede Station der Produktion kann erlebt werden: Wie wurden die Tonvorräte abgebaut, wie die Ziegel hergestellt, wie gelangten sie schließlich nach Berlin? Eine alte Schmiede steht genauso auf dem Besuchsprogramm wie ein Dampfmaschinenhaus. Nicht nur der Werkstoff wird zum Leben erweckt. Auch der Alltag der damaligen Menschen bekommt im Ziegeleipark wieder ein Gesicht.

Brandenburgisches Museum für Klein- und Privatbahnen

Ohne kleine und private Bahnen wären vor dem Zeitalter der Automobilität viele ländliche Regionen vom wirtschaftlichen Geschehen in Deutschland abgeschnitten gewesen. In Gramzow erinnert man an diesen Aspekt der Technik- und Wirtschaftsgeschichte.

Brandenburgisches Museum für Klein- und Privatbahnen
Am Bahnhof 3
17291 Gramzow
Tel. 039861/70159
www.eisenbahnmuseumgramzow.de

Bauern transportierten ihre Zuckerrüben mit ihnen in die nächste Zuckerfabrik, Dorfbewohner lernten durch sie die ferne Kreisstadt kennen: Kleinbahnen. Auf schmalen Spuren erschlossen sie den ländlichen Raum, auch in Brandenburg. Je mehr das Automobil die Lebenswelt der Menschen bestimmte, desto dünner wurde das Schienennetz. Heute fahren in Deutschland nur noch wenige Kleinbahnen, die meisten von ihnen für touristische Zwecke.
Seit 1996 zeigt das Museum für Klein- und Privatbahnen über 40 Fahrzeuge und andere technische Gerätschaften, wie sie nicht nur für die brandenburgische Uckermark üblich waren. Neben dem Lokschuppen und einem Güterboden dient auch das 7000 Quadratmeter große Freigelände rund um den Gramzower Bahnhof als Ausstellungsfläche. Zu bewundern ist die Geschichte der Antriebsarten, die von der Dampfmaschine bis zum Elektromotor reicht. Selbst Hand anlegen können die Besucher bei einer Draisinenfahrt und einer Modellbahn. Regelmäßige Fahrten mit einem Museumszug gehören zu den Höhepunkten des Museumsbesuchs.

Betriebsgelände von Bahnen sind normalerweise gefährlich. Nicht so in Gramzow, wo jeder zur Besichtigung willkommen ist.

Deutsche Tonstraße

Tourismusverband Ruppiner Seenland e.V.
Fischbänkenstraße 8
16816 Neuruppin
Tel. 03391/659630
www.deutscheton-strasse.de

Auf einem über 200 Kilometer langen Rundkurs führt die Deutsche Tonstraße durch das Ruppiner Land im Norden von Brandenburg. Die Strecke verknüpft Orte miteinander, die von der Tongewinnung und -verarbeitung zeugen.

Zu den Höhepunkten zählt das Ofen- und Keramikmuseum Velten, das an die Zeiten erinnert, in denen das Städtchen noch vor einem Jahrhundert mit rund 40 Fabriken das Zentrum der Kachelofenproduktion in Deutschland war. Bereits seit zweieinhalb Jahrhunderten pflegt man in Rheinsberg die Produktion von Steinzeug. Noch heute lassen zahlreiche Töpfer interessierte Besucher gerne als Beobachter an ihrer Arbeit teilhaben. Alljährlich findet in Rheinsberg ein großer Töpfermarkt statt. Besonders individuell sind die 1934 von Hedwig Bollhagen gegründeten HB-Werkstätten für Keramik in Marwitz, in denen jedes Stück bis heute von Hand gefertigt wird.

Der Massenproduktion war dagegen der Ziegeleipark Mildenberg verpflichtet, der mit der Baustoffproduktion ein besonderes Kapitel der Technikgeschichte bietet. Rund um Zehdenick spricht dann die Landschaft Bände: Dort, wo einst der Ton abgebaut wurde, liegen heute mehr als 70 sogenannte Tonstiche. Längst sind sie mit Wasser gefüllt und bieten Rückzugsräume für seltene Tiere wie Biber und Fischotter.

Alte Kachelöfen dienten nicht nur zum Heizen, sondern waren und sind auch eindrucksvolle Kunstwerke des Alltags.

Sender- und Funktechnikmuseum

In Zeiten von Internet und Multimedia wirkt das Medium Hörfunk antik. Dabei ist es noch kein Jahrhundert her, dass in Deutschland der öffentliche Rundfunk seinen Betrieb aufnahm. Das Sender- und Funktechnikmuseum widmet sich diesen Anfängen.

In den 1930er-Jahren erlebte das Radio seine ersten großen Stunden. Damals war der Funkerberg in Königs Wusterhausen gespickt mit Antennen und Sendemasten. Die höchste dieser Anlagen erreichte 243 Meter. Begonnen hatte alles mit einem Weihnachtskonzert im Jahr 1920, das über die Landesgrenzen hinweg auf begeisterte Hörer stieß. Während des Naziregimes wurde der Sendebetrieb auf dem Funkerberg verstärkt, da sich das Medium hervorragend für die politische Propaganda eignete. Das Ende kam nach dem Zweiten Weltkrieg. Die Sendeanlagen wurden demontiert, der Standort auf militärische Bereiche und einen Wartungssender reduziert. 1995 gingen die letzten Radiowellen aus Königs Wusterhausen über den Äther.

Als größtes Relikt hat sich Mast 17 erhalten. Im Museum erinnert heute ein vier mal sechs Meter großes Modell an die Blütezeit des Betriebs. Weitere Exponate sind im ehemaligen Sendesaal zu sehen, z.B. eine Kollektion von Röhren und ein rekonstruiertes Rundfunkstudio.

Sender- und Funktechnikmuseum
Funkerberg 20
Senderhaus 1
15711 Königs Wusterhausen
Tel. 03375/294755
www.funkerberg.de

Wie vieles aus den Anfängen einer Technologie hatten auch die Geräte der ersten Rundfunkanlagen riesige Ausmaße.

Museumsdorf Baruther Glashütte

Museumsdorf Baruther Glashütte
Museumsverein Glashütte e. V.
Hüttenweg 20
15837 Baruth/Mark
Tel. 033704/98090
www.museums-dorf-glashuette.de

Seit Jahrhunderten ist in Baruth/Mark die Kunst des Glasblasens bekannt. Das Museumsdorf geht auf die 1716 entstandene Glasmachersiedlung zurück, deren Produktionsstätte dem Ortsteil seinen Namen gab: Glashütte.

Es waren Mönche, die im 13. Jahrhundert die Glasbläserei in die Region der heutigen Stadt Baruth/Mark brachten. Rund 500 Jahre später wurde daraus ein kommerzielles Unterfangen. Die erste Glashütte stammte aus dem frühen 18. Jahrhundert, das heutige Museum präsentiert seine Schätze in der »Neuen Hütte« von 1861.

Zu Beginn eines Rundgangs finden sich in der Hafenstube die sogenannten Häfen, die kleinen Öfen, in denen das Glas produziert wurde. Daran schließt sich die Gemengekammer an, in der Neugierige die lange streng gehüteten Geheimnisse zur Glasfärbung erfahren.

Der alte Wannenofen ist das imposanteste Exponat des Museums. An ihm entstanden ab den 1950er-Jahren rationell Glasballons für Wein. Heute hat in diesem Raum die Schauglasproduktion ihren Platz. Dort können die Besucher einem Glasbläser bei seinem traditionellen Handwerk über die Schulter schauen. Wem das nicht genügt, der kann selbst Hand anlegen und ein eigenes Stück mit nach Hause nehmen. Ergänzt wird der Museumsrundgang durch eine Sonderausstellung zum Erfinder Reinhold Burger, dem die Welt die im Jahr 1903 patentierte Thermoskanne zu verdanken hat.

Glas fasziniert als vielseitiger Werkstoff. Die Herstellung von Glas erfordert viel Wissen und Feingefühl – und ist für den Beobachter ein faszinierendes Schauspiel.

Brikettfabrik Louise

Ältere Brikettfabriken als Louise sucht man in Europa heute vergebens. Über ein Jahrhundert wurde hier der schwarze Heizstoff gepresst, seit 2006 hält ein Besucherbergwerk die Erinnerung an die produktive Zeit wach.

Brikettfabrik Louise
Louise 111
04924 Domsdorf
Tel. 035341/94005
www.brikettfabrik-louise.de

Besucher der Brikettfabrik lassen sich immer wieder von den alten Maschinen begeistern, die in den Hallen ausgestellt sind.

Im Jahr 1882 wurde in Domsdorf die Brikettproduktion aufgenommen. Mit nur zwei Pressen waren die Anfänge bescheiden. Erst 1938 war der Gebäudekomplex so vollendet, wie er heute zum Großteil noch zu sehen ist. Neben dem markanten Schornstein gehören zur Anlage der Kohlebunker, das Kesselhaus, die Kraftwerkshalle und das Sozialgebäude.
Am Ende des Zweiten Weltkriegs wurden täglich 584 Tonnen Briketts gepresst, nach der deutschen Wiedervereinigung war Schluss. Mit Briketts wollte niemand mehr heizen.

Louise bekam eine Chance und wurde 1992 zum Denkmal erklärt. Seitdem kümmert sich ein als Verein organisierter Freundeskreis darum, die marode Bausubstanz zu erhalten, die Maschinen in Gang zu setzen und nicht zuletzt Besuchern zu erläutern, wie wichtig die Brikettfabrik einst für die Region war. Ein Höhepunkt des Rundgangs ist die funktionstüchtige, mit Dampf betriebene Presse. Speziell für Kinder wurde eine Führung entwickelt, die den Kleinen einen ihnen unbekannten Aspekt der Energiegeschichte näherbringen soll.

Kaiserschleuse

bremenports
Am Strom 2
27568 Bremerhaven
Tel. 0471/309010
www.bremen-ports.de
www.kaiser-schleuse-bremer-haven.de

Die Kaiserschleuse zwischen der Weser sowie den Nordhäfen mit ihren Überseeverladeterminals war mit ihrer Inbetriebnahme 1897 ein Markstein der Ingenieurkunst im Hafenbau. Heute ist sie Geschichte.

Die alte Schleusenkammer wurde 2007 bis 2011 von 200 mal 45 Meter auf 305 mal 55 Meter erweitert, um großen Frachtern eine schnelle Passage zu ermöglichen. Denn Bremerhaven muss als Europas größter Auto- und führender Offshore-Windrad-Verladehafen den gezeitenabhängigen Wasserstand »überlisten«. Die alte Kaiserschleuse war für die rund 1000 Autotransporter pro Jahr mit maximal 185 Metern Länge und 25 Metern Breite zum Nadelöhr geworden, die neue, fast doppelt so groß, ist für bis zu 230 Meter lange Roll-on-Roll-off-Transporter ausgelegt.

Die Schleuse von 1897 hatte zwei Stemmtorpaare mit Außenwänden aus insgesamt 25 Millionen Ziegelsteinen. Sie öffneten sich zu beiden Längsseiten der Kammer und hatten, nach innen und außen gerichtet, die Form eines Keils. Die neue Konstruktion besteht aus stählernen Hub-Schiebe-Toren. Sie werden zuerst durch Hydraulikzylinder angehoben, um das Wasser aus- bzw. einströmen zu lassen, dann abgesenkt und auf Schienen seitlich in Torkammern geschoben; jedes Einzeltor wiegt 2400 Tonnen. Mithilfe dieser ungewöhnlichen Technik wird die Verweildauer der Schiffe in der Schleusenkammer deutlich verringert. Direkt über den Schleusentoren verlaufen Zubringerstraßen. Was bleibt von der 110-jährigen Kaiserschleuse? Erstens die Kammer als Bestandteil der neuen Anlage; zweitens Stützpfähle im Hafenschlick, die nicht geborgen werden konnten; drittens die Druckwasserzentrale »Altes Kraftwerk« (1897), von dem aus Pumpen und Tore der alten Schleuse angetrieben wurden.

Über die Kaiserschleuse gelangen vor allem Transporter für Automobile und Windkraftanlagen in die Weser; die Schiffe dürfen maximal 230 Meter lang sein.

Fockes Windkanal

Der Bremer Flugzeugkonstrukteur Heinrich Focke (1890–1979) schuf Ende der 1930er-Jahre die ersten verwendungsfähigen Hubschrauber.

Focke-Wind-kanal e. V.
Herderstrasse 14
28203 Bremen
0421/2348321
www.focke-wind-kanal.de

Noch als Rentner beschäftigte er sich intensiv mit Aerodynamik und baute in seinem privaten flugtechnischen Forschungslabor einen Windkanal, um Erkenntnisse zur Verbesserung der Flugsicherheit zu gewinnen. Privatinitiative und Spenden halfen, die einmalige, aber im Lauf der Zeit verfallene Holz- und Hartfaserkonstruktion mit seiner 16-Kilowatt-Windmaschine und der zwei Meter langen Messstrecke wieder funktionstüchtig zu machen.

Der Windkanal ist ein Projekt Fockes aus den 1960er-Jahren.

Kaffeerösterei Münchhausen

Kaffee, heute ein Massenprodukt, war vor einem halben Jahrhundert noch ein Luxusgenussmittel, sodass auch Kleinröstereien von den edlen Bohnen leben konnten.

Kaffeerösterei August Münchhausen e. K.
Geeren 24
28195 Bremen
Tel. 0421/12100
www.muenchhau-sen-kaffee.de

Hochlandbohnen, schonend langzeitgeröstet (bis 20 Minuten bei

200 °C) und individuelle Mischungen sind bis heute das Markenzeichen der Kaffeerösterei August Münchhausen, der letzten ihrer Art in Bremen. Maschinelles Herz des seit 1938 bestehenden Familienbetriebs ist ein Trommelröster von 1958. Verkauft wird Münchhausen-Kaffee im Ambiente der 1950er- und 1960er-Jahre. Im Rahmen von Führungen kann die Rösterei besichtigt werden.

Der Kaffeeröster prüft, ob der Kaffee den Qualitätsanforderungen genügt.

Deutsches Schiffahrtsmuseum

**Deutsches
Schiffahrts-
museum**
Hans-Scharoun-
Platz 1
27568 Bremerhaven
Tel. 0471/482070
www.dsm.museum

**Wer sich für Schiffe und Schifffahrt vom Mittelalter bis zur Gegen-
wart interessiert, kommt am Deutschen Schiffahrtsmuseum (DSM)
in Bremerhaven nicht vorbei. Das DSM ist aber nicht nur ein Aus-
stellungsort in besonderer Lage, sondern auch eine anerkannte
Forschungseinrichtung.**

Die Gezeiten-
rechenmaschine von
1915 mit ihren 62
Getrieben war die
erste deutsche An-
lage zur Berechnung
von Ebbe und Flut
(unten).
Blick auf den Muse-
umshafen mit dem
Schornstein des For-
schungsschiffs »Otto
Hahn« und mit Drei-
mastbark »Seute
Deern« im Vorder-
grund (rechte Seite).

Unmittelbar am Deich zwischen
Altem Hafen und Außenweser gelegen und in zwei Bauten (1975, Erweiterung 2000) bekannter Architekten untergebracht, bietet das
DSM auf 8000 Quadratmetern Ausstellungsfläche, anhand kleiner und
großer Modelle und allerlei See-
mannsgerät, einen umfassenden
Einblick in die zivile, aber auch
militärische Seefahrt. Dabei kann
jeder Besucher eigene Schwerpunkte setzen. Wer sich für »maritime Archäologie« interessiert, wird
die 1962 aus dem Weserschlamm
geborgene Hansekogge (1380), ein
Glanzstück der Ausstellung, bewundern. Wer wissen will, wie Naviga-

tion funktioniert (hat), wird die ver-
schiedensten Hilfsmittel vom Lot,
Jakobsstab und Sextanten über den
Kreiselkompass bis zum elektronischen Seekarteninformationssystem
näher in den Blick nehmen. Wer die
gefährliche und gesundheitsschädli-
che Arbeit von Maschinisten und
Heizern nachempfinden will, kann
dies im »Bauch« des Raddampfers
»Meissen« (1881) tun. Mit Themenbereichen wie Seenotrettung, deutsche Marine, Boots- und Schiffbau
und Walfang steht Weiteres zur
Auswahl.

Zum DSM gehört auch eine Flotte
von Musemsschiffen im Alten
Hafen, u. a. mit einem Bergungs-
schlepper (1924), Betonrumpfschiff
(1920), Feuerschiff (1908/09),
einem U-Boot (Technikmuseum
»Wilhelm Bauer«) und einer Drei-
mastbark (»Seute Deern«, 1919).
Am Kai stehen außerdem Schiffs-
schrauben, Motoren (»Walter-An-
trieb«) und Hafenkräne, darunter
einer mit Handkurbelbetrieb. Und
wer noch frische Seeluft schnup-
pern will, kann am Deich oder vom
Leuchtfeuer »Geestemole Nord«
aus den vorbeifahrenden Schiffen
auf der Weser nachschauen.

Rundfunktechnik

**Bremer Rund-
funkmuseum
e. V.**
Findorffstraße
22–24
28215 Bremen
Tel. 042/357406
www.bremer-rund-
funkmuseum.de

**Bremen ist der Standort der kleinsten öffentlich-rechtlichen Rund-
funkanstalt: Radio Bremen. Ausgemusterte Geräte, u. a. dieses
Senders, bildeten den Grundstock des 1978 von Amateurfunkern
gegründeten Rundfunkmuseums.**

Im Jahr 2000 zog die Sammlung aus
einem alten Schlachthof in neue
Räumlichkeiten um. Dort werden
auf 600 Quadratkilometern rund
»80 Jahre Radio-, Phono- und Fern-
sehgeschichte« ausgebreitet. Die
museumseigene Werkstatt verspricht, aus »verstummten Röhren-
geräten« wieder ein »tönendes
Raumklangwunder« zu machen.
Das Rundfunkmuseum führt bis in
die Anfänge des Radiozeitalters zurück, das für den deutschen Privat-
haushalt 1923 begann. Waren die
ersten Geräte, »Detektoren« mit
hölzernen Kopfhörern, noch etwas
für Dachboden-Spezialisten, hatten

die Mittelwellenradios der 1930er-
Jahren Lautsprecher und passten
sich gut in die Wohnküche ein. Die
UKW-Röhrenempfänger der 1950er-
Jahre mauserten sich zur dekorati-
ven Wohnzimmertechnik, die dann
ab den 1970ern von der »Glotze«
dominiert wurde. Zu den Glanzstü-
cken der Sammlung zählt ein damals sündhaft teurer Nordmende-
Farbfernseher (1968/69).
Zur historischen »Unterhaltungs-
elektronik« gehören auch Aufnah-
megeräte mit Magnetbandtechnik,
die Anfang der 1950er-Jahre ihren
Siegeszug im Heimbereich antraten;
Firmen wie Grundig und Telefunken
waren hierbei führend. Spektakulär
bis skurril zeigt sich auch die Phono-
Palette. Sie reicht vom Walzengerät
(1908) bis zum automatischen High-
Fidelity-Plattenspieler aus den
1970ern – natürlich von Dual.

**Grammophone hat-
ten in den 1920er-
Jahren bereits ein
kompaktes Format,
der Plattenteller
wurde aber noch
mit einer Handkur-
bel angetrieben.
Hier ein Elektrola-
Modell um etwa
1930.**

Historische Wasserfahrzeuge der Elbe

Einen »lebendigen Eindruck von den Schiffen, ihrer Technik und deren Bedienung« will der Museumshafen Oevelgönne seinen Besuchern geben. In der Tat hat der älteste Museumshafen Deutschlands eine Vielzahl historischer Wasserfahrzeuge in seinem Bestand.

Museumshafen Oevelgönne e. V.
Vereinigung zur Erhaltung historischer Wasserfahrzeuge
22605 Hamburg
Tel. 040/3904468
www.museumshafen-oevelgoenne.de

Hamburgs Hafen und seine Verbindung über die Unterelbe zur Nordsee konnte auch in der Vergangenheit nur arbeitsteilig funktionieren: Barkassen, Schlepper und Schwimmkräne, Zoll- und Polizeiboote, Fischkutter und Frachtschiffe hatten ihre spezielle Aufgabe in dieser ganz eigenen Welt. Nahe des Elbschiffsanlegers Neumühlen/Oevelgönne sind mehr als 20 Museums- und Traditionsschiffe nicht nur von außen zu bestaunen, sondern auch, sofern die Crew anwesend ist, an Bord zu besichtigen.

Zu den größten Fahrzeugen zählt ein 45 Meter langes Feuerschiff (1888), das bis 1977 vor der Elbmündung auf Position »Elbe 3« Hochseeschiffen als schwimmendes Leuchtzeichen diente. Schnelle Dampfbarkassen wie die »Otto Lauffer« (1928) taten bei der Hafenpolizei Dienst. Wendige Festmacherboote wie die »Stek ut« (1968) zogen die schweren Trossen der großen Pötte zu Pollern und Dalben. Der Museumshafen pflegt nicht nur Motorschiffe, sondern auch Segler. Dazu gehören etwa der Hochsee-Fischkutter »Präsident Freiherr von Maltzahn« (1928) aus Finkenwerder und der Tjalk »Helene«, ein bauchiger Einmaster für den Transport von Massengütern wie Kohle. Auch ein 35-PS-Elektrokran aus den Anfangstagen der mechanisierten Hafenverladung (1898) hat in Oevelgönne eine Bleibe gefunden. Mehrmals im Jahr nehmen die »Maltzahn« und die »Elbe 3« Passagiere auf Ausflugsfahrten bzw. Segeltörns mit.

Der Dampfschlepper »Woltman« (1904) passiert bei den Hamburger Cruise Days das Kreuzfahrtschiff »Astor« (1986); die Woltmann »verholte« einst die Baggerschuten auf der Elbe.

Historische Hochseefrachter

Der Hamburger Hafen wird heute von ausgedehnten Container-stapelplätzen und riesigen Verladekränen auf Schienen geprägt. An die Zeit, als die Fracht noch Kiste für Kiste, Sack für Sack von Hand oder Ladebaum gelöscht werden musste, erinnern die »Rickmer Rickmers« und die »MS Cap San Diego«.

Stiftung des Vereins Windjammer für Hamburg
Landungsbrücken
Ponton 1a
Tel. 040/3195959
www.rickmer-rick-mers.de

Museums-schiff Cap San Diego
Überseebrücke
Tel. 040/364209
20459 Hamburg
www.capsan-diego.de

Die »Rickmer Rickmers«, ein 97 Meter langer Großsegler, ein Dreimaster mit Stahlrumpf, wurde 1896 für die Rickmer-Classens-Rickmers-Reederei in Bremerhaven gebaut und war zunächst als Ostasienfahrer und zuletzt (bis 1962) als Segelschulschiff für die portugiesische Marine im Einsatz. 1930 erhielt das Schiff zwei 350 PS starke Hilfsdiesel. 1983 schließlich wurde es dank privater Initiative nach Hamburg geholt und als Frachtsegler originalgetreu restauriert, sodass der heutige Besucher einen Einblick in die frühere Technik sowie die Arbeits- und

Lebensbedingungen an Bord erhält. Einer neueren Generation von Frachtschiffen gehörte der klassische, heute immer noch seetüchtige Stückgutfrachter »Cap San Diego« mit seinen Ladebäumen und Bordkränen an. 1961 in Hamburg gebaut, transportierte er Güter aller Art, sogar Lebendvieh, bis 1986 von Südamerika nach Hamburg und wieder zurück. Das 159 Meter lange Schiff lässt an Maschinen, Mechanik und Laderäumen die Handelsschifffahrt vor dem Siegeszug des Vollcontainerschiffs noch einmal lebendig werden.

Die »Cap San Diego« an der Überseebrücke gehörte einst zu den modernen Stückgutfrachtern, die den Atlantik befuhren; heute legt das Schiff regelmäßig zu Gästefahrten ab.

Alter Elbtunnel

Nach mehr als vierjähriger Bauzeit wurde am 7. September 1911 der Elbtunnel zwischen St. Pauli und der Halbinsel Steinwerder seiner Bestimmung übergeben. Für Zehntausende Hafen- und Werftarbeiter verkürzte sich so der tägliche Weg zur Arbeit.

Der Alte Elbtunnel steht als »Historisches Wahrzeichen der Ingenieurbaukunst« seit 2003 unter Denkmalschutz. Bis heute werden die beiden 426,5 Meter langen Röhren mit einem Durchmesser, der Platz für eine »Kutsche mit aufgestellter Peitsche« ließ, von jährlich Hunderttausenden Fußgängern, Fahrrad- und Autofahrern genutzt. Der Clou: Jeweils vier Fahrstuhlkörbe befördern Passagiere bis in 24 Meter Tiefe. Der Elbtunnel, der 1975 mit dem Autobahntunnel unter der Elbe eine große Schwester bekam, war der erste seiner Art auf dem europäischen Kontinent. Angelehnt an Vorbilder in Großbritannien und den USA leisteten Ingenieure und 4400 Arbeiter damals Pionierarbeit. Zu den technischen Innovationen gehörte z. B. der Schachtbau mithilfe von Senkkästen (Caissons) durch den Steinwerder »Matsch« und in Schlitzbauweise durch den relativ festen Untergrund von St. Pauli. Erde und Schlick 23 Meter unter der Elbsohle wurden mit neuartigen Schildvortriebsmaschinen beseitigt. Schmiedeeiserne, genietete Stützringe (Tübbings) stabilisierten die Röhren. Um einen Wassereinbruch zur verhindern, wurde Druckluft in

die Tunnel gepumpt und so Überdruck erzeugt; um zu ihrem Arbeitsplatz zu gelangen, mussten die Arbeiter Schleusen passieren. Bei dieser Gelegenheit lernten extra eingestellte »Druckluftärzte« die Probleme von Kompression und Dekompression kennen.
Auch die Ästhetik kam nicht zu kurz, wie die Auskleidung der Tunnel mit insgesamt 400 000 Keramikkacheln zeigt. In regelmäßigen Abständen sind Tiere, die auf und unter Wasser leben, dargestellt. Realistischerweise vergaß der Künstler neben Robben und Fischen auch nicht die (Tunnel)-Ratten.

Hamburg Port Authority
Beim Kraftwerk 4 (Betriebsbüro)
20457 Hamburg
Tel. 040/428474742
www.hamburg-port-authority.de

Vor allem für Fußgänger und Radfahrer ist der Alte Elbtunnel eine zeitsparende Alternative, um die Elbe in Nord-Süd-Richtung geschützt von Wind und Wetter zu queren.

Filtrierwerk Kaltehofe

Hamburger Wasserwerke GmbH
Billhorner Deich 2
20539 Hamburg
Tel. 040/78880
www.hamburgwasser.de

Nach einer Choleraepidemie revolutionierte Hamburg die Wasserversorgung. Auf der Insel Kaltehofe zwischen Norderelbe und Billwerder Bucht wurde 1893 das erste Filtrierwerk eingesetzt.

Wasser aus der Elbe (ab 1964 aber Grundwasser), das zuvor in Absetzbecken vorgereinigt worden war,

wurde in 22 offenen Kies- und Sandbassins von organischem und bakteriellem Schmutz befreit, bevor es unter der Elbe zu Pumpanlagen im Stadtteil Rothenburgsort zur Weiterverteilung geleitet wurde. Ab 1990 ungenutzt, wurde das Gelände 2011 unter dem Namen »Wasserkunst Elbinsel Kaltehofe« zum Industrie- und Naturdenkmal mit acht Filterbecken, dem früheren Betriebsgebäude samt Neubau für das »Wasserkunstmuseum« und einer Museumsfeldbahn.

Milch, Gemüse und Schiffbau

Museum Elbinsel Wilhelmsburg e. V.
Kirchdorfer Straße 163
21109 Hamburg
Tel. 040/31182928
www.museum-wilhelmsburg.de

Mit den kurzen Zinken des Erbsenpflanzers wurden trockene Erbsen in die Erde gedrückt; der große gebogene Griff ist aus Weidenholz.

Im alten Amtshaus von Kirchdorf ist ein mehr als hundert Jahre altes Heimatmuseum untergebracht.

Das Museum erinnert an das Leben und die Arbeit der Wilhelmsburger Bauern, die auf fruchtbarem Marschgebiet einst die Bürger von Hamburg mit Gemüse und Milch versorgten.
So wird nicht nur eine Bauernstube mit ihren typischen Möbeln präsentiert; anhand von zahlreichen handgefertigten Gerätschaften aus Milchwirtschaft, Feldarbeit, Transport (z. B. Wilhelmsburger Federwagen) und Schiffszimmerhand-

werk erhält man auch einen Einblick in die vorindustrielle Welt der Hansestadt.

Köhlbrandbrücke

Bei besonders starkem Seitenwind wird die Köhlbrandbrücke schon einmal geschlossen, da die Autos ansonsten, 53 Meter hoch über dem Wasser, von der Fahrbahn abzukommen drohen.

Die nach einer Bauzeit von vier Jahren 1974 eröffnete Schrägseilbrücke verbindet die Autobahn A7, die Nord-Süd-Magistrale im Westen der Hansestadt, mit dem Hafengebiet zwischen Süder- und Norderelbe (Wilhelmsburg). Die Stützweite zwischen den 135 Meter hohen Pylonen an beiden Uferseiten des Süderelbarms Köhlbrand beträgt 325 Meter. Mit den Auffahrrampen hat die gesamte Konstruktion eine Länge von fast vier Kilometern – ein grandioser Blickfang über den ausgedehnten Anlagen des größten deutschen Hafens. Dennoch wirkt die Brücke aufgrund ihrer Bauart geradezu grazil, da die leicht gebogene Fahrbahn am Horizont zu schweben scheint. Sie wird durch einen Fächer aus 88, bis zu zehn

Zentimeter dicken Stahlseilen gehalten, die zu beiden Seiten der Hauptpfeiler schräg nach unten abgespannt sind.

Ob die imposante Brücke, mittlerweile ein Wahrzeichen Hamburgs, allerdings die nächsten Jahrzehnte überdauern wird, ist nicht in Stein gemeißelt. Denn nur ein Neubau, der allerdings ein Vielfaches der gegenwärtigen Brücke kosten würde, ließe auch die ganz großen Containerschiffe der Zukunft durch.

Bis dahin werden aber weiterhin täglich mehr als 30 000 Kraftfahrzeuge – keine Fahrräder und Fußgänger – mit maximal 50 Stundenkilometern dieses Tor zum Hafen passieren. Für die Metropole bleibt die Köhlbrandbrücke ein unentbehrliches Verkehrsbauwerk.

Behörde für Wirtschaft und Arbeit
Alter Steinweg 4
20459 Hamburg
Tel. 040/428280
www.hamburg.de

Die Köhlbrandbrücke ist das Einfallstor in den Hamburger Containerhafen; sie überspannt den gleichnamigen Mündungsarm der Süderelbe.

Wasserkunst Landau

Wasserkunst Landau
Im Burggrund
34454 Bad Arolsen-Landau
Tel. 05691/4961
www.wasserkunst-landau.de

Heute verfügt jeder Haushalt wie selbstverständlich über fließendes Wasser in Hülle und Fülle. Doch wie funktionierte die Trinkwasserversorgung in früheren Zeiten?

Antwort darauf gibt die Wasserkunst Landau, eine historische Wasserförderanlage aus dem 16. Jahrhundert, die das hoch auf dem Berg gelegene hessische Städtchen mit dem lebensnotwendigen Nass versorgte. Dazu pumpte die heute stilvoll restaurierte Museumsanlage das Quellwasser aus dem Tal durch Holzrohre in eine Höhe von 65 Metern bis zum Brunnen des Landauer Marktplatzes.

Die noch heute funktionsfähige Trinkwasserförderanlage ist im Rahmen von Führungen zu besichtigen.

Grube Christiane

Grube Christiane
Bredelarer Straße 30
34519 Diemelsee-Adorf
Tel. 05633/5955
www.grube-christiane.de

Kühl, dunkel und ziemlich beengt – so erscheint das Leben unter Tage, dass man im Besucherbergwerk der Grube Christiane in einem 1200 Meter langen Stollen hautnah erleben kann. Hier im Hochsauerland wurde jahrhundertelang Eisenerz gefördert.

Ein Besuch unter Tage vermittelt ein Bild von der mühevollen Arbeit der Bergleute.

Bis 1963 wurde in Adorf das für die Stahlproduktion maßgebliche Gestein abgebaut, aufbereitet und dann zur Verhüttung ins Ruhrgebiet transportiert. Nach dem Zweiten Weltkrieg entwickelte sich der Standort zur größten Eisenerzgrube in der hessischen Region, der zu Spitzenzeiten mehr als 150 000 Tonnen Erz pro Jahr förderte. Nach seiner Stilllegung lag das Bergwerk mehr als 20 Jahre brach, bis man die Grube als Besucherbetrieb wiedereröffnete. In die Räume der ehemaligen Aufbereitungsanlage ist das Bergwerksmuseum eingezogen, das mit Schautafeln, Modellen und originalen Ausstellungsstücken den Weg des Eisenerzes vom Abbau bis zur Verhüttung nachverfolgt und den Einfluss auf das Wirtschafts- und Alltagsleben beleuchtet.

Glasherstellung

Kelche, Vasen und Schalen – auch die Glaskunst ist Moden unterworfen, wie die Exponate im Glasmuseum im hessischen Immenhausen zeigen. Sie verfolgen die Entwicklung des Gebrauchsglas vom Jugendstil bis zur Gegenwart, beleuchten aber auch die regionale Geschichte der Glasherstellung.

**Glasmuseum
Immenhausen**
Am Bahnhof 3
34376 Immenhausen
Tel. 05673/2060
www.immenhau-
sen.de

1898 nahm die Glashütte Immenhausen ihren Betrieb auf. Wurden bis in die 1920er-Jahre hinein zunächst Flaschen und medizinisch-pharmazeutische Glasprodukte hergestellt, kamen später Einkochgläser und einfache Schüsseln und Teller für den Hausgebrauch hinzu. Unter der Führung des Glasschleifers Richard Süßmuth erlangte die Glashütte nach dem Zweiten Weltkrieg mit ihren anspruchsvollen Entwürfen für Kunst- und Gebrauchsglas internationales Renommee. Doch hielt der Erfolg nicht an, und so musste der Betrieb 1996 stillgelegt werden. Im Generatorgebäude der ehemaligen Glashütte wurde 1987 das Glasmuseum eröffnet. Es verfolgt die Geschichte der Glasherstellung, angefangen im Nahen Osten vor etwa 6000 Jahren bis zu den im 16. Jahrhundert im nordhessisch-südniedersächsischen Raum entstehenden Waldglashütten. Dabei werden nicht nur die verschiedenen Techniken der Glasherstellung und Veredelung präsentiert, sondern auch die Arbeits- und Lebensbedingungen der Glaskünstler beleuchtet.

Aus der gleißenden Rohmasse wird mit viel handwerklichem Geschick ein wohlgeformtes Trinkglas.

Historische Messinstrumente

Astrono-
misch-Physi-
kalisches
Kabinett
Orangerie im
Staatspark Karlsaue
An der Karlsaue 20
34121 Kassel
Tel. 0561/31680500
www.museum-
kassel.de

Zeit und Raum zu erkunden war seit jeher das Bestreben des
Menschen. Im Astronomisch-Physikalischen Kabinett in Kassel
sind historische Fernrohre, Uhren, Waagen, Mikroskope und vieles
mehr ausgestellt. Sie geben einen Einblick in die Welt der Naturwissenschaft von der Spätrenaissance bis zur industriellen
Revolution.

Die historischen
Exponate zeugen
von dem jahrhun-
dertealten Drang
des Menschen, die
Natur und ihre Phä-
nomene messbar
zu machen.

Die Sammlung ist dem Interesse der
hessischen Landgrafen zu verdanken, die die Entwicklung der Wis-
senschaften aufmerksam verfolgten
und kontinuierlich förderten.
So hatte Landgraf Wilhelm IV. von
Hessen-Kassel 1560 auf der Altane
des Kasseler Schlosses die erste
Sternwarte auf europäischem Boden
errichten lassen. Ihre astronomischen Instrumente sind heute Teil
des Astronomisch-Physikalischen
Kabinetts, das in der Orangerie im
Staatspark Karlsaue eingerichtet
wurde.

Eingeteilt in die fünf Ausstellungsbe-
reiche Astronomie, Uhren, Geodäsie, Physik und Mathematik/Infor-
mationstechnik schickt das Kabinett
seine Besucher auf eine Zeitreise in
die Geschichte der messenden Naturwissenschaften. Im Uhrenkabi-
nett gibt es Sonnenuhren, Turm-
uhren, Wasseruhren, Sanduhren
und verschiedenste Formen mechanischer Uhren zu sehen. Verblüf-
fend genau funktioniert z. B. der
Heliograph von Rowley, der den
Stand der Sonne für seine Zeitmessung nutzt.

Ziegeleimuseum Oberkaufungen

Fachwerkhäuser und Stiftskirche prägen den Ortskern der hessischen Kleinstadt Kaufungen. Doch trotz dieses malerischen Bildes darf nicht vergessen werden, dass der Ort einst ein wichtiger Industriestandort war. Zeitzeuge dieser Vergangenheit ist die Ziegelei Oberkaufungen, heute ein Industriedenkmal.

Geologisch betrachtet liegt Kaufungen in der niederhessischen Senke, also einem Gebiet, das reich an hochwertigem Ton ist, dem Ausgangsmaterial für Ziegel. 1870 begann man hier Ziegelsteine und Falzdachziegel herzustellen. Die Produktionswege waren kurz, fand man das notwendige Material doch direkt neben dem Fabrikgebäude im Boden. Nach dem Zweiten Weltkrieg war die Ziegelei wichtiger Lieferant für den Wiederaufbau der stark zerstörten Stadt Kassel.

Nach der Stilllegung 1982 wurden die historischen Gebäude mit ihrer gründerzeitlichen Architektur Schritt für Schritt saniert. Heute sind das Maschinenhaus, der Kollergang, die Strangpresse und der gigantische 600 Quadratmeter große Zickzackofen wieder zu besichtigen. Ein Rundgang macht die Besucher mit den Produktionsschritten der Ziegelfertigung vertraut: Nach dem Beladen der Loren mit Ton folgte das Mischen, Formen, Trocknen und schließlich das Brennen.

Ziegeleimuseum Oberkaufungen
Niesterstraße 24
34260 Kaufungen
Tel. 05605/7799
www.hessisches-ziegeleimuseum.de

Die imposanten historischen Maschinen veranschaulichen den Produktionsprozess von der Tongrube bis zur Verladung der fertigen Ziegel.

Edertalsperre

Edertalsperre
34549 Edertal
www.edersee.de

Der Edersee, von seiner Fläche her zweitgrößter Stausee Deutschlands, verdankt seine Existenz der 1908 bis 1914 errichteten Edertalsperre. Das technische Großprojekt dient vor allem der Wasserstandsregulierung und der Energiegewinnung.

Die 47 Meter hohe Sperrmauer der Edertalsperre lockt viele Besucher an.

Bei maximalem Wasserstand des Edersees staut die Talsperre mehr als 200 Millionen Kubikmeter Wasser. Welche verheerende Kraft diese Menge entwickeln kann, zeigte sich 1943, als große Teile der Staumauer bei einem britischen Bombenangriff zerstört wurden. Eine etwa neun Meter hohe Flutwelle richtete auf ihrem Weg durch das Edertal in Richtung Kassel gewaltige Zerstörungen an und kostete zahlreiche Menschen das Leben.

Um die Weser und den Mittellandkanal auch bei Niedrigwasser mit dem Schiff befahrbar zu machen, hatte man sich Anfang des 20. Jahrhunderts auf den Bau der Talsperre verständigt. Das neue technische Wunderwerk sollte also Wasser an die Weser abgeben und gleichzeitig die untere Eder sowie die untere Fulda und die Weser vor Hochwasser schützen.

Für die Flutung des Edertals mussten einige Dörfer und Ansiedelungen ihren ursprünglichen Platz räumen. Während manche Orte an ihrem alten Standort abgetragen und in unmittelbarer Nähe wieder aufgebaut wurden, entstanden andere ganz neu. Befindet sich im Edersee nur wenig Wasser, so sind noch heute die Überreste der einstigen Besiedelung auf dem Grund des Sees zu entdecken. Dieses Phänomen wird auch als »Waldeckisches Atlantis« bezeichnet.

Hessisches Braunkohle-Museum

Lange Zeit war der Bergbau prägend für die nordhessische Kleinstadt. Und auch heute noch spielt die Kohlenförderung eine wichtige Rolle, hat sich Borken doch mit seinem Braunkohle-Museum zu einem wichtigen Standort der hessischen Industriekultur entwickelt.

Hessisches Braunkohle-Museum
Am Amtsgericht 2–4
34582 Borken
Tel. 05682/808271
www.braunkohle-bergbaumuseum.de

Etwa 400 Jahre lang wurde in der Region Braunkohle abgebaut. In Borken endete diese traditionsreiche Geschichte des Bergbaus, die der Stadt viele Jahrzehnte lang Wohlstand beschert hatte, 1988 durch ein verheerendes Grubenunglück: Eine Kohlenstaubexplosion kostete 51 Bergleute das Leben. Die geförderte Braunkohle diente in Borken vor allem der Energieerzeugung. Nachdem 1991 das Bergwerk und auch das Kraftwerk stillgelegt worden waren, entstand das Braunkohle-Museum, das sich heute mit seinen verschiedenen Teilbereichen fast über die gesamte Stadt erstreckt. Hauptstandort ist das alte Amtsgericht, gleichzeitig das älteste Fachwerkhaus der Stadt. Hier illustrieren bergmännisches Gerät, Mo-

delle und Fotografien die regionale Bergbaugeschichte und die wirtschaftliche wie soziale Bedeutung der Braunkohle für die Bevölkerung. Im rekonstruierten Besucherstollen lässt sich die Arbeitswelt unter Tage, der Streckenvortrieb und die verschiedenen Abbauverfahren, hautnah erleben, denn zahlreiche Geräte werden in Aktion vorgeführt. Der Themenpark »Kohle & Energie« präsentiert auf einem 3,5 Hektar großen Freigelände riesige Schaufelradbagger und dröhnende Turbinen, die den Arbeitsprozess von der Kohle zum Strom deutlich machen. Auf einem 32 Kilometer langen Braunkohle-Rundweg können Besucher per Rad oder zu Fuß die renaturierte Bergbaulandschaft erkunden.

Auch Schulklassen nutzen die Gelegenheit, sich im Besucherstollen auf gefahrlose Art und Weise mit dem Braunkohleabbau unter Tage vertraut zu machen.

Brauereimuseum Malsfeld

Brauereimuseum Malsfeld
Brauereistraße 7
34323 Malsfeld
Tel. 05661/500278
www.brauereimuseum-malsfeld.de

Bier, das deutsche Nationalgetränk, gibt es schon seit langer Zeit. Auch wenn sich die verschiedenen Arbeitsgänge heute technisch weiterentwickelt haben, ist das Bierbrauen noch immer Handwerkskunst. Das Brauereimuseum in Malsfeld nimmt seine Besucher mit auf eine Zeitreise in die Welt des Gerstensafts.

Bereits im 17. Jahrhundert war die Braukunst in Malsfeld verbreitet. Das belegt etwa ein Aufruf der Lehnherren von Scholley an die Gemeinde, mehr Bier zu konsumieren: » […] ist die Gemeinde Malsfeld bei 5 Gulden Strafe anbefohlen worden, innerhalb der nächsten 14 Tage Bier in die Gemeinde zu schaffen, damit gnädigste Herrin ihre Accis (Verbrauchssteuer) und die von Scholley ihr Braugeld bekommen mögen«.
1870 wurde eine moderne Brauerei nach neuestem technischem Standard errichtet, die über hundert Jahre lang die Umgebung mit dem köstlichen Gebräu versorgte. 2003 insolvent geworden, wird die Braustätte heute als Hessische Löwenbier Brauerei fortgeführt.
In der stillgelegten Abfüllerei wurde ein Brauereimuseum eröffnet, das dem Netzwerk »Industriekultur Nordhessen« angegliedert ist. Es präsentiert die Geschichte der Braukunst und gibt dabei auch die Möglichkeit, die alte Tradition durch Anfassen und Schmecken mit allen Sinnen zu erleben.

In der Würzpfanne wird die sogenannte Bierwürze zusammen mit dem Hopfen auf über 80° C erhitzt.

Arbeits- und Fördertechnik im Werra-Kalibergbau

Das osthessische Städtchen Heringen an der Werra besitzt ein Wahrzeichen der besonderen Art: Weithin sichtbar erhebt sich der über 200 Meter hohe »Monte Kali«, der Salzberg des ortsansässigen Kaliwerks, in der Landschaft. Der Kalibergbau prägt den Ort Heringen seit Beginn des 20. Jahrhunderts.

Werra-Kalibergbau-Museum
Dickestraße 1
36266 Heringen
Tel. 06624/919413
www.kalimuseum.
heringen.de

Der hinter der Stadt Heringen aufragende »Monte Kali« kann im Rahmen einer geführten »Bergtour« besichtigt werden.

Seitdem 1903 die ersten Kalisalze gefördert wurden, hat sich das Bergwerk zu einem der weltweit größten Kaliabbaugebiete entwickelt. Die gesamte Abbaufläche entspricht mittlerweile von der Ausbreitung her dem Großraum München. Verglichen mit den industriellen Anfängen hat sich in der mehr als 100-jährigen Geschichte des Bergwerks viel getan.

Das 1994 eröffnete Kalibergbau-Museum widmet sich der erfolgreichen Geschichte dieses Industriezweigs und beleuchtet dabei nicht nur die geologischen Voraussetzungen der Lagerstätte und die technische Entwicklung, sondern auch die Arbeit »auf dem Schacht« und den Einfluss des Salzes auf die gesamte Region. Neben Fotos und Filmen, Computeranimationen und Modellen gibt es eine Reihe von historischen Geräten und Maschinen, die den Wandel von der schweißtreibenden Handarbeit bis zur hochtechnisierten Förderung zeigen. Zusätzlich wird eine Bergtour angeboten: eine geführte Besteigung des »Monte Kali«.

Konrad Zuses erste Computer

Konrad Zuse Museum
Kirchplatz 4–6
36088 Hünfeld
Tel. 06652/919884
www.zuse-museum-huenfeld.de

Ingenieur, Maler und Erfinder – Konrad Zuse (1910–1995), der Vater des Computers, war ein vielseitiger Mann. In Hünfeld verbrachte er die Hälfte seines Lebens, und die osthessische Kleinstadt ehrt ihren prominenten Bürger mit einer eigenen Ausstellung im städtischen Museum.

Lässt sich heute ein voll funktionstüchtiger Computer ganz einfach in die Tasche stecken, waren die ersten Modelle platzgreifende, mannshohe Maschinen.

Über 70 Jahre ist es her, dass Konrad Zuse mit dem »Zuse Z3« die erste programmierbare und programmgesteuerte Rechenmaschine vorstellte – der erste Computer in der Geschichte. Er öffnete die Tür zum Computerzeitalter und gab den Startschuss für die rasante Entwicklung vom gigantischen Rechner mit abertausend Relais und Elektronenröhren bis zum heutigen Tablet-PC mit bestenfalls fingernagelgroßem Chip.

Konrad Zuse, so ist im Museum zu erfahren, ärgerte sich als Bauingenieur über die mühsamen baustatischen Berechnungen. Auf der Suche nach Arbeitserleichterung begann er bereits 1932 eine Maschine zu entwickeln, die von einem Programm gesteuert eigenhändig rechnen konnte. Noch waren einige Feinabstimmungen nötig, bis 1941 der Z3 das Licht der Welt erblickte.

Das Museum zeigt einige Folgemodelle, die Zuse in seiner kurz danach gegründeten Firma entwickelte, z. B. den Z22, der als erster Computer eine Röhren- statt Relaisschaltung hatte.

Feuerwehrgeräte

Feuer gehört zu den Naturgewalten und kann verheerende Schäden anrichten. War es für den Menschen einerseits eine segensreiche Entdeckung, so bestand andererseits die Notwendigkeit, diese unbändige Kraft zu kontrollieren. Dazu nutzten die Menschen im Laufe der Geschichte verschiedenste Hilfsmittel.

Deutsches
Feuerwehr-
Museum
Fulda e. V.
St. Laurentius-Str. 3
36041 Fulda
Tel. 0661/75017
www.dfm-fulda.de

Bereits in der Frühzeit der Menschheitsgeschichte gab es Bemühungen, das Feuer zu kontrollieren. In der römischen Antike vernichteten Feuersbrünste komplette Stadtteile von Rom, sodass man zu dieser Zeit bereits eine aus Sklaven bestehende »Feuerwehr« ins Leben rief. Die Geschichte des organisierten Brandschutzes beginnt im Mittelalter. Türmer und Nachtwächter wurden als Feuermelder eingesetzt, Feuerknechte waren die Vorläufer der heutigen Berufsfeuerwehr. Von der Zilke-Handdruckspritze von 1837 über die ersten Tragkraftspritzen bis zu chromverzierten Großfahrzeugen – im Deutschen Feuerwehr-Museum lässt sich anhand von unzähligen Exponaten die Geschichte der Feuerwehr anschaulich nachvollziehen. Waren es in vorindustrieller Zeit vor allem Eimer und Leitern, die gegen Brände zum Einsatz kamen, erfand man später den Schlauch und die Handpumpe, die von Menschenhand oder durch Pferde an die Einsatzstelle transportiert wurde.

Mit fortschreitender technischer Entwicklung wurde die Feuerwehr mit effektiven Spezialfahrzeugen und speziellem Material ausgerüstet, die dem Feuer schnell Paroli boten und die Feuerwehrleute gleichzeitig vor den Flammen schützte.

Diese fahrbare Handdruckspritze, die das Feuerlöschen bereits erheblich erleichterte, entstand im 17. Jahrhundert.

Historische Segelflugzeuge

Stiftung Deutsches Segelflugmuseum mit Modellflug
Wasserkuppe 2
36129 Gersfeld
Tel. 06654/7737
www.segelflugmuseum.de

Sich wie ein Vogel in die Lüfte zu erheben – dieser Traum beschäftigt die Menschheit seit Urzeiten. Die Wasserkuppe, mit 950 Metern der höchste Berg Hessens, hat schon viele Flugversuche und Flugrekorde erlebt. Was liegt näher, als hier ein Museum zu errichten, dass anhand von historischen Exponaten die Entwicklung des Segelflugs veranschaulicht.

Wie die Flügel eines riesenhaften Urvogels muten die auf der Wasserkuppe ausgestellten Fluggeräte an.

1987 wurde hier in der Rhön das Deutsche Segelflugmuseum eröffnet. Es hat sich zur Aufgabe gemacht, seinen Besuchern den Flugsport von den Anfängen bis heute nahezubringen. In einem Kuppelbau und einer großen Ausstellungshalle gibt es u. a. einen nachgebauten Hängegleiter, der dem Fluggerät des Flugpioniers Otto Lilienthal nachempfunden ist, zu sehen, aber auch modernste Hochleistungssegler aus Kunststoff. Neben der Präsentation von mehr als 20 historischen Segelflugzeugen vermittelt das Museum aber auch mithilfe von Texttafeln, Modellen und Videofilmen Wissenswertes rund um die Technik des motorlosen Fliegens – dazu gehört auch die Wetterkunde – und würdigt die wagemutigen Helden des Flugsports. Neben dem Segelflug widmet sich das Museum auch dem Modellflug, der seit jeher eine wichtige Vorstufe zum bemannten Flugzeug war. Ausgestellt sind hier vor allem für die Entwicklungsgeschichte des Fliegens bahnbrechende Modelle. Die Wasserkuppe selbst gilt als der »Berg der Segelflieger«.

Mathematische und technische Modelle

Auch wenn sich in den letzten beiden Jahrzehnten vieles verändert hat: Die meisten Museen sind nach wie vor auf eher stummes Betrachten ausgelegt. Ganz anders das Mathematikum in Gießen. Hier darf geknobelt, gebaut und entdeckt werden. Über 150 Modelle und Versuchsanordnungen laden Jung und Alt, Anfänger und Profis ein, die Welt der Mathematik neu für sich zu erforschen.

Mathematikum e. V.
Liebigstraße 8
35390 Gießen
Tel. 0641/9697970
www.mathematikum.de

Bereits Ende des 15. Jahrhunderts machte der geniale Leonardo da Vinci, Maler, Bildhauer, Architekt, Mechaniker und Erfinder in Personalunion, die Entdeckung, dass es möglich ist, eine stabile Brücke ganz ohne Schrauben, Schnüre oder anderes Befestigungsmaterial zu bauen. Benötigt werden lediglich unterschiedlich lange Latten und eine ruhige Hand. Im Mathematik-Museum können Besucher anhand der Originalzeichnung die berühmte Da-Leonardo-Brücke nachbauen. Aber auch das Experiment mit einer Riesenseifenblase, der Tetraeder im Würfel und das Möbiusband mit Spielzeugauto bieten Mathematik zum Anfassen und Staunen.

Die Idee für dieses außergewöhnliche Museum geht auf ein 1993 an der Justus-Liebig-Universität Gießen abgehaltenes Proseminar zum Thema »Geometrische Modelle« zurück. Aus der studentischen Aufgabe wurde eine Ausstellung und schließlich 2002 das Mathematikum.

Seit seiner Eröffnung im Jahr 2002 hat sich das Mathematikum in Gießen zu einem Besuchermagneten für Jung und Alt entwickelt.

Historische Holzverarbeitung

Holz + Technik Museum
Im Schacht 6
35435 Wettenberg
Tel. 06406/8307400
www.holztechnik-museum.de

Als 1999 mit dem Sägewerk Winter der letzte Holz verarbeitende Betrieb der Region stillgelegt wurde, sicherte Privatinitiative die Maschinen für die Nachwelt.

So entstand 2003 in Wettenberg das »Holz + Technik Museum«, das in seinen Räumen alle Facetten des

Rohstoffes Holz präsentiert. So wird im Sägewerk an einem historischen Sägegatter das Holz zunächst in Balken und Bretter geschnitten, um dann von Zimmerern und Tischlern mithilfe von Tischkreissägen, Hobelmaschinen und anderen historischen Geräten weiterverarbeitet zu werden. In der Schreinerei entstehen schließlich Gebrauchsgegenstände vom Fenster bis zum Stuhl oder Schrank.

Wie aus groben Baumstämmen glatte Bretter und Balken werden, demonstrieren die historischen Maschinen und Geräte wie hier das Sägegatter.

Leitz-Mikroskope

Sammlung historischer Mikroskope Ernst Leitz
Neues Rathaus
Ernst-Leitz-Straße 30
35578 Wetzlar
Tel. 06441/290
www.wetzlar.de

Die Erfolgsgeschichte des Mikroskops ist eng mit dem Namen Ernst Leitz verbunden. Aus Wetzlar gingen seine bahnbrechenden Erfindungen im Bereich der Optik in die ganze Welt.

Wer kennt sie nicht, die »Leica«, die zu den Klassikern unter den Fotoapparaten gehört. Auch sie stammt aus dem Unternehmen Leitz, das bis in die zweite Hälfte des 20. Jahrhunderts hinein die Wirtschaftsgeschichte Wetzlars maßgeblich bestimmte. Im Neuen Rathaus, dem ehemaligen Verwaltungsbau des Unternehmens, präsentieren sich heute verschiedene Leitz-Mikroskope, die die Entwicklungsstufen der Mikroskopie, aber auch der Firma selbst eindrucksvoll darstellen.

Das Labormikroskop stammt aus den Anfängen des 20. Jahrhunderts.

Grube Fortuna

Ausgestattet mit Helm und Kittel und begleitet von einem sach-
kundigen Führer geht es mit dem Förderkorb 150 Meter tief in die
Welt unter Tage. Hier im rot gefärbten Gestein wurde bis 1983
Erz abgebaut.

**Besucherberg-
werk Grube
Fortuna**
35606 Solms-Ober-
biel
Tel. 06443/82460
www.grube-for-
tuna.de

Als man Ende des 19. Jahrhunderts
im Bereich der Grube römische Ge-
wandklammern und Knochen von
Haustieren fand, war der Beweis
da, dass die Grube Fortuna den
Menschen bereits vor etwa 2000
Jahren zur Gewinnung von Eisenerz
gedient hatte.
Im Jahr 1900 begann man hier mit
dem Abteufen des ersten Schachts,
der bereits über 40 Meter in die
Tiefe reichte. War die Grube zunächst Eigentum des Fürsten zu
Solms-Braunfels, ging sie Anfang
des 20. Jahrhunderts an die Firma
Friedrich Krupp in Essen über.
Nach der letzten Förderschicht
1983 lag das Gelände zunächst
brach, bis vier Jahre später der Museumsbetrieb eröffnet wurde. Besucher lernen in Solms-Oberbiel aber
nicht nur das Bergmannsleben unter
Tage kennen, sondern erfahren anhand der authentischen Gebäude
wie dem Zechenhaus, der Kipphalle
oder dem alten Maschinenhaus viel
Wissenswertes über die Arbeitsab-
läufe über Tage.

Mit der Gruben-
bahn gelangen die
Besucher auf be-
queme Weise in die
ehemaligen Abbau-
räume der Grube
Fortuna.

Römerkastell Saalburg

**Römerkastell
Saalburg**
Archäologischer
Park
Saalburg 1
61350 Bad Homburg
v. d. Höhe
Tel. 06175/93740
www.saalburgmu-
seum.de

**Zur Blütezeit der Saalburg um das Jahr 200 lebten in dem römi-
schen Kastell und dem angrenzenden Lagerdorf auf dem Taunuskamm bis zu 2000 Soldaten sowie ihre Familien, Händler und
Handwerker. Das Kastell diente zur Überwachung eines Abschnitts
des Obergermanisch-Rätischen Limes.**

Nachdem sich die Römer nach ihrer
vernichtenden Niederlage gegen die
Germanen in der Varusschlacht
(9 n. Chr.) wahrscheinlich zunächst
auf die linke Seite des Rheins und
die rechte Seite der oberen Donau
zurückgezogen hatten, beschlossen
sie etwa ein Jahrhundert später
einen neuen Vorstoß. Ihr Ziel waren
Gebiete rechts des Rheins wie die
Wetterau und der Taunus. Unter der
Herrschaft von Kaiser Domitian
(81–96) begann man eine zusam-
menhängende Außengrenze zu planen. So entstand zwischen Rhein
und Donau der 550 Kilometer lange

Obergermanisch-Rätische Limes,
der heute als Bodendenkmal zum
Weltkulturerbe der UNESCO
gehört.
Die Römer versahen ihren neuen
Patrouillenweg zunächst mit hölzernen Wachtürmen. Im Zuge dieser
»Grenzbefestigung« entstand Anfang des 2. Jahrhunderts auf dem
Taunuskamm ein Holzkastell mit
zwei Schanzen, die Keimzelle der
Saalburg. Waren es zunächst nur
160 Soldaten, die die Grenze zwischen dem Römischen Reich und
den germanisch beherrschten Ge-
bieten kontrollierten, wurde die Anlage bereits wenige Jahre später zu
einem Kohortenkastell mit rund
600-köpfiger Besatzung ausgebaut.
Um das Kastell herum bildete sich
ein Lagerdorf mit Wohn- und Werkstätten, das später eine große Bade-
anlage, eine Herberge und weitere
öffentliche Gebäude erhielt.
Zwischen 1897 und 1907 wurden
die Ruinen der Saalburg auf Grundlage der Ausgrabungsfunde umfassend rekonstruiert. So entstand ein
Museum der besonderen Art, das
auf höchst anschauliche Weise Einblicke in das römische Legionsleben
vor rund 1800 Jahren gibt.

*Wie einst zur
Römerzeit kontrol-
lieren hier junge
Männer des 21. Jahr-
hunderts, verkleidet
als römische Legio-
näre, von der Saal-
burg aus die Limes-
Grenze.*

Historische Hutfabrikation

Gotisches Haus
Tannenwaldweg 102
61350 Bad Homburg v. d. Höhe
Tel. 06172/37618
www.bad-homburg.de

»Hoflieferant Seiner Majestät des Königs von England« – mit diesem Titel durfte sich der in Homburg ansässige Hutfabrikant Johann Georg Möckel schmücken, der 1882 für den Prince of Wales den Homburger, einen besonders leichten Haarfilzhut, kreierte.

Die heute weltberühmte Kopfbedeckung ist neben rund 300 anderen Hüten im Gotischen Museum der

Kurstadt Bad Homburg zu besichtigen. Das in Deutschland einzigartige Hutmuseum veranschaulicht zum einen die kulturgeschichtliche Entwicklung der Kopfbedeckung, gibt zum anderen aber auch einen Einblick in die technischen Voraussetzungen der Hutfabrikation anhand der Haarhutfabrik Möckel. 1806 als kleiner Handwerksbetrieb entstanden, entwickelte sich das Unternehmen in der zweiten Hälfte des 19. Jahrhunderts zur maschinenbetriebenen Fabrik.

Gradierwerk

Gradierwerk
Kurpark
63619 Bad Orb
www.bad-orb.info

Dass salzhaltige Luft der Gesundheit des Menschen zugutekommt, ist seit langer Zeit bekannt. Das Gradierwerk im Kurpark von Bad Orb ermöglicht seit 1806 die Freiluft-Inhalation der Salze.

Das solehaltige Thermalwasser rieselt die mit Schwarzdornreisig bestückten 18 Meter hohen Wände der Saline herab und erzeugt dabei mit seinem salzhaltigen Nebel ein Heilklima wie am Meer. Das umfassend sanierte und seit 2010 wieder funktionstüchtige Gradierwerk ist als letzte der ehemals zehn Anlagen von Bad Orb zum Technikdenkmal erklärt worden.

Historische Telefonapparate

Das Telefon gehört zu den bahnbrechenden technischen Erfindungen in der Geschichte der Menschheit.

Doch als der deutsche Physiker Philipp Reis 1861 den ersten Fernsprechapparat präsentierte, blieb die Reaktion zunächst verhalten. Und so war es der Amerikaner Graham Bell, der das Telefon 15 Jahre später groß machte. Heute ist jedoch Reis allgemein als Erfinder des Fernsprechers anerkannt. Im Philipp-Reis-Haus in Friedrichsdorf sind verschiedene

Apparate ausgestellt, die die Entwicklung des Telefons seit den Anfängen bis heute zeigen.

Philipp-Reis-Haus
Hugenotten-
straße 93
61381 Friedrichsdorf
Tel. 06007/918628
www.friedrichs-
dorf.de

Die ersten Fernsprecher sind in Ausstattung und Größe noch weit vom heute gewohnten Telefon entfernt.

Nerobergbahn

Wer die grandiose Aussicht vom Wiesbadener Hausberg, dem 245 Meter hohen Neroberg, genießen möchte, erreicht den Aussichtspunkt ganz komfortabel mit der historischen Nerobergbahn.

Die Zahnstangen-Standseilbahn, die den Anstieg von 83 Metern in weniger als vier Minuten bewältigt, verkehrt bereits seit 1888 auf ihrer Trasse. Das Besondere an diesem Personentransportmittel ist sein Antrieb: Die Bahn bewegt sich mithilfe von Ballastwasser. Der talwärts fahrende Wagen ist mit einem Wassertank versehen, dessen Gewicht den aufwärts fahrenden Wagen nach oben zieht. In der Talstation wird

der Tank automatisch entleert und das Wasser wieder zur Bergstation gepumpt.

Neroberg-bahn
Nerotal
65193 Wiesbaden
www.neroberg-
bahn.de

Bahnsteighallen des Frankfurter Hauptbahnhofs

**Hauptbahn-
hof Frankfurt
am Main**
Bahnhofsviertel
60329 Frankfurt am
Main
www.bahnhof.de

Mit seinen rund 350 000 Reisenden pro Tag ist der Hauptbahnhof von Frankfurt am Main der zweitgrößte deutsche Personenbahnhof nach Hamburg und eine bedeutende Verkehrsdrehscheibe. Als spektakulär galt das Bahnhofsgebäude bereits zur Zeit seiner Entstehung, was an seinen damals hochmodernen Gleishallen lag.

Vorgängerbauten des heutigen Hauptbahnhofs waren drei voneinander unabhängige Westbahnhöfe, die das hohe Fahrgastaufkommen in der zweiten Hälfte des 19. Jahrhunderts jedoch nicht mehr bewältigen konnten. So begann man einen Zentralbahnhof zu planen und schrieb einen Architektenwettbewerb aus. Während der Elsässer Universitätsbaumeister Hermann Eggert mit dem Bau des Empfangsgebäudes beauftragt wurde, bekam der Berliner Architekt Johann Wil-

helm Schwedler, ein Stahlbauspezialist, den Zuschlag für die Bahnhofshallen. Für die Konstruktion der drei Hallen aus Glas und Stahl verwendete er einen Dreigelenkbogen, der das 28 Meter hohe Tonnengewölbe stützte. Zwischen 1883 und 1889 entstand so eine architektonische Meisterleistung, die mit ihren bogenförmigen Stahlträgern, dem Glasdach und den verglasten Stirnwänden allen vergleichbaren Hallen den Rang ablief. 1972 wurde sie unter Denkmalschutz gestellt, 2002 machte sich die Stadt daran, die Dächer der Bahnsteighallen im laufenden Betrieb komplett zu erneuern. Bei dieser Aktion, die fünf Jahre in Anspruch nahm, wurden rund 60 000 Quadratmeter Dach- und Wandverkleidung sowie 5000 Tonnen Stahl ausgetauscht.

Täglich fahren Züge aus ganz Europa in die imposanten Gleishallen aus Glas und Stahl ein, die seit 1972 als Denkmal geschützt sind.

Historische Feldbahnen

Feldbahnen fahren auf schmalspurigen Gleisanlagen, die schnell und ohne großen technischen Aufwand verlegt werden können.

Aufgrund dieser Eigenschaften waren die Lokomotiven und Wagen der Feldbahnen lange Zeit im Bergbau, der Landwirtschaft und der

Bauwirtschaft als Transportmittel unentbehrlich, bis sie ab Mitte des 20. Jahrhunderts durch leistungsstarke Lastwagen ersetzt wurden. Das Feldbahnmuseum in Frankfurt präsentiert nicht nur Schmalspurlokomotiven aller Art, die die technische Entwicklung über Jahrzehnte hinweg zeigen, sondern bietet auch die Möglichkeit, als Fahrgäste der historischen Züge die Welt der Feldbahnen hautnah zu erleben.

Frankfurter Feldbahnmuseum e. V.
Am Römerhof 15f
60486 Frankfurt am Main
Tel. 069/709292
www.feldbahn-ffm.de

Auch wenn die Feldbahnen als Transportmittel nicht mehr aktuell sind, im Museum dürfen sie noch immer ihren Dienst tun.

Historische Fahrzeuge des öffentlichen Nahverkehrs

Wie kamen vor 150 Jahren die Stadtbewohner von einem Viertel zum anderen? Natürlich mit dem Pferdebahnwagen. Die im Frankfurter Verkehrsmuseum ausgestellten Fahrzeuge lassen die Geschichte des öffentlichen Nahverkehrs wieder lebendig werden.

In den historischen Wagenhallen der ehemaligen Frankfurter Waldbahn-Gesellschaft, auf dem Außengelände und in dem unter Denkmalschutz stehenden Bahnhofsgebäude Schwanheim stehen nicht nur altehrwürdige Schienenfahrzeuge und Omnibusse wie der erste elektrische Triebwagen von 1884, sondern auch andere nicht fahrbare Exponate. So gibt es neben historischen Netzplänen, Fahrscheinen und Urkunden auch die Dienstbe-

kleidung zu sehen, die der Mode des jeweiligen Jahrzehnts ihren Tribut zollte.

Verkehrsmuseum
Rheinlandstraße 133
60529 Frankfurt am Main
Tel. 069/21323131
www.verkehrsmuseum-frankfurt.de

Historische Apparate der Kamera-, Film- und Vorführtechnik

Deutsches Filmmuseum
Schaumannkai 41
60596 Frankfurt am Main
Tel. 069/961220220
www.deutsches-filminstitut.de

Vor mehr als hundert Jahren lernten die Bilder laufen. Seit der ersten öffentlichen Filmvorführung durch die Brüder Lumière 1895 hat sich das Medium Film von der Jahrmarktsattraktion zur Kunstform gewandelt. Und die technische Entwicklung führte vom Kinematografen bis zur digitalen Computeranimation.

Heute gehört der Film, diese immer perfekter werdende Bewegungsillusion aus einzelnen Bildern, wie selbstverständlich zum Alltagsleben. Doch das war nicht immer so: Die ersten Filmbilder versetzten viele Zuschauer in Angst und Schrecken, befürchteten sie doch, dass der auf der Leinwand fahrende Zug die im Zuschauerraum Sitzenden überrollen könnte.

Bereits vor der ersten Filmvorführung hatte man versucht, mit verschiedenen technischen Hilfsmitteln bewegte Bilder zu erzeugen. Das 2011 neu eröffnete Filmmuseum am Schaumannkai stellt verschiedene Apparate aus der Vor- und Frühzeit des Films vor. So gibt es neben dem Lebensrad, der Wundertrommel, dem Daumenkino und der Laterna magica auch die Camera obscura zu sehen, das erste technische Gerät, dem es gelang, die Realität wirklichkeitsgetreu abzubilden. Aber auch modernere Geräte aus der Welt des Films, etwa Wolfgang Petersens Kamera, mit der er 1981 sein Meisterwerk »Das Boot« drehte, gehören zu den Exponaten.

Als die Bilder laufen lernten: Durch Spiegeltechnik bewegen sich die Bilder in diesem Praxinoskop.

Staustufe Eddersheim

Im Zuge der letzten Stauregelung des Mains wurde in Eddersheim, heute ein Stadtteil von Hattersheim, zwischen 1929 und 1934 eine Staustufe mit Schleusen errichtet.

Die 350 Meter lange und bis zu 15 Meter breite Doppelschleuse war notwendig geworden, weil die bereits bestehenden Flusswehre nicht mehr in der Lage waren, den in den 1920er-Jahren enorm gestiegenen Schiffsverkehr auf dem Main zu bewältigen. Im Zweiten Weltkrieg waren Rohstoffe knapp, und so konnte das angegliederte Wasserkraftwerk erst 1941 fertiggestellt werden. Rund um die Staustufe entstand für die Arbeitskräfte der Schleuse und des Kraftwerks eine Wohnkolonie, die heute ebenfalls unter Denkmalschutz steht.

Staustufe Eddersheim
65795 Hattersheim
am Main
Tel. 06145/936160
www.hattersheim.de

Weinverladekran

Der 1745 erbaute Weinverladekran am Rheinufer ist das Wahrzeichen der Weinbaugemeinde Oestrich im Rheingau.

Der heute auf der Kaimauer stehende Rheinkran war ursprünglich als Schwimmkran konzipiert. Im Innern der mit dunklen Holzbrettern verschalten, auf einem Sandsteinsockel ruhenden Fachwerkkonstruktion befinden sich zwei große Laufräder. Noch bis 1926 war der von vier sogenannten Kranenknechten angetriebene Kran bei einer Hubkraft von bis zu 2,5 Tonnen für Verladearbeiten im Einsatz. Während der Sommermonate kann man ihn an Wochenenden besichtigen.

Oestricher Kran
Rheinweg
65375 Oestrich-Winkel
www.deutsche-weine.de

Die Winde des Krans wurde von sogenannten Kranenknechten, also durch Menschenkraft, angetrieben.

Historische Druckverfahren

Hessisches Landesmuseum, Abteilung für Schriftguss, Satz und Druckverfahren
Kirschenallee 88
64293 Darmstadt
Tel. 06151/165706
www.hlmd.de

Handsatz und Maschinensatz, Schriftguss, Flachdruck und Buchbindetechnik – diese Verfahren gehören zum Buchdruck, dessen Entstehung und Entwicklung das Druckmuseum in Darmstadt präsentiert. Als Außenstelle des Hessischen Landesmuseum ist es seit 2001 in einem viergeschossigen Bau in Darmstadt untergebracht.

Die Erfindung des Buchdrucks im 15. Jahrhundert durch Johannes Gutenberg war eine revolutionäre Tat. Sie ermöglichte die Massenreproduktion des geschriebenen Wortes und führte in ganz Europa zu einer Medienrevolution mit weitreichenden Folgen. Gutenbergs Druckerpresse war also die Keimzelle des modernen Drucks mit beweglichen Lettern, der bis in die 1970er-Jahre hinein praktiziert wurde.

Die Abteilung für Schriftguss, Satz und Druckverfahren versteht sich als »tätiges« Museum, das den Besuchern die Geschichte der Drucktechnik anhand von praktischer Anschauung nahebringt. So wird in der Handsetzerei die frühe Phase des Buchdrucks demonstriert, nämlich das manuelle Setzen von Texten mithilfe von Winkelhaken und Bleilettern aus dem Setzkasten.

In einem anderen Bereich des Museums befinden sich die großen Setzmaschinen, die ab dem 19. Jahrhundert Maschinensatz ermöglichten. Noch heute einsatzbereite Druckpressen veranschaulichen die Entwicklung im Bereich Drucken, und in der Lithografiewerkstatt können sich die Besucher über den künstlerischen Flachdruck mit Lithografie-Steinen informieren.

Die ausgestellten Geräte und Maschinen sind nicht nur zu bestaunen, sondern auch praktisch zu begreifen. Das Druckmuseum bietet verschiedene Workshops an, die die historische Drucktechnik vermitteln.

Koserower Salzhütten

Salz ist ein uraltes Konservierungsmittel. Ab 1820 entstanden auf Usedom, u. a. in Koserow an der schmalsten Stelle der Insel, zwischen Ostsee und Achterwasser reetgedeckte, fensterlose Hütten, in denen Steinsalz gelagert wurde.

Kurverwaltung Koserow
Hauptstraße 31
17459 Koserow
Tel. 038375/20415
www.usedomerbernsteinbaeder.de

So konnten die Fischer ihren damals reichen Heringsfang bequem in Strandnähe einsalzen und verpacken, alles unter Aufsicht des preußischen Staates, der das Salz subventionierte. Die restaurierten Holz- und Fachwerkhütten Koserows wurden meist Ende des 19. Jahrhunderts erbaut. In einer davon befindet sich das kleinste Standesamt Mecklenburg-Vorpommerns.

Rasender Roland

Unter Volldampf jagt die Rügensche Bäderbahn über Feld und Flur dahin, und das seit hundert Jahren.

Eisenbahn- Bau- und Betriebsgesellschaft Pressnitztalbahn mbH
Gartenstraße 5
18528 Bergen auf Rügen
Tel. 03838/813594
www.ruegenschebaederbahn.de

Noch immer versieht der »Rasende Roland« seinen Dienst und befördert Passagiere, früher auch Landwirtschaftsgüter, im Zweistundentakt 24,3 Kilometer von Göhren nach Putbus – mit der atemberaubenden Geschwindigkeit von 30 Stundenkilometern. Gehalten wird, teilweise nur bei Bedarf, an 14 Stationen, etwa den Seebädern Binz und Sellin. Der Rasende Roland ist die letzte von drei Schmalspurdampfbahnen auf Rügen (Spurweite 750 mm), die älteste der acht Dampflokomotiven wurde 1914 gebaut.

Vom 1895 bis 1899 entstandenen Kleinbahnnetz wird noch die Strecke des »Rasenden Roland« zwischen Göhren und Putbus betrieben.

Leuchttürme am Kap Arkona

**Leuchtturm
Kap Arkona**
18556
Putgarten/Rügen
Tel. 038391/4190
www.kap-
arkona.de

Das Kap Arkona markiert die steil zur Ostsee abfallende Nord-
spitze der Insel Rügen. Sein Wahrzeichen ist das »Doppel« aus
altem »Schinkelturm« (1826/27) und neuem Leuchtturm (1901/02).
Zu diesem Ensemble gesellt sich noch ein Funkpeilturm (1927).

Ein ungleiches Paar:
der alte (niedrige)
Schinkelturm und
der neue (hohe)
Leuchtturm am Kap
Arkona im Norden
der Insel Rügen.

Der vom preußischen Baumeister
Karl Friedrich Schinkel im Stil des
Klassizismus entworfene Bau
(19 m), zugleich der älteste Leuchtturm Mecklenburg-Vorpommerns,
fällt in die Anfangszeit der modernen »Leuchtturmzeit« nach der Erfindung der Prismen-Sammellinse
durch den Franzosen Augustin Jean
Fresnel 1822, die eine Optik für
leuchtstarke und weitreichende See-
feuer möglich machte. Die erst 17,
später 23 Spiegel schickten das von

Öl- und dann Petroleumlampen erzeugte Lichtbündel des Schinkel-
turm-Feuers 15 Kilometer weit auf
See. Von dieser 1905 aus dem Betrieb genommenen Technik ist
nichts mehr erhalten. Der neue
Leuchtturm (35 m), ebenfalls ein
Ziegelbau, erfüllt indes seine Aufgabe bis heute. Die museumsreife
elektrische, seit 1977 automatisierte
Glühlampenanlage wurde 1996
durch eine moderne Halogenme-
talldampflampe ersetzt.

Bernsteinbearbeitung

Bernstein brennt, weil er (leichtes und weiches) ausgehärtetes Baumharz ist und kein (harter und schwerer) Stein. Sein Feuer entfacht das etwa 40 bis 50 Millionen Jahre alte »Gold des Nordens« aber erst durch die Bearbeitung. Besonders wertvoll sind Fundstücke mit fossilen Einschlüssen wie Pflanzenteilen oder Insekten.

Deutsches Bernstein-museum
18311 Ribnitz-Damgarten
Im Kloster 1
Tel. 03821/4622
www.deutsches-bernsteinmuseum.de

Der baltische Bernstein wurde ab dem 13. Jahrhundert im großen Stil unter der Regie des Deutschen Ordens und später des preußischen Staates in Königsberg in zahlreichen Manufakturen bearbeitet. Mit dem Material ließen und lassen sich wahre Kleinodien herstellen, aber auch große und grandiose Kunstwerke wie das legendäre »Bernsteinzimmer«, 1716 ein Geschenk des preußischen Königs an den russischen Zaren.

Das Deutsche Bernsteinmuseum im alten Klarissenkloster von Ribnitz widmet sich anhand von 1600 Exponaten der Natur- und Kunstgeschichte des Bernsteins vom Altertum bis heute. Im Lauf der Zeit haben Handwerker verschiedene Techniken entwickelt, um aus dem Rohmaterial Schmuck, etwa Perlenketten, und Schaustücke, nicht selten für religiöse Zwecke (Rosenkranz, Kruzifix) zu machen. Wie man nach ostpreußischer Tradition mit alten Geräten und modernen Werkzeugen Bernstein dreht, schnitzt, schleift, glättet, poliert oder auch in Holz und Edelmetall einfasst, erfährt der Besucher in der Schauwerkstatt des Museums, die

vom ortsansässigen Bernsteindrechslermeister betrieben wird.

Die Fliege wurde vor 40 Millionen Jahren im Baumharz eingeschlossen und blieb im Bernstein der Nachwelt erhalten – ein Exponat des Deutschen Bernsteinmuseums.

Bäderbahn »Molli«

Mecklenbur-gische Bäder-bahn
Molli GmbH
Am Bahnhof
18209 Bad Doberan
Tel. 038293/43133
www.molli-bahn.de

»Molli« ist die älteste Schmalspurbahn Deutschlands. Die von Dampflokomotiven gezogene Eisenbahn fährt im Rahmen des regulären ÖPNV vorwiegend Touristen mehrmals täglich von Bad Doberan ins Ostseebad Kühlungsborn und wieder zurück.

»Mollis« Geburtsjahr war 1886, als der mecklenburgische Großherzog Franz III. eine Bahn in sein »Fürs-tenbad« Heiligendamm legen ließ. Schmalspur, hier mit einer Weite von 900 Millimetern, war billiger als Normalspur, außerdem konnte nur sie die engen Kurven durch Doberan bewältigen. Seit 1910 ist die 15,4 Kilometer lange Strecke bis Kühlungsborn (damals Arendsee) in Betrieb.
Für eine Fahrt benötigt »Molli« bei einer (theoretischen) Spitzenge-schwindigkeit von 50 Stundenkilo-metern und neun Haltepunkten rund 40 Minuten. Bis 1969 wurden nicht nur Personen, sondern auch Güter transportiert – das Umpacken

von Normalspur wurde aber selbst der Deutschen Reichsbahn (DDR) zu teuer.
Die drei Dampflokomotiven sind Originale der Baureihe 99.32 aus dem Jahr 1932. Eine weitere Lok (1961) fährt nur im Winter, ihre Schwester steht seit 1997 im Molli-Museum (Kühlungsborn-West). 2009 wurde aus dem Trio ein Quar-tett, als das Dampflokwerk der Deutschen Bahn in Meiningen (Thüringen) ein 99.32er-Nachbau verließ. Spezialisten und Eisenbahn-Enthusiasten stellten nach einein-halb Jahren Arbeit eine komplett neue Dampflokomotive auf die Schiene, 44 Tonnen schwer, fast elf Meter lang und 460 PS stark.

Bad Doberans dampfende »Stra-ßenbahn«, der »Molli«, macht im Ort dreimal halt: am Bahnhof, in der Stadtmitte und der Goethestraße; die Lok im Bild wurde 1932 gebaut.

Otto Lilienthals Flugapparate

1889 veröffentlichte der Maschinenbauingenieur Otto Lilienthal aus Anklam die Schrift »Der Vogelflug als Grundlage der Fliege- kunst«. Er beließ es aber nicht mit Berechnungen und Zeichnun- gen, sondern machte sich auf, den alten Menschheitstraum vom Fliegen zu verwirklichen.

Otto-Lilien- thal-Museum
Ellbogenstraße 1
17389 Anklam
Tel. 03971/245500
www.lilienthal-mu- seum.de

Lilienthal baute Flugapparate, die er möglichst naturgetreu den hochbe- weglichen Flügeln der Vögel nach- zubilden versuchte, und probierte sie ab 1891 am Berliner Stadtrand auch aus. Sein Ansatz war jedoch eine Sackgasse. Nicht Flattern und Schlagen, sondern Gleiten mit starren Flügeln brachte den Durch- bruch. Lilienthal bereitete mit sei- nen Arbeiten und Apparaten, vor allem aber seinen Versuchen »vom Sprung zum Flug« anderen Flug- pionieren und somit auch dem Motorflug den Weg.

Das Otto-Lilienthal-Museum wid- met sich dem Beginn der modernen Flugkunst und würdigt umfassend in Text und Bild sowie anhand ver- schiedener Entwürfe, Modelle und Repliken die Leistungen Lilienthals. Unter den Nachbauten befinden sich etwa ein Schlagflügelapparat mit einer Spannweite von 8,5 Metern und ein Flugapparat, der mit kleiner Tragfläche auch bei stärkerem Wind eingesetzt werden sollte.

Alle Dokumente und Modelle zeu- gen von der großen Fantasie und Experimentierfreude seines Schöp- fers. Fliegen war aber nicht nur ein Traum, sondern auch gefährlich.

Mit einem Segler stürzte der erst 48-jährige Lilienthal 1896 nach mehr als 2000 Flügen in den Tod.

Ein Heißluftballon inmitten von Hänge- gleitern.

Raketen- und Flugkörpertestgelände

**Historisch-
Technisches
Museum
Peenemünde
GmbH**
Im Kraftwerk
17449 Peenemünde
Tel. 038371/5050
www.peene-
muende.de

Der Start der Großrakete »Aggregat 4« am 3. Oktober 1942
markiert den Beginn der Raumfahrt. Zuallererst stand aber der
militärische Zweck im Vordergrund: Von der Nazipropaganda zu
»Vergeltungswaffen« (V-Waffen) stilisiert, zielten Flugbomben und
Raketen in der letzten Phase des Zweiten Weltkriegs auf Städte
in Belgien, Frankreich und Großbritannien und kosteten dort
Tausende das Leben.

Peenemünde war das größte High-
tech-Zentrum des »Dritten Reiches«.
In der zweiten Hälfte der 1930er-
Jahre schuf die Wehrmacht im Norden der Ostseeinsel Usedom eine
ausgedehnte Infrastruktur für die
Entwicklung, Konstruktion und die
Erprobung von weitreichenden Raketen und anderen Flugkörpern. Sie
stehen am Anfang der friedlichen
Weltraumforschung, markieren aber
auch den Beginn ballistischer Raketen, Raketenflugzeuge und Lenk-
waffen für das Militär. Als Direktor
der Heeresversuchsanstalt in Peenemünde für die Flüssigraketen verant-
wortlich war Wernher von Braun
(1912–1977), »Vater« der späteren

amerikanischen Mondrakete. 1943
wurde die Produktion nach alliierten Bombenangriffen in unterirdische Stollen nach Thüringen verlegt.
Im »Vorhof der Hölle« schufteten
dort Häftlinge des KZ Dora-Mittel-
bau und Kriegsgefangene unter
unmenschlichen Bedingungen.
Peenemünde, noch bis nach der
deutschen Wiedervereinigung Mili-
tärgelände, steht einerseits für
Pioniergeist, andererseits für die
skrupellose Nutzung technischer
Höchstleistungen. Dies in Wort und
Bild, anhand von Modellen, Groß-
exponaten (u. a. 1:1-Nachbauten
der Flugbombe »V 1« und der
»V 2«-Rakete, Hubschrauber) und
Überresten zu dokumentieren, hat
sich seit 1992 das Historisch-Tech-
nische Museum zur Aufgabe gemacht: in einer 5000 Quadratmeter
großen Ausstellung, auf einem
120 000 Quadratmeter großen Freigelände und 22 Kilometer langen
Rundweg mit insgesamt 17 Stationen. Zentrum des Geländes ist das
noch bis 1990 betriebene Kraftwerk
(1942), das größte technische Denkmal Mecklenburg-Vorpommerns.

Zur Denkmalland-
schaft Peenemündes
gehören neben den
Nachbauten der
Flugbombe »V 1«
(unten) und der 14
Meter hohen Flüs-
sigkeitsgroßrakete
»V 2« (rechts) auch
die Reste einer
Raketenstartrampe
sowie Bunker, Klär-
werk und die Ruine
des Sauerstoffwerks.

Slawensiedlung und Wallburg

Archäologisches Freilichtmuseum Groß Raden
Kastanienallee
19406 Groß Raden
bei Sternberg
Tel. 03847/2252
www.grossraden.de

Bis zum Hochmittelalter war Deutschland östlich der Elbe das Land der Slawen. Der Stamm der Warnower errichtete am Ufer des heutigen Radener Sees eine Siedlung samt Heiligtum, die seit Ende der 1980er-Jahre wiedersteht.

Im Archäologischen Freilichtmuseum Groß Raden wird der Alltag eines mit Graben und Palisaden befestigten Slawendorfes aus dem 9. und 10. Jahrhundert vor der Eroberung, Besiedlung und Mission aus dem christlichen Westen lebendig. Zum Gebäudeensemble gehören rekonstruierte Wohn- und Versammlungshäuser, die in einer ersten Siedlungsphase aus Lehmflechtwerk und in einer zweiten in Blockbauweise errichtet wurden, sowie Werkstätten, ein Backhaus, Ställe, Scheunen und Einfriedungen. Ausgrabungen (1973–1980) und Originalfunde, ausgestellt in der »Schatzkammer«, sowie die mithilfe historischer Techniken rekonstruierten Werkzeuge, Haushaltsgegenstände, Kleidungsstücke und Transportmittel, darunter Einbaumboote und Eisschlitten, geben den Blick auf eine Kultur frei, die hochwertigen Schmuck herstellte und Fernhandel betrieb.

Auch wenn der ursprüngliche Name der Siedlung nicht bekannt ist, muss sie überregionale Bedeutung gehabt haben. Hinweis darauf ist der heute auf einer Halbinsel, früher auf einer Insel im See gelegene Tempel. Die Kultstätte war einst von einem zehn Meter hohen Ringwall umgeben. Dorthin gelangt man über einen Bohlen- und Brückweg, der einst von einer kleinen Bastion gesichert war.

Das wiederaufgebaute Slawendorf bei Groß Raden lädt zu einer Entdeckungstour durch die Geschichte des 9. und 10. Jahrhunderts ein.

Wasserkunst

Nicht nur Rathaus und prächtige Bürgerhäuser geben dem Marktplatz von Wismar, dem flächenmäßig größten Mecklenburgs,
repräsentatives Gepräge, sondern auch das zwölfeckige Brunnenhaus mit seiner Kupferhaube.

Im Stil der niederländischen Renaissance 1580 bis 1602 erbaut, stellte
die »Wasserkunst« den Wohlstand
und zugleich die Modernität der
alten Hansestadt zur Schau. Die
Einrichtung zur Sammlung und
Abgabe von Quellwasser, das über
Rohre (später mit einem Wasserturm verbunden) herangeführt
wurde, versorgte die Stadt bis 1897
mit Trinkwasser.

**Tourismus-
zentrale
Wismar**
Am Markt 11
23966 Wismar
Tel. 03841/19433
www.wismar.de

Zwölf Hermen-
pfeiler tragen das
glockenförmige
Kupferdach des
Brunnenhauses der
Wasserkunst auf
dem Wismarer
Marktplatz.

Historische Schleifmühle

Wie im 18. Jahrhundert Mecklenburger Naturstein mithilfe von
Wasserkraft geschnitten, geschliffen und poliert wurde, demonstriert die historische Schleifmühle in Schwerin.

Die Mühle mit ihrem unterschläch-
tigen Mühlrad (das Wasser für den
Antrieb fließt unter dem Rad) war
1755 zur Schleifmühle umgerüstet
worden. Nach Verfall und Umbau
Anfang des 20. Jahrhunderts wurde
diese ab 1985 als Schauanlage wie-
derhergestellt.
Zur historischen Technik gehört
eine Steinsäge, in der eingespannte
Granitblöcke mithilfe von Wasser
und Quarzsand in passende Stücke
»geschnitten« werden. In Schleif-
rahmen erhalten sie dann unter

Zugabe von Sand, Steinmehl und
anderen »Poliermitteln« den letzten
Schliff.

**Schleifmühle
Schwerin e. V.**
Schleifmühlenweg 1
19061 Schwerin
Tel. 0385/562751
www.schleifmuehle-
schwerin.de

Technisches Landesmuseum

Technisches Landesmuseum Mecklenburg-Vorpommern
Zum Festplatz 3
(ab Herbst 2012)
23966 Wismar
Tel. 03841/257811
www.phantechnikum.de

Mecklenburg-Vorpommern ist nicht nur das Land der endlosen Felder, stillen Seen und weißen Ostseestrände. Auch Technik hat dort eine große Tradition, besonders der Schiff-, Flugzeug- und Eisenbahnbau. Das dokumentiert das Technische Landesmuseum.

1961 als Polytechnisches Museum gegründet, erweitert das Museum 2012 sein Spektrum als interaktives Ausstellungs- und Bildungszentrum phanTECHNIKUM. Die Räume im Schweriner Marstall und Glashaus des Wismarer Bürgerparks mit Modellen und Originalen zum »Ausprobieren und Mitmachen« weichen einem Neubau auf einem früheren Kasernengelände in Wismar. Der Schwerpunkt des phanTECHNIKUM liegt auf den Bereichen Fortbewegung, Energieerzeugung und Kommunikation. Zu den großen Schauobjekten gehören eine liegende Ein-Kolben-Dampfmaschine (1900) aus einer Brennerei sowie tonnenschwere Schiffsdieselmotoren. Der Nachbau des Fokker Drei-

deckers DR I, eines deutschen Jagdflugzeugs aus dem Ersten Weltkrieg, erinnert daran, dass Mecklenburg in der ersten Hälfte des 20. Jahrhunderts ein Zentrum des deutschen Flugzeugbaus war. Neben Fokker (Schwerin) gehörten die Firmen Arado, Heinkel (beide Warnemünde) und Dornier (Wismar) dazu. Auch Oldtimer-Freunde kommen nicht zu kurz, nennt das Museum doch z. B. eine Limousine EMW 340 aus den Anfängen des DDR-Automobilbaus in Eisenach (BMW-Nachfolge) sein Eigen.
Ganz Spezielles hat das phanTECHNIKUM mit seiner Sammlung aus der Medizin- und der Schweißtechnik zu bieten. »Stabil«-Metallbaukästen, die bis 1970 im Handel waren, erinnern an eine Freizeitbeschäftigung, die einmal als »jungengerecht« und »sinnvoll« betrachtet wurde.

Den originalgetreuen Nachbau eines Fokker DR I kann man im »Glashaus« im Bürgerpark von Wismar bewundern.

Zu den Schätzen des Technischen Landesmuseums gehören Pkws aus DDR-Produktion – Trabant, EMW und Wartburg – und die 1952 als letzte ihrer Art in Deutschland gebaute Einzylinder-Großdampfmaschine.

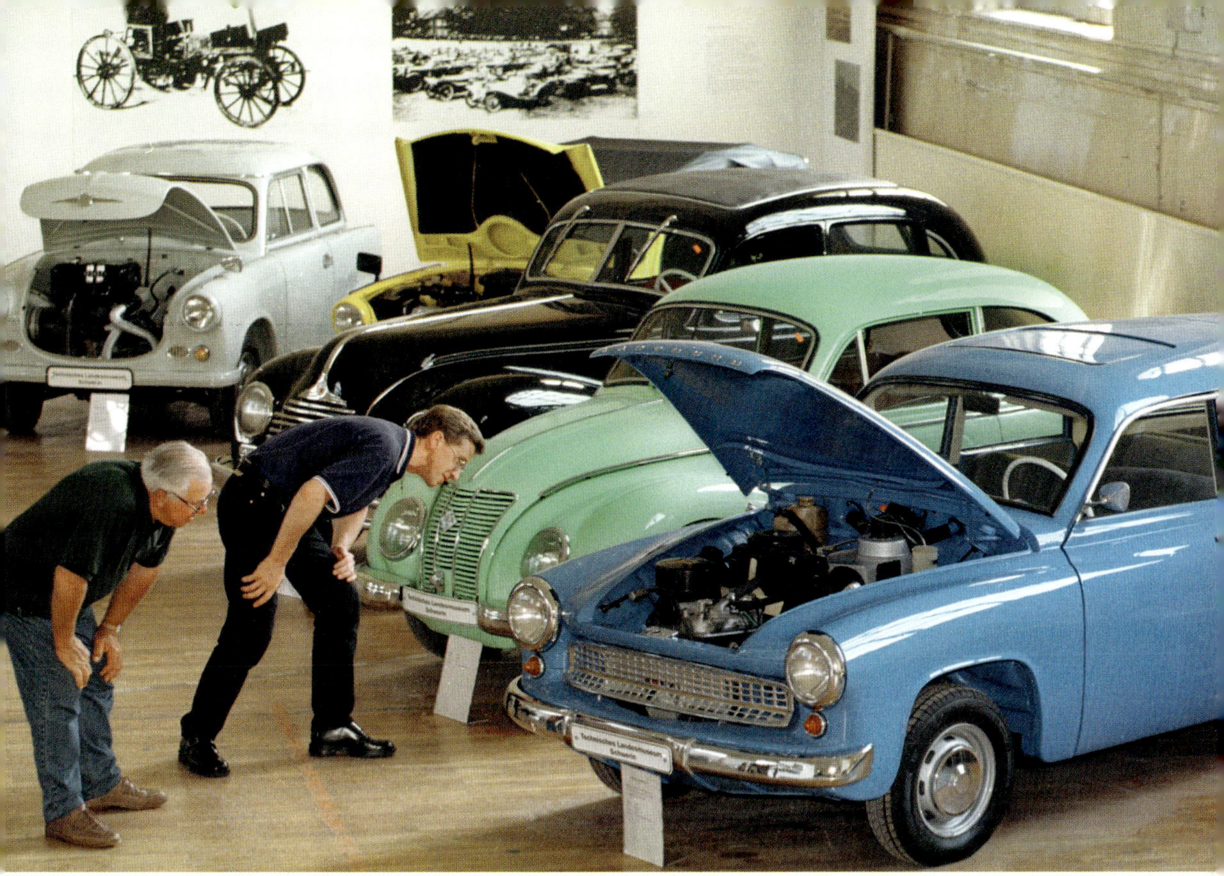

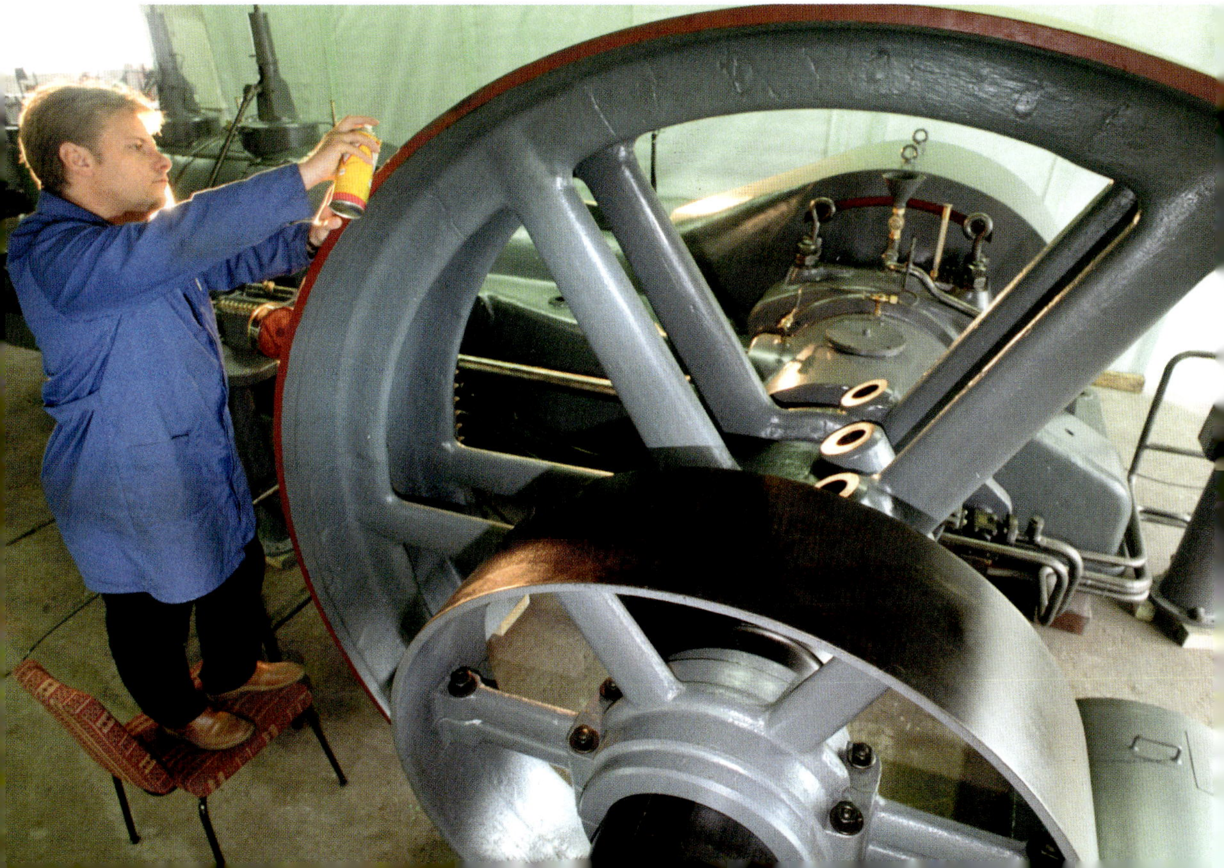

Kirchen- und Hausorgeln

**Mecklenbur-
gisches Orgel-
museum**
Kloster 26
17213 Malchow
Tel. 039932/12537
www.orgelmu-
seum-malchow.de

Das Mecklenburgische Orgelmuseum in der einstigen Klosterkirche restauriert ausgediente oder nicht mehr bespielbare
Kirchen-und Hausorgeln.

So können besonders schöne Exemplare für die Nachwelt erhalten
werden. In einer Werkstatt werden
die Überbleibsel bekannter nord-
deutscher Orgelwerkstätten gesäu-
bert, repariert, restauriert und
wieder funktionsfähig gemacht – so
erklingen unter dem Kirchenge-
wölbe heute wieder sieben Orgeln,
meist »romantische« Instrumente.
Bis auf die Prospektpfeifen unverändert erhalten geblieben ist die einstige Hauptorgel der Klosterkirche
aus dem Jahr 1890.

**Das Äußere einer
Kirchenorgel ist
häufig nur Fassade,
das Herz schlägt im
Innern, wo ein Wald
aus unterschiedli-
chen Pfeifen den
Klang erzeugt.**

Holländerwindmühlen

**Mühlen-
museum**
Karl-Liebknecht-
Platz 1
17348 Woldegk
Tel. 03963/211384
www.woldegk.de

Aufgrund der guten natürlichen Bedingungen am Mühlenberg
hatte der Wind in Woldegk seit jeher leichtes Spiel.

Daher gibt es seit dem 16. Jahrhundert in der »Windmühlenstadt«
auch Windmühlen zum Mahlen von
Getreide, zunächst Bockwindmühlen und ab der zweiten Hälfte des
19. Jahrhunderts Erdholländer. Von
den einst sechs stehen noch fünf.
In einer ist das Mühlenmuseum
(Flügel mit Segeltuch bespannt) eingerichtet, und in der original erhaltenen Ehlertschen Mühle (1886, mit
Jalousienflügeln) wird regelmäßig
»schaugemahlen«.

**Die 1993 restau-
rierte Holländer-
windmühle mit dem
Mühlenmuseum ist
eine von fünf erhal-
tenen Windmühlen
in Woldegk.**

Leuchtturm Roter Sand

Elf Kilometer nordöstlich der ostfriesischen Insel Wangerooge steht auf einer Sandbank der Außenweser das erste im Meer errichtete dauerhafte Bauwerk: der Leuchtturm Roter Sand (1883 bis 85), damals ein Symbol für Fortschritt und Beharrlichkeit – ein erster Versuch war 1881 gescheitert.

Förderverein
Leuchtturm
Roter Sand e. V.
Bürgermeister-
Smidt-Straße 209
27568 Bremerhaven
Tel. 0471/49076
www.rotersand.de

Das schwarz-weiß-rot geringelte »Historische Wahrzeichen der Ingenieurbaukunst« in Deutschland war bis zu seiner Ablösung durch einen unbemannten Leuchtturm in der Wesermündung 1964 der letzte »Gruß der Heimat« für Auswanderer, die sich in Bremerhaven nach Amerika eingeschifft hatten, aber vor allem Wegweiser durch die tückischen Küstengewässer vor dem Riff »Roter Sand«. Von der Spitze des Laternenhauses bis zum Meeresboden misst »Roter Sand« 52,5 Meter, lediglich bis zu 31 Meter ragen, abhängig von den Gezeiten, aus dem Wasser. 1987 erhielt das stark korrodierte Fundament einen neuen Stahlmantel; weitere Restaurierungsarbeiten an der Außenhaut und im Innern bewahrten den fünfgeschossigen Leuchtturm vor dem Verfall.

Die einst von einem Leuchtfeuerwärter und seinem Gehilfen bediente Optik, ein »Hauptfeuer« und ein »Nebenfeuer« in einem der drei Erker, blieben erhalten. Bis 1986 wurde ein Rumpfbetrieb mit einem automatischen, mit Propangas betriebenen Gegenfeuer zum Leuchtturm »Hoheweg« fortgeführt.

Museumsfeuerschiff Elbe 1
Feuerschiff-Verein
Elbe 1 von 2001 e.V.
Tel. 04721/21192
www.feuerschiff-
elbe1.de

Feuerschiff Elbe 1

»Elbe 1« ist kein Schiffsname, sondern war eine Position in der Elbmündung vor Cuxhaven. Hier verrichteten Feuerschiffe als schwimmendes fest verankertes Seezeichen bis zum Jahr 2000 ihren Dienst.

Das letzte bemannte Feuerschiff auf Elbe 1 war bis 1988 die »Bürgermeister O'Swald II«. Das 1948 gebaute Stahlschiff gehörte mit rund 57 Metern Länge seinerzeit zu den größten seiner Art. Heute liegt es am Bollwerk »Alte Liebe« und dient, technisch immer noch einsatzfähig, als Ausflugsschiff.

Norddeich Radio

Funktechnisches Museum Norddeich Radio e. V.
Westlinteler Weg 30
26506 Norden
Tel. 04931/12519
www.museum-
norddeich-radio.de

Bis zum Siegeszug des Satellitenfunks war »Norddeich Radio« (internationale Kennung DAN) mit einer Sende- und einer Empfangsstation (Osterloog und Utlandshörn) die größte deutsche Küstenfunkstelle.

Über Funktelegramme bzw. Kurzwellen-Sprechfunkverkehr hielt sie die Verbindung zwischen den Seeleuten und ihrer Heimat aufrecht. Von 1907 bis zur Einstellung des Betriebs 1998 übermittelte die als »Funktelegrafenstation Norddeich« errichtete Station mit ihren »Antennentürmen« auch zuverlässig Informationen über Seenotfälle.

Die Seenotleitstelle der Deutschen Gesellschaft zur Rettung Schiffbrüchiger in Bremen hat Norddeich Radio 1999 beerbt; hier laufen auf UKW Notrufe aus Nord- und Ostsee ein.

Deichbau

Küstenschutz ist lebensnotwendig zum Erhalt des dem Meer abgerungenen Landes. Das Niedersächsische Deichmuseum in Dorum zeigt, wie der Mensch sich vor dem »Blanken Hans« geschützt hat und immer noch schützt.

Über das Ausmaß des Küstenschutzes und seine Vereinbarkeit mit dem Naturschutz gibt es unterschiedliche Meinungen, denn vor dem Deich liegt das Welterbe Wattenmeer mit seinen Vorlanden und Salzwiesen. Das Niedersächsische Deichmuseum zeigt, wie der Mensch seit der Besiedlung des fruchtbaren Marschlandes seit dem frühen Mittelalter versucht hat, sich, sein Haus, Vieh und Land vor Überschwemmungen zu bewahren, und wie er mithilfe von Gräben und Sielwerken die Marschen entwässerte.
Modelle zeigen den jeweiligen Erkenntnisstand im Küstenschutz:

Waren es anfangs Wurten (Warften), also »platt getretene« Gras- und Dunghügel sowie steile Deichwände, wurden es später zunehmend breite und flach zur Deichkrone zulaufende Konstruktionen, die den Wellen immer wirksamer die Kraft nahmen. Alte Arbeitsgeräte zeigen, welche Plage es war, den schweren Kleiboden auszuheben, ihn aus dem Hinterland abzutransportieren und vor Ort sorgsam zu einem Deich aufzuschichten. Den dramatischen Kampf gegen die Naturgewalten, besonders die verheerenden Sturmfluten an der Nordseeküste, dokumentieren zahlreiche Bilder.

Niedersächsisches Deichmuseum
Poststraße 16
27632 Dorum
Tel. 04742/1020
www.nds-deichmuseum.de

Mit primitiven Schubkarren und Schaufeln wurden die Deiche im 18. Jahrhundert mühsam gebaut.

Schwebefähre Osten–Hemmoor

Fördergesell-
schaft zur Er-
haltung der
Schwebefähre
Osten–Hem-
moor e. V.
Deichstraße 1
21756 Osten
Tel. 04771/643492
www.schwebefa-
ehre-osten.de

Die 1908/09 gebaute älteste Schwebefähre Deutschlands ist im Grunde eine bewegliche Brücke. Sie dreht sich aber nicht, sondern lässt eine Gondel von einem zum anderen Ufer fahren.

Die filigrane Konstruktion erhebt sich bis zu 38 Meter über dem Flüsschen Oste. Bis zum Bau der Straßenbrücke 1974 war die Schwebefähre zwischen den Orten Osten und Basbeck (heute Gemeinde Hemmoor) ein »normales« Verkehrsmittel für Fußgänger und Fahrzeuge. Heute dient sie dem Fremdenverkehr an der »Deutschen Fährstraße«. 2006 umfassend restauriert, wurde das technische Baudenkmal 2009 als »Historisches Wahrzeichen der Ingenieurbaukunst in Deutschland« ausgezeichnet; von ihrer Art gibt es nur noch acht auf der Welt.
Die eigentliche Fähre ist dem 80 Meter langen Eisenfachwerk des Hauptträgers untergehängt. Auf

Schienen gleiten die durch einen Elektromotor (13 kW) angetriebenen und auf Walzen gelagerten vier Laufräder fast lautlos dahin. Die Tragfähigkeit der Gondel, seit dem Umbau 1966 16 Meter lang und 4,30 Meter breit, wurde im Lauf der Jahre auf 18 Tonnen erhöht. 1909 waren ein Lkw von zwölf Tonnen und »Menschengedränge von 400 Kilogramm pro Quadratmeter« das Maß der Dinge gewesen.
Da zur Bauzeit auf der Oste reger Schiffsverkehr herrschte, musste zwischen der Unterkante des Gerüsts und der Wasseroberfläche mindestens 21 Meter Platz sein. Instandhaltungs- und Betriebskosten konnten bequem über den »Brückenzoll« gedeckt werden.

Betrachtet man die lange Betriebsdauer der Schwebefähre, waren die 280 000 Mark Baukosten gut investiert; seit 1975 ist sie als Baudenkmal ausgewiesen.

Zementherstellung

Die Geschichte eines des größten Industrieunternehmens zwischen Unterelbe und Unterweser hat heute Platz auf einer alten Schute. In den Laderäumen wird der komplette Ablauf der Zementherstellung gezeigt, wie sie Hemmoor von 1866 bis 1983 prägte.

Zementschute »Hemmoor 3«
Kulturstiftung Zement aus Hemmoor
Lindenstraße 8
21745 Hemmoor
Tel. 04771/7140
www.zementmuseum-hemmoor.de

Der Querschnitt des direkt beheizten, sich um die Längsachse drehenden Ofens für die Zementherstellung lässt die Dimensionen dieser hochwertigen Industriemaschine erahnen.

Die Zementschute »Hemmoor 3« von 1925 brachte einst das »graue Gold«, den Portland-Zement, vom Hafen Schwarzenhütten an der Oste über die Elbe nach Hamburg und dann in alle Welt. Die Bedingungen für die Zementherstellung waren günstig, fand die Regierung des damaligen Königreichs Hannover 1859 doch im Raum Hemmoor große Mengen von Kreide und Ton; sie bilden zusammen mit Kalkstein die Hauptbestandteile von Zement. Die Rohstoffe wurden in Hemmoor nicht nur abgebaut, sondern auch weiterverarbeitet, zuerst in Mahl- und Mischwerken. In Drehöfen (in Hemmoor ab 1899) wurde harter »Zementklinker« gewonnen, der nach Zugabe von »wasserfreundlichen« Zusätzen fein gemahlen wurde – Material für Beton.

Die Kapazität der Zementfabrik wurde nach der Modernisierung in den 1960er-Jahren erhöht – es rauchten zwei Drehöfen und mahlten drei Mühlen –, bis 1983 nach diversen »Kapitalverschiebungen« das Aus kam und das Werk demontiert wurde. Was blieb, sind Arbeitsgeräte und Maschinen auf dem Freigelände des Museums, die mit der Ausstellung in der Zementschute einen Einblick in die Herstellung eines immer noch unentbehrlichen Baustoffs bieten, und der Kreidesee, die mit Grundwasser gefüllte Kreideabbaugrube.

Moormuseum Moordorf

Moormuseum
Moordorf e. V.
Victorburer Moor 7a
26624 Südbrook-
merland
Tel.04942/2734
www.moormu-
seum-moordorf.de

»Dem Ersten der Tod, dem Zweiten die Not, dem Dritten das Brot.« Diese Redensart charakterisiert treffend das Dasein von Moorkolonisten wie in Moordorf, dessen Gründung auf ein Edikt des Preußenkönigs Friedrich II. aus dem Jahr 1765 zurückgeht.

Auf sich nahmen die Mühsal häufig mittellose Landarbeiter oder nachgeborene Söhne von Bauern, die keine Aussicht hatten, den Hof zu erben, sich aber eine eigene Existenz aufbauen wollten. Moordorf ist ein Beispiel für die Entwicklung einer Kolonie, die das Moor durch Brand und Torfabbau kultivierte. Die Parzellen wurden vom preußischen Staat in Erbpacht vergeben. Das auch »Museum der Armut« genannte Moormuseum mit seinem 1,5 Hektar großen Freigelände zeigt, unter welchen Umständen sich die Erschließung des mehr als 8000 Jahre alten ostfriesischen Hochmoors vollzog. Rekonstruierte Lehm-, Soden- und Plaggenhütten belegen die harten Lebensumstände der Kolonisten und ihrer kinderreichen Familien. In der Ausstellungshalle werden Haushaltsgegenstände sowie Werkzeuge und Geräte gezeigt, die zum Ziehen von Entwässerungsgräben, zum Stechen, Transport und Trocknen von Torfsoden, aber auch zum Bau von Unterkünften und zum Ernten des Grundnahrungsmittels Buchweizen genutzt wurden.

Die stroh- oder reetgedeckten Lehmhütten hatten meist nur eine Wohnküche, Butzen (Schlafstellen) und einen Stall. Erst Anfang des 20. Jahrhunderts hielten Backsteine und handgeformte Tonziegel als Baumaterial Einzug. Zum Museumsdorf gehören auch ein Kochhaus mit Backofen und eine Teestube.

Kaum das Allernotwendigste zum Überleben beherbergten die Lehmhütten der Moordorfbewohner.

Windmühlen

Am Ortseingang des Fischereiorts Greetsiel grüßen gleich zwei Holländerwindmühlen den Besucher. Die grüne (1856) wird vom Mühlenverein auch als Teestube genutzt, in der roten (1921) mahlt die Familie Schoof seit 1950 Korn, alternativ auch mit Motorkraft – aber nicht mehr für das tägliche Brot.

Zwillings-mühlen
Mühlenstraße 2
26736 Krummhörn
Tel. 04926/926530
(Schoof)
www.zwillingsmüh-len.de

Heimatverein Krummhörn e. V.
Breslauer Straße 11
26736 Krummhörn
04923/7432 (Müh-lenmuseum)

Die unverwechsel-baren Greetsieler Zwillingsmühlen vom Sieltief aus ge-sehen; Mühlen stan-den an diesem ver-kehrsmäßig günsti-gen Ort mindestens seit 1613.

Beide Mühlen haben einen zweistö-ckigen Unterbau und oberhalb einer umlaufenden Galerie eine Holzkonstruktion mit aufgesetzter, im Wind drehbarer Kappe. Über hölzerne Wellen, Achsräder und Zahnkränze bringt die Drehbewe-gung der Flügel die Mühlsteine in Bewegung. Aus Getreidekörnern, die in Säcken über Seilzüge nach oben befördert werden und dann über Trichter und andere Sortiervor-richtungen in den Mahlgang gelan-gen, wird nun Schrot, Gries oder Mehl; der Unterschied liegt in der Korngröße. So war das früher. Die beiden Mühlen, damals ver-kehrsgünstig am Greetsieler Tief ge-legen, versorgten nicht nur die Um-gebung, sondern auch die Insel Borkum. Heute kann man bei be-sonderen Führungen durch die Schoof'sche Mühle die Geheimnisse des Mahlens ergründen und weiß am Ende vielleicht auch, was eine »Steinlichtevorrichtung« oder ein »Absackschuh« ist. Wer noch mehr über das ostfriesische Müh-lenwesen wissen will, ist gut im nahen Pewsumer Mühlenmuseum aufgehoben. Es ist in einem drei-stöckigen Galleriehölländer von 1842 mit Bauernhaus (Gulfhaus) untergebracht.

Schiffshebewerk

**Schiffshebe-
werk Scharne-
beck**
Echemerstr. 1
21379 Scharnebeck
Tel. 0170/2470910
(Führungen)
Tel. 0581/90790
(Wasser- und Schiff-
fahrtsamt Uelzen)
www.schiffshebe-
werk-scharne-
beck.de

Beim Schiffshebe-
werk Scharnebeck
werden schwere
Gegengewichte ein-
gesetzt, um die mit
Wasser gefüllten
Tröge energiespa-
rend über Drahtseile
nach oben zu beför-
dern.

In Scharnebeck fahren Schiffe mit dem »Fahrstuhl« und überwinden dabei einen Höhenunterschied von 38 Metern. Dieses Schauspiel führt das Schiffshebewerk Lüneburg am Elbeseitenkanal 21 000 Mal im Jahr auf.

Der Elbeseitenkanal führt durch die Lüneburger Heide und verbindet die Elbe bei Artlenburg mit dem Mittellandkanal bei Wolfsburg. Auf dieser Strecke ist zwischen Geest und Elbmarsch ein Höhenunterschied von 61 Metern zu überwinden. Die Schleuse Uelzen überbrückt 23 Meter, den Rest übernimmt das 1975 in Betrieb genommene Doppelsenkrecht-Schiffshebewerk mit seinen beiden 5800 Tonnen schweren, mit Wasser gefüllten Trögen. Eine Passage, das heißt Einfahrt, Hebe- bzw. Senkvorgang und Ausfahrt, nimmt etwa eine Viertelstunde in Anspruch – schneller als jede Kanalschleuse sie leisten kann.

Bewegt werden die Tröge unabhängig voneinander durch ein Zahngetriebe, das von vier Elektromotoren (je 160 kW) angetrieben wird. Gehalten werden sie von Stahlseilen, die in jeweils zwei Führungstürmen über Seilscheiben geführt werden. Als Gegengewichte dienen 224 Scheiben aus Beton mit einem Einzelgewicht von 26,5 Tonnen. Die Arbeit des Hebewerks kann von zwei Besucherplattformen aus beobachtet oder an Bord eines Ausflugsschiffes miterlebt werden. Mehr Informationen zur Technik hält die angeschlossene Ausstellungshalle des Wasser- und Schifffahrtsamts Uelzen bereit.

Saline

Salz machte vor der Erfindung von Eismaschine und elektrischer Kühlung Nahrungsmittel haltbar. Die alte Hansestadt Lüneburg verdankte ihren Wohlstand der erstmals 956 urkundlich erwähnten Saline und dem Salzhandel.

In Lüneburg wurde über einen Zeitraum von 1000 Jahren salzhaltige Sole gefördert. Die lange Ausbeutung der Salzvorkommen im großen Stil ließ den Untergrund im »Salzviertel« der Stadt sogar mehrere Meter absinken. Über bergmännisch erschlossene Schächte wurde die Sole in Salzbrunnen zusammengeführt und zur Oberfläche gepumpt. Von dort gelangte sie über Rohrleitungen zunächst in Solebehälter, dann in die Siedehütten (Sudhütten), wo sie auf Salzpfannen erhitzt wurde. Die Sole verdampfte, übrig blieb das Kochsalz. Getrocknet, abgefüllt und verladen, wurde das »weiße Gold« mit dem Schiff zur Ostseeküste transportiert, damit aus dem Hering ein Salzhering werden konnte. Das letzte Siedehaus Lüneburgs stammt aus dem Jahr 1924. Hier arbeiteten sechs jeweils 160 Quadratmeter große Siedepfannen. Nach dem Ende der industriellen Salzgewinnung 1980 wurde das Gebäude zum Industriedenkmal erklärt, in dem auch das Deutsche Salzmuseum Platz fand. An die Salzgewinnung in Lüneburg erinnert darüber hinaus ein Brunnenhaus (1832), ein Teilstück eines 1,3 Kilometer langen Pumpgestänges, Holzleitungen, Solebehälter und ein Lagerschuppen (1852). Und wer wie im Mittelalter Salz sieden will, kann das in der Schauhütte des Salzmuseums selbst ausprobieren.

Deutsches Salzmuseum Industriedenkmal Saline Lüneburg
Sülfmeisterstraße 1
21335 Lüneburg
Tel. 04131/45065
www.salzmuseum.de

In der Schauhütte des Deutschen Salzmuseums wird Besuchern die Technik des Salzsiedens auf Pfannen, wie sie im Mittelalter praktiziert wurde, vorgeführt.

Verladekran und Frachtschiffe

Tourist-Information
Rathaus/Am Markt
21335 Lüneburg
Tel. 0800/2205005
www.lueneburg.de

Der »Alte Kran«, urkundlich bereits 1346 erwähnt, erinnert mit dem Ilmenau-Ewer und Stecknitz-Prahm an die Tradition Lüneburgs als Handels- und Hafenstadt.

Der hölzerne, kupfergedeckte Verladekran mit den großen Laufrädern (Durchmesser 5 m) versah seinen

Der historische Holzkran verweist auf Lüneburgs lange Tradition als Hafenstadt.

Dienst bis 1860. Er kann im Rahmen einer Stadtführung besichtigt werden. Das Salz, einst Lüneburgs Haupthandelsprodukt, gelangte an Bord der 15 bis 20 Meter langen Ewer über die Ilmenau in die Elbe. In Lauenburg ging es mit dem Prahm über den Stecknitzkanal weiter nach Lübeck. Nachbauten der Frachtschiffe liegen unter dem Kranausleger am alten Ilmenauhafen.

Panzerwaffen

Deutsches Panzermuseum Munster
Hans-Krüger-Straße 33
29633 Munster
Tel. 05192/2552
www.panzermuseum-munster.de

Nicht nur Kriegstechnik zu zeigen, sondern auch den historischen Hintergrund zu beleuchten, ist das Ziel des Deutschen Panzermuseums am Militärstandort Munster.

Schwerpunkt der Ausstellung sind deutsche Panzer, gepanzerte Fahrzeuge und Geschütze von 1916 bis heute. Das Museum wartet in fünf Ausstellungshallen und auf einem

Freigelände, chronologisch geordnet, mit 6000 Exponaten auf. Darunter befinden sich Legenden wie der »Königstiger« (Deutschland), der »Sherman«-Tank (USA) und der »T 34« (Sowjetunion) aus dem Zweiten Weltkrieg. Wie unverwundbar diese Kettenungetüme auch erscheinen mögen, die Soldaten mussten mit ohrenbetäubendem Lärm, Abgasen und drangvoller Enge zurechtkommen. Wie eine Panzerbesatzung ausgebildet wird, erfährt der Besucher an speziellen »Turmtrainern« (»Leopard 1«, »T 72«).

Nordhorn-Almelo-Kanal

Der Kanal zwischen Nordhorn und der niederländischen Stadt Almelo gehörte zu einem Netz von sieben künstlichen Schifffahrtswegen, die 1870 bis 1904 für den Transport von Gütern der Textilindustrie und zur Moorentwässerung angelegt wurden.

Der 33 Kilometer lange Nordhorn-Almelo-Kanal mit seinen einstmals sechs Schleusen und zehn Zugbrü-

cken wurde bis 1960, meist von Kähnen mit geringem Tiefgang, befahren. Er ist heute in Teilstrecken, die sich die Natur vielfach »zurückgeholt« hat, noch mit Booten befahrbar. Die Reste des Kanals, der Nordhorner Klukkerthafen (2005/06 instand gesetzt) und erhaltene Bauten, darunter Wehre, eine Schleuse, eine Klappbrücke und ein Zollhaus, stehen unter Denkmalschutz.

VVV – Stadt-marketing Nordhorn e. V.
Firnhaberstraße 17
48529 Nordhorn
Tel. 05921/80390
www.vvv-nord-horn.de
www.nlwkn.nieder-sachsen.de (Niedersächsischer Landesbetrieb für Wasserwirtschaft, Küsten- und Naturschutz)

VW Käfer

Keine deutsche Stadt ist so stark mit der Autoindustrie verwachsen wie Wolfsburg. Mehr noch, ohne den »VW Käfer« würde sie gar nicht existieren.

1938 schlug die Geburtsstunde des von Ferdinand Porsche entwickelten und von der Hitler-Regierung protegierten »KdF-Wagens«. Aber erst nach dem Zweiten Weltkrieg wurde mit dem nun liebevoll »Käfer« genannten Pkw (30 bis 34 PS) mit Heckmotor, Hinterradantrieb und Brezel- fenstern (bis 1953) der Traum von individueller Mobilität Wirklichkeit. Im Volkswagen-Automuseum spielt der bis 1974 in Wolfsburg gebaute Millionenseller daher eine prominente Rolle.

Zu den Stars gehören das älteste erhaltene Käfer Cabriolet (1949) und Tausendsassa »Herbie«. Ingesamt sind 140 Fahrzeuge ausgestellt, auch der legendäre VW-Bus.

Stiftung Auto-Museum Volkswagen
Dieselstraße 35
38446 Wolfsburg
Tel. 05361/ 30859838
automuseum.volkswagen.de

Ein Weltbestseller: der rundliche VW Käfer, hier ein Rechtslenker für den Export.

Meyer Werft

Meyer Werft
Industriegebiet Süd
26871 Papenburg
Tel. 04961/83960
(Buchung)
www.meyerwerft.de

Das bekannteste Schiffsbauunternehmen Deutschlands ist sicherlich die Meyer Werft in Papenburg. Hier werden die weltgrößten Kreuzfahrtschiffe gebaut und in spektakulären Manövern über die künstlich geflutete Ems in die Nordsee überführt.

Schiffsbau hat an der Ems (Papenburg) wie auch der Leda (Leer/Ostfriesland) eine lange Tradition. Von den einst 20 Papenburger Werften überlebte nur die 1795 gegründete Meyer Werft. Sie erweiterte ihr Typenspektrum stetig, so kamen im 20. Jahrhundert Tankschiffe, Autofähren, Containerschiffe, Tiertransporter – mit allen Versorgungseinrichtungen für Kamele, Kühe und Schafe – und große Passagierschiffe hinzu.

Die schwimmenden All-inclusive-Hochhäuser für die Karibikkreuzfahrt, z. B. für die Reederei »Celebrity Cruises«, entstehen in zwei überdachten, bis zu 500 Meter langen Baudocks. Der Baufortschritt lässt sich direkt von der Galerie des Besucherzentrums aus beobachten (Führung erforderlich). So wird z. B.

sichtbar, dass die Ozeanriesen in gewaltigen, laserverschweißten Stahlblöcken, aus einzelnen Sektionen emporwachsen. Sie werden dann mit genormten Kabinenappartements »bestückt«; das 1:1-Modell einer Musterkabine kann besichtigt werden. Sind die Schiffsgiganten (fast) fertiggestellt, laufen sie nicht mehr vom Stapel, sondern werden »ausgedockt«.

In einem »Bordkino« und anhand zahlreicher Schiffsmodelle wird der Besucher durch die lange und ereignisreiche Firmengeschichte geführt. Besonders stolz ist man bei Jos. Meyer auf ein Passagierschiff aus dem Jahr 1913. Die damals zerlegt in Seekisten verschiffte »Graf Goetzen« leistet unter dem Namen »Liemba« noch immer Dienst – auf dem Tanganjikasee in Ostafrika.

In den überdachten Baudocks der Papenburger Meyer Werft entstehen riesige Kreuzfahrtschiffe wie die 2010 fertiggestellte, 340 Meter lange »Disney Dream«; sie ist für rund 4000 Passagiere ausgelegt.

Transrapid

**Transrapid-
Versuchsan-
lage Emsland
(TVE)**
49762 Lathen
Tel. 05933/6647
www.lathen.de
www.transrapid.de
(ThyssenKrupp
Transrapid GmbH)

Der Transrapid sollte die Strecke von Hamburg nach Berlin in 58 Minuten bewältigen. Hohe Investitionskosten, politische Bedenken, Proteste von Naturschützern und ein Unfall vereitelten allerdings das Vorhaben. Heute fährt die Magnetschwebebahn in Shanghai (China).

Als Alternative zu Kurzsstreckenflügen lag dieser Verkehrstechnik ein bestechendes Konzept zugrunde: Der Transrapid rollt nicht auf Rädern, sondern wird berührungsfrei gezogen durch ein Magnetfeld, das Elektromotoren im Fahrweg erzeugen. Mithilfe von Trag- und Führungsmagneten, die seitlich unter die Führungsschiene greifen, bleibt die Bahn in der Spur; der Abstand beträgt konstant zehn Millimeter – sie schwebt also. Gepriesen wurde die Technik für ihre grandiose Beschleunigung, die im Verhältnis zu herkömmlichen Schienenfahrzeugen geringen Betriebs- und Bremsgeräusche und die große Verkehrs-

sicherheit – der Transrapid kann nicht entgleisen.

Im Emsland durfte die Magnetschwebebahn auf einer 31,5 Kilometer langen Teststrecke schnelle Runden drehen. Die 1980–1987 entstandene Versuchsanlage (TVE), die sich mit ihren Stelzen aus der meist flachen Landschaft deutlich abhebt, hat eine geneigte Nord- und Südschleife östlich der Gemeinden Dörpen bzw. Lathen (mit Besucherzentrum). Auf dem geraden Mittelstück erreichte der Transrapid, der ab dem »Demonstrationsmodell« 06 (1983, heute in der Außenstelle des Deutschen Museums, Bonn) mit Fahrpersonal und Passagieren fahren durfte, mehr als 400 Stundenkilometer.

Am 22. September 2006 raste ein Transrapid 08 (1999) auf der TVE in einen abgestellten Werkstattwagen. Das Unglück forderte 23 Tote. Fuhr ab 2008 auch der Transrapid 09, war bereits klar, dass die Magnetschwebetechnik in Deutschland der Vergangenheit angehört. Die Versuchsanlage Emsland wird 2012 größtenteils demontiert. Die Magnetschwebebahn hat ihre Serienreife unter Beweis gestellt.

Von der Magnetschwebebahn Transrapid wurden in Deutschland 1979 bis 2007 neun Reihen gebaut; auf der Teststrecke im Emsland fuhren die Modelle 07 (rechts oben), 08 (rechts unten) und 09 (unten).

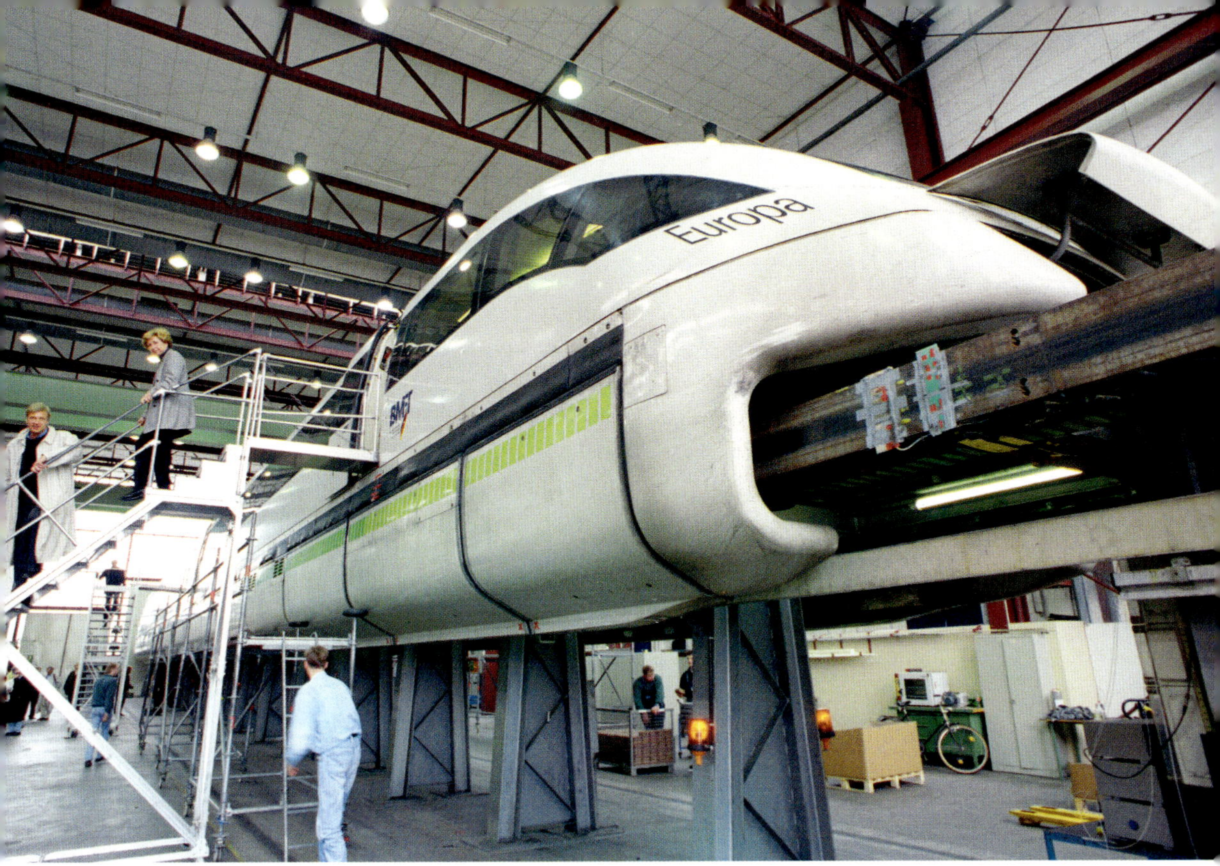
Europa

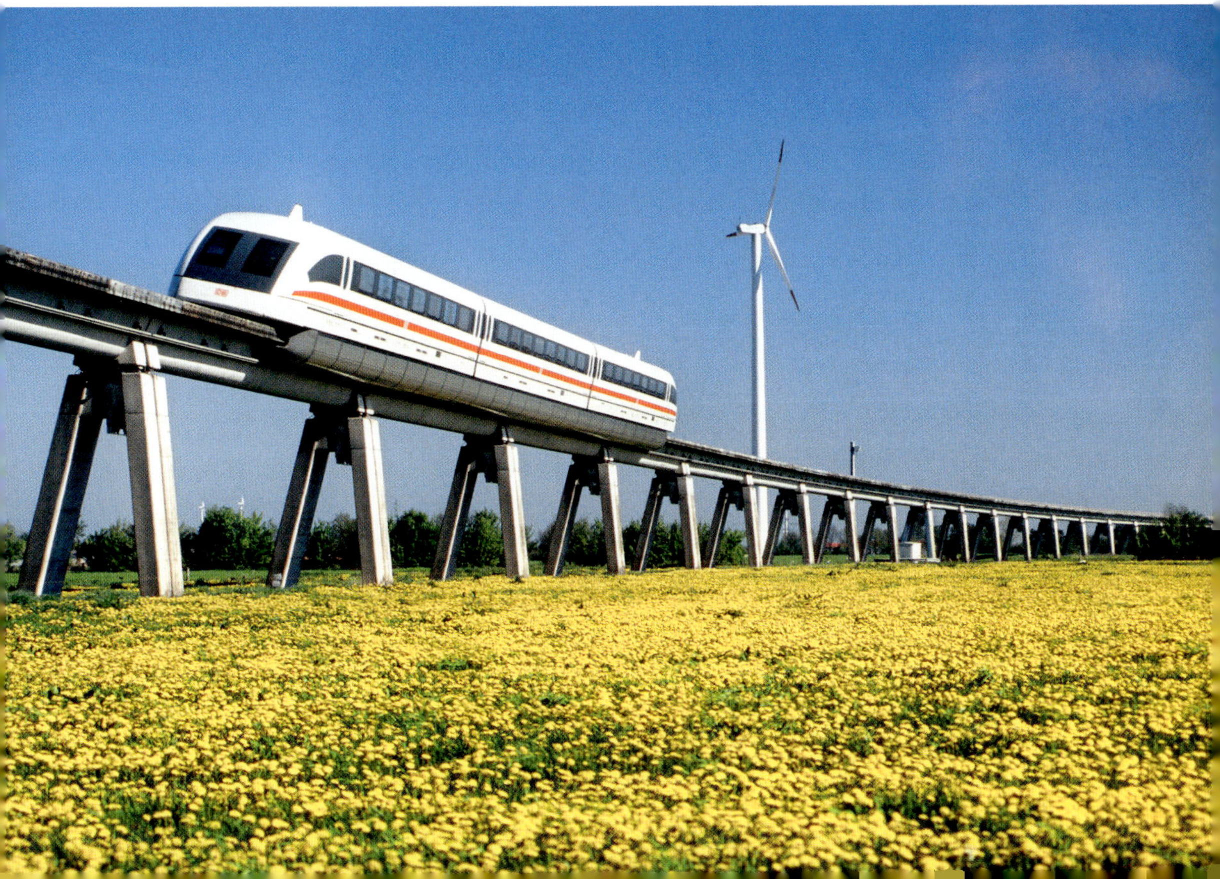

Energieerzeugung

**Museum für
Energiege-
schichte(n)**
Humboldtstraße 32
30169 Hannover
Tel. 0511/123116-
34941
www.energiege-
schichte.de

**Die klassische Glühlampe ist heute nicht mehr erwünscht, die
Zukunft gehört der Energiesparlampe und der Leuchtdiode (LED).**

Licht ist ein zentraler Aspekt der
Stromerzeugung, dem das Museum
für Energiegeschichte(n) über einen
Zeitraum von 150 Jahren nachspürt.
Die Ausstellung des regionalen Ener-
gieversorgers E.ON Avacon widmet
sich z. B. der Frage, wie Glüh- oder
Bogenlampen dauerhaft zum Leuch-
ten gebracht wurden, ohne dass
Materialien wie Leuchtdraht oder
Kohlestäbe frühzeitig kollabierten.
Der Reiz des Museums liegt vor
allem in den präsentierten elektrischen Geräten aus Haushalt, Beruf
und Freizeit. Dabei kommt das

Wandtelefon mit Sprechrohr ebenso
zum Zuge wie der »Vampyr«-Staub-
sauger, die »Heißluftdusche« oder
die Spielzeugeisenbahn.

**Die Gaslampe aus
dem Jahr 1900 wur-
de mit einer Zug-
kette entzündet.**

Ju 52

**Luftfahrt-Mu-
seum Laatzen-
Hannover e. V.**
Ulmer Straße 2
30880 Laatzen
Tel. 0511/8791791
www.luftfahrtmu-
seum-hannover.de

**Der begehbare Teilrumpf einer 1986 aus einem nordnorwegischen
See geborgenen Ju 52 ist ein Glanzstück des Luftfahrt-Museums in
Laatzen bei Hannover.**

Die dreimotorige, wellblechbe-
plankte »Tante Ju«, die von 1932
bis 1952 gebaut wurde, war eines
der populärsten und langlebigsten
Transportflugzeuge. Fast 4000 die-

ser robusten Allwettermaschinen
aus den Flugzeugwerken Hugo Junkers nahm die zivile Luftfahrt ab,
5000 die deutsche Luftwaffe im
Zweiten Weltkrieg.
Die Ausstellung zur Luftfahrtge-
schichte seit dem Start des ersten
Heißluftballons 1783 zeigt in zwei
Hallen und einem Außengelände
u. a. 35 Flugzeuge im Original oder
als Nachbau, 400 Modelle sowie
20 Motoren und Triebwerke.

Blankschmiede Neimcke

Die 1727 gegründete Hammer- und Schleifschmiede ist ein herausragendes Beispiel für frühindustrielle Fertigungstechnik.

Die Blankschmiede, bis 1985 von der Familie Neimcke in der achten Generation betrieben, nutzte die Wasserkraft des Spüligbachs, um mithilfe zweier Eisenhämmer Landwirtschaftsgeräte und Werkzeuge wie Pflugscharen, Spaten und Hacken zu schmieden und diese anschließend gebrauchsfertig »blank« – und scharf – zu schleifen. Den Rohstoff bezog die Schmiede von der Dasseler Eisenhütte. Das 1988 vor dem Verfall gerettete Gebäude zeigt nicht nur Technik, sondern gibt auch Einblick in die Wirtschaftsweise eines für die Region typischen Kleinunternehmens.

Historisches Technikmuseum Blankschmiede
Teichplatz 2
37586 Dassel
Tel. 05564/2721
www.stadt-dassel.de

Das kleine Wasserrad der Schmiede betreibt das Gebläse für die Esse; die dort erzeugte Luft bringt das Eisen auf die notwendige Bearbeitungstemperatur.

Fahrkunst der Grube Samson

In der Grube Samson (Oberharz) wurde vom 16. Jahrhundert bis 1910 Silbererz abgebaut.

Seit 1950 Bergwerksmuseum, wartet die Grube mit der ältesten erhaltenen Drahtseil-Fahrkunst auf. Ab 1837 konnten damit 50 Bergleute gleichzeitig ein- bzw. ausfahren. Dazu musste der Bergmann im Fahrschacht von den in gleichmäßigen Abständen angebrachten Trittbrettern eines »wippenden« Seilzugs auf die Bretter des anderen Seilzugs umsteigen. Für den Antrieb sorgte bis 1922 ein Kunstrad, d. h. ein Wasserrad (Durchmesser 5 m) mit Gestänge. Später übernahm diese Aufgabe ein Elektromotor.

Bergwerksmuseum Grube Samson
Am Samson 2
37444 Sankt Andreasberg
Tel. 05582/1249
www.harzer-roller.de/grube/de/frames/text.html

Über eine acht Meter lange hölzerne Pleuelstange treibt ein großes Wasserrad (Durchmesser: 12 m) die Fahrkunst der Grube Samson an.

Oberharzer Wasserwirtschaft

**Harzwasser-
werke GmbH**
Erzstraße 24
38678 Clausthal-
Zellerfeld
www.harzwasser-
werke.de
www.oberharzer-
wasserwirtschaft.org

Die UNESCO setzte 2010 die Oberharzer Wasserwirtschaft als bedeutendstes historisches Bergbau-Wasserwirtschaftssystem der Welt auf die Welterbeliste.

Wasser machte den Harzer Erzbergbau erst möglich. Da die Anlage von Gruben sowie die dazugehörige Nutzung von Wasser ein vom König an Bergherren wie das Zisterzienserkloster Walkenried verliehenes Hoheitsrecht (Regal) war, ist auch der Begriff »Oberharzer Wasserregal« gebräuchlich. Vor der Einführung von Dampfmaschine und Elektromotor gewährleistete nur die Wasserkraft einen kontinuierlichen Betrieb: In den Kupfer-, Blei- Zink- und Silberminen mussten Förderkörbe an Seilwinden gehoben und Bergleute an »Fahrkünsten« zu den Strecken unter Tage befördert werden, vor allem aber mussten die Gruben mit Pumpen von Sickerwasser befreit werden.
Die Wasserwirtschaft umfasst eine Fläche von 200 Quadratkilometern

und besteht, unter Einbeziehung natürlicher Fließgewässer, aus Teichen und Speicherbecken, Gräben und unterirdischen Wasserläufen, die, wie der »Dammgraben« nach Clausthal, bis zu 25 Kilometer lang sein konnten. Hinzu kommen Wasserräder, Wehre und Pumpanlagen wie das Polsterberger Hubhaus. Die Anlagen stehen teils unter Denkmalschutz, teils werden sie noch zur Trinkwassergewinnung genutzt. So unterhalten die Harzer Wasserwerke noch immer 65 Stauteiche, 70 Kilometer Gräben und 21 Kilometer Wasserläufe.
Über 22 »Wasserwanderwege« mit einer Gesamtlänge von 113 Kilometern kommt man zu genutzten und nicht mehr genutzten Anlagen der Wasserwirtschaft. Eine Ausstellung zum »Oberharzer Wasserregal« am Kaiser-Wilhelm-Schacht in Clausthal-Zellerfeld präsentiert darüber hinaus Dokumente, Modelle und Originalteile zur Technik der »Kraftwasserversorgung«.

Gräben zur Wasserabführung aus den Bergwerken bzw. Anführung aus Teichen; das Wassermanagement im Oberharz wurde bereits im Mittelalter entwickelt.

Zur Harzer Bergwerkslandschaft gehören u. a. das Bergwerksmusem in Clausthal-Zellerfeld mit seinem Schaubergwerk (unten: Holzausbau unter Tage) sowie»Kunsträder«, deren Bewegung mithilfe eines langen Feldgestänges übertragen wurde (oben).

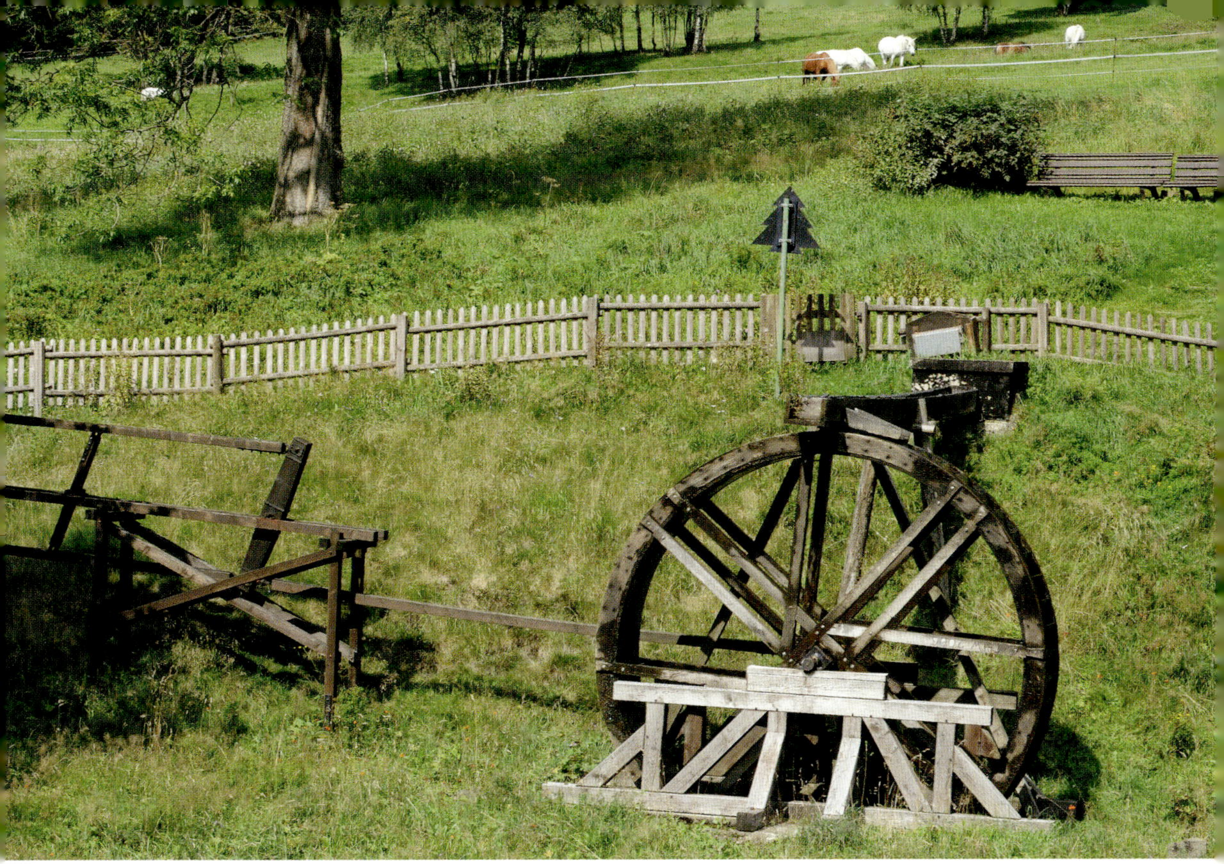

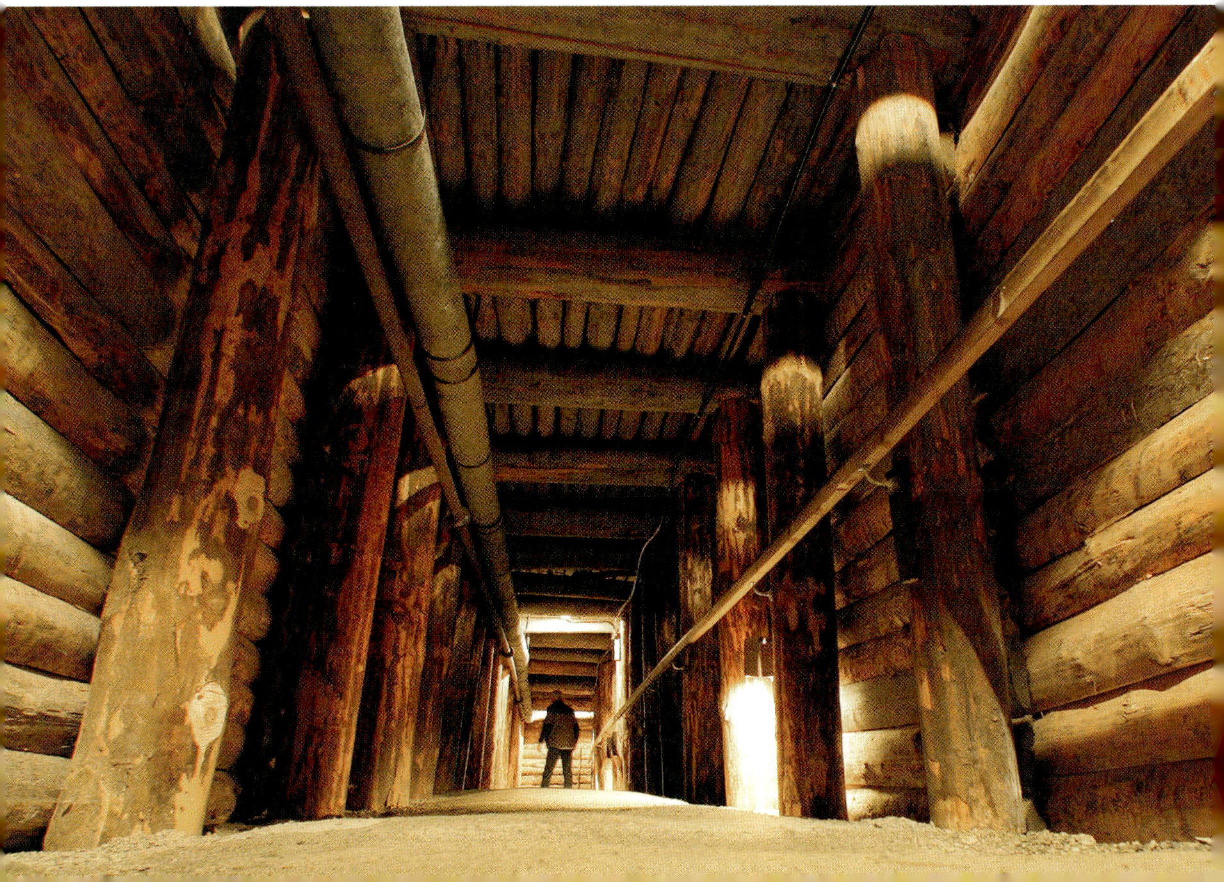

Bergwerk Rammelsberg

**Weltkultur-
erbe
Rammelsberg**
Museum und Besu-
cherbergwerk
Bergtal 19
38640 Goslar
Tel. 05321/7500
www.rammels-
berg.de

**Seinen Wohlstand verdankte die Kaiserstadt Goslar dem Erzberg-
bau am und im Rammelsberg. Er brachte der Stadt und der Grube
den Welterbestatus ein.**

Von 968 bis 1988 wurde im Tiefbau
u. a. nach Blei-, Zink- und Kupfererz
sowie den darin enthaltenen Edel-
metallen Silber und Gold geschürft.
Dabei wurden aus dem Alten und
dem Neuen Lager 27 Millionen
Tonnen geholt, bis die Vorkommen
erschöpft waren. Dazu bedurfte es
nicht nur Bergmannsarbeit, sondern
auch findiger Ingenieurskunst; bei-
des würdigt das 1989 eingerichtete
Bergwerksmuseum. In der ehemaligen Elektrizitätszentrale sind die Or-
ginalkompressoren zu sehen, die
das Bergwerk einst bewetterten,
also für den Luftaustausch sorgten.
Die ganze Arbeitswelt des Bergmanns mit der von ihm genutzten
Technik entfaltet sich im ehemaligen Magazingebäude.
Darüber hinaus kann der Besucher
in mehreren offen gebliebenen Stollen den Abbaumethoden nachspü-

ren, etwa im Feuergezäher Gewölbe
(13. Jh.), dem ältesten ausgemauer-
ten Grubenraum in Mitteleuropa,
und im 1798 bis 1805 angelegten
Roederstollen. Stollenwände und
-ecken glitzern in allen erdenklichen Farben, ein Effekt, der vom
nicht abgebauten, kristallisierten
Resterz erzeugt wird.
Die Untertageführungen beginnen
in der früheren Kaue, der »Berg-
mannsgarderobe«. Diese gehört wie
die Anlagen zur Erzwäsche und das
Fördergerüst des Rammelsberg-
Schachts, des letzten Hauptförder-
schachts, zu den Übertagebauten,
die sich über sieben Stockwerke am
Berghang hinaufziehen. Sie stammen im Wesentlichen aus den Jahren 1936 bis 1939.
Der Bergbau hat nicht nur den
Rammelsberg, sondern auch die
umliegende Landschaft verändert.
Schächte wurden abgeteuft, Wasser
musste zum Antrieb von Fördermaschinen herangeführt und wieder
abgepumpt werden. Transportwege
zu den Erzhütten wurden gespurt
und Halden aufgeschüttet. Auf einer
Halde entstand um 1500 der Mal-
termeisterturm, das wohl älteste Industriedenkmal Deutschlands. Sein
Bewohner war der Herr über das
Grubenholz.

*In Loren (Bild unten)
in der Kraftzentrale
wurden Erz und Ab-
raum zutage geför-
dert bzw. weiter-
transportiert.
Zu Schichtbeginn
hängte der Berg-
mann seinen Privat-
anzug an eine Kette,
die zur Decke hi-
naufgezogen wurde,
in der Schwarzkaue
ließ er seine Arbeits-
kleidung herunter-
kommen (rechts).*

Oberharzer Bergwerksmuseum

Oberharzer Bergwerks-museum
Bornhardtstraße 16
38678 Clausthal-
Zellerfeld
Tel. 05323/98950
www.bergwerks-
museum.de

Ausrangiertes Grubengerät bildete Ende des 19. Jahrhunderts den Grundstock für das älteste deutsche Bergwerksmuseum.

Im historischen Pochwerk der »Aufbereitung«, wo das Fördergut vom »tauben Gestein« getrennt wurde.

Das Oberharzer Bergwerksmuseum im Zentrum von Clausthal blickt auf die technische wie auf die kulturhistorische Seite des Grubenbetriebs, der in Clausthal-Zellerfeld 1930 endete. Im Hauptgebäude, zwei alten Bürgerhäusern, bieten originale Arbeitsgeräte sowie Technikmodelle (z. B. Grube Dorothea), die für Lehrzwecke angefertigt wurden, einen Vorgeschmack, was die Besucher im Schaubergwerk auf dem Freigelände erwartet.

Die »Grubenfahrt« beginnt im Schachtgebäude. Eine Hängebank zur Entleerung der unter Tage gefüllten Förderkörbe und »Rettungstonne« zur Bergung verletzter Bergleute, eine Seil-Fahrkunst zur Personenbeförderung, Schacht- und Stollenausbau mit Holzstempel und Bewetterungstechnik sowie Geräte zum Vortrieb und Abbau mit »Schlägel und Eisen« geben ein realistisches Bild des Oberharzer Gangerzbergbaus bis zum Ende des 19. Jahrhunderts. Maschinen zur Reinigung und Aufbereitung des Förderguts, Radstube (Wasserräder), Bergschmiede und Pferdegaipel komplettieren die »Über-Tage-Einrichtungen«.

Ganz in der Nähe gelangt man vom Alten Bahnhof mit der Feldbahn auf einer 2,2 Kilometer langen rekonstruierten Tagesförderstrecke zum Ottiliae-Schacht, einer der Außenstellen des Museums, mit Deutschlands ältestem noch erhaltenen Fördergerüst aus Stahl (1878) samt funktionstüchtiger Fördermaschine.

Königshütte

Die 1733 entstandene Königshütte war berühmt für ihren Eisen-
kunstguss. Mit ihrer Gießerei war sie bis 2001 in Betrieb. Alle noch
erhaltenen Gebäude stammen aus dem 19. Jahrhundert.

Zur ursprünglichen Anlage südlich des damaligen Lauterberg gehörten zwei Hochöfen zur Gewinnung von Roheisen, Anlagen zu dessen Reinigung von unerwünschten Begleitstoffen (Frischherde), drei Schmiedehämmer und ein Pochwerk zum Zerkleinern der Schlackenrückstände.

Die Königshütte wurde stetig modernisiert und erweitert, z. B. um eine Kunstgießerei, um Walzwerke (Draht und Stabeisen) und um eine »Bohr- und Drehfabrik«. So kamen 1820 bis 1832 neue, zehn Meter hohe Hochöfen hinzu. 1863 wurde der Hochofenbetrieb eingestellt, die Gießerei aber fortgeführt. 1872 errichtete man eine Handel- und Industriemühle, die bis 1960 mit Wasserkraft Getreide mahlte. Im ehemaligen Probierhaus des Hüttenkomplexes entstand 1997 das Südharzer Eisenmuseum. Es gibt Auskunft über die Eisenverhüttung, die Hüttenbetriebe der Region und die Baugeschichte der Königshütte. In der alten Maschinenfabrik stehen Drehbänke, Hobel-, Schleif- und Bohrmaschinen von 1875 bis 1942 in betriebsbereitem Zustand. Auf dem Gelände zeugt ein gusseiserner Brunnen, der für die Pariser Weltausstellung 1889 angefertigt

wurde, von der hohen Qualität des auch von gekrönten Häuptern geschätzten Kunstgusses der Königshütte. Als erste Hütte stellte sie außerdem Drahtseile her.

Förderkreis Königshütte Bad Lauterberg e.V
Postfach 1322
37423 Bad Lauterberg im Harz
www.koenigshuette.com

Wiechert'sche Erdbebenwarte

Wiechert'sche Erdbebenwarte Göttingen
Herzberger Landstraße 180/182
37075 Göttingen
www.erdbebenwarte.de

Erdbeben genau vorherzusagen ist der Traum eines jeden Geophysikers. Emil Wiechert (1861 bis 1928) machte einen Anfang, als er zuverlässige Seismographen entwickelte.

Wiecherts Seismographen zeichneten als Erste die genaue Ausbreitung von Erdbebenwellen auf, weil deren Laufzeit zwischen Erdbebenherd und Messstation, und damit Geschwindigkeit, exakt bestimmt werden konnte. Vorher waren die Ankunftszeiten unklar, weil Eigenbewegungen des Messmechanismus im Aufzeichnungsgerät das Ergebnis verfälschten. Die Göttinger Erdbebenwarte (ab 1902) zeigt den historischen Seismographen und hat auch einen kleinen Versuch parat: ein Minibeben, ausgelöst durch den freien Fall einer 4000 Kilo-Kugel aus 14 Metern Höhe.

Saline Luisenhall

Saline Luisenhall GmbH
Greitweg 48
37081 Göttingen
Tel. 0551/384870
www.luisenhall.de

Auch wenn sie wirkt wie ein »Relikt aus einer anderen Zeit«: Tatsächlich ist die Saline Luisenhall die einzige noch kommerziell betriebene Pfannensaline Europas.

Das Prinzip, salzhaltige Sole auf großen Pfannen zu sieden, um an das wertvolle Salz zu gelangen, ist uralt. In Göttingen-Grone wird sie

Sorgfältig wird untersucht, wie weit der Siedevorgang in der Pfanne fortgeschritten ist.

seit Mitte des 19. Jahrhunderts aus 460 Metern Tiefe an die Oberfläche befördert. Erst müssen sich Schwebstoffe ablagern, bevor die Sole auf kohlebefeuerten Eisenbecken zum Verdampfen gebracht wird. Hat sich Salz an der Oberfläche abgelagert, wird es abgeschöpft, getrocknet und dann in verschiedenen Körnungen als Naturprodukt verkauft. Die Saline kann im Rahmen einer Führung besichtigt werden.

Glashütte Gernheim

Die Weserregion war früher ein Zentrum der manuellen Glasherstellung. Zu den Glaskünstlern, die ihre mundgeblasenen Produkte in die ganze Welt verschickten, gehörte auch die 1812 gegründete Glashütte Gernheim.

Glashütte Gernheim
Gernheim 12
32469 Petershagen
Tel. 05707/9311-0
www.lwl.org

Das historische Gebäudeensemble aus Glasturm, Arbeiterbehausungen und Fabrikantenwohnhaus, das der Landschaftsverband Westfalen-Lippe 1998 als Industriemuseum eröffnete, gibt Einblick in die historische Glasfertigung und präsentiert eine umfangreiche Sammlung von Exponaten.

Die Kunst des Glasmachens wird an einem Original-schauplatz demonstriert.

Historische Mühlen

Im Nordosten von Nordrhein-Westfalen im Kreis Minden-Lübbecke präsentiert sich mit der »Westfälischen Mühlenstraße« ein einzigartiges Freilichtmuseum, das anhand von über 40 restaurierten Mühlen eine jahrhundertealte Technik- und Kulturgeschichte lebendig macht.

Mühlenverein im Kreis Minden-Lübbecke e. V.
Portastraße 13
32423 Minden
Tel. 0571/8072312
www.minden-lueb-becke.de

Die Region sticht nicht nur durch die Anzahl an Mühlen, sondern auch durch ihre Vielfalt hervor: Windmühlen, aber auch Ross- und Wassermühlen, erheben sich als weithin sichtbare Landmarken in der westfälischen Landschaft. 1978 gründete sich ein »Mühlenverein«, der die Mühlen instand setzt und wartet. Die technischen Denkmäler stehen an bestimmten Tagen Besuchern zur Besichtigung offen.

Zu den stilvoll restaurierten Technikdenkmälern gehört auch diese Wassermühle.

Ravensberger Spinnerei

**Ravensberger
Spinnerei**
Heeper Straße 37
33602 Bielefeld
Tel. 0521/966880
www.bielefeld.de

Als die Ravensberger Spinnerei 1857 ihren Betrieb aufnahm, waren sich alle Bielefelder Bürger darüber einig, dass mit dieser Fabrik ein Schritt in ein neues Zeitalter gelungen war. Sie behielten recht. Das Unternehmen entwickelte sich bereits einige Jahre später zur größten Flachsspinnerei in Deutschland.

Die Mechanisierung der Textilherstellung nach dem Vorbild Englands war das Ziel der neuen Fabrik, die als Aktiengesellschaft gegründet wurde. In den riesigen Fabrikgebäuden, die wie ein Schlosskomplex inmitten des Ravensberger Parks thronten, stellten Hunderte von fleißigen Händen, unterstützt von den damals modernsten Maschinen, Flachsgarn in einer zuvor unvorstellbaren Größenordnung her. Im Zuge der allgemeinen Krise der europäischen Textilindustrie in den 1960er-Jahren musste auch das Bielefelder Traditionsunternehmen 1971 seine Produktion einstellen.

Das weitere Schicksal der stillgelegten Fabrik war eigentlich schon entschieden: Nach dem Abriss sollte an der Stelle des Gebäudekomplexes ein großes innerstädtisches Verkehrskreuz entstehen. Doch nach massiven Protesten der Bürger entschied man sich anders. Die Spinnerei wurde erhalten und zu einem Kulturtreffpunkt umfunktioniert. Nach der Sanierung des Hauptgebäudes zog dort 1986 die Volkshochschule ein. Auch das Historische Museum und das Kunstgewerbemuseum Huelsmann haben im Industriedenkmal ihren Platz gefunden.

Über 100 Jahre lang wurde in den 1855 bis 1857 errichteten Gebäuden der Ravensberger Spinnerei feinstes Garn hergestellt.

Historische Waschmaschinen

Die Waschmaschine gehört heute wie selbstverständlich zur Ausstattung eines jeden Haushalts.

Dass das nicht immer so war, zeigen die Exponate im firmeneigenen Museum des Miele-Konzerns, der seit seiner Gründung 1899 in Gütersloh zu Hause ist. Die ausgestellten Waschmaschinen dokumentieren die mehr als 100-jährige Entwicklung, angefangen bei einem Holzbottich mit per Hand betriebenem Rührwerk über den Metallbottich, der das Aufheizen der Trommel ermöglichte, bis zum Waschvollautomaten mit eingebauter Schleuder.

Miele Museum
Carl-Miele-Straße 29
33332 Gütersloh
Tel. 05241/892575
www.guetersloh.de

Noch ohne Strom- und Wasseranschluss, rein mechanisch und mit menschlicher Kraft funktionierte diese Holzwaschmaschine.

Mähdreschbinder MDB

Auch wenn dieses Modell nie in Serie ging, ist der 1936/37 konstruierte Mähdrescher der Firma CLAAS ein Meilenstein in der Geschichte der Erntetechnik.

Während Mähdrescher in den USA bereits zu den vertrauten Erntehelfern gehörten, mussten europäische Bauern bis zur Entwicklung des Mähdreschbinders ohne diese Unterstützung auskommen. Der spezi-ell auf europäische Verhältnisse zugeschnittene »MDB«, bei dem das Getreide vor dem Schlepper geschnitten und dahinter ausgedroschen wurde, ist heute im firmeneigenen Museum ausgestellt.

CLAAS TECH-NOPARC
Münsterstraße 33
33428 Harsewinkel
Tel. 05247/120
www.claas.de

Ein Meilenstein der Landwirtschaft: die maschinelle Getreideernte.

Historische Bürotechnik und erste Computer

Heinz Nixdorf Museums- forum
Fürstenallee 7
33102 Paderborn
Tel. 05251/306600
www.hnf.de

In einer mehrere Jahrtausende umspannenden Zeitreise präsen- tiert das Heinz Nixdorf Museumsforum die Geschichte der Infor- mationstechnik – angefangen beim Kerbholz und dem Abakus bis hin zur neuesten Computertechnik.

Welcher Rechenge- räte und -maschinen sich die Menschen vor der Erfindung des Computers bedienten, können Besucher im Muse- umsforum in Pader- born bestaunen.

Auf einer Fläche von 6000 Quadrat- kilometern zeigt die Dauerausstel- lung des Museums, wie die Menschen vor der Erfindung des Computers mit der Ermittlung und Übertragung von Zahlen und Daten umgegangen sind. Auch wenn der Personalcomputer gerade einmal vor 30 Jahren Einzug in die Privat- haushalte nahm, ist die computer-

lose Zeit für viele Menschen bereits nicht mehr so recht vorstellbar. Ge- nügt heute ein winziger Mikrochip, um gigantische Datenmengen zu verarbeiten, waren in der Anfangs- zeit der Elektronik Abertausende Relais und Elektronenröhren nötig, wie die Exponate des Museums ein- drucksvoll zeigen. Ausgestellt ist zum Beispiel der erste PC, aber auch der erste Apple-Computer. Die Entwicklungsgeschichte von Ta- schenrechner und Handy wird durch eine Vielzahl an Geräten ebenfalls veranschaulicht. Das 1996 eröffnete Museum geht auf den 1986 verstorbenen Heinz Nixdorf zurück, der in Deutschland zu den Pionieren der Datentechnik gehörte. Unter seiner Führung ent- wickelte sich das in den 1950er-Jah- ren in Essen gegründete Labor für Impulstechnik innerhalb von weni- gen Jahrzehnten zu einem der größ- ten Computerkonzerne in Europa. 1990 ging das Unternehmen im Siemens-Konzern auf. Eine vom Firmengründer Nixdorf ins Leben gerufene Stiftung veranlasste nach dessen Tod die Errichtung des Computermuseums.

Ziegeleimuseum Lage

Ziegel waren zur Zeit der Industrialisierung für die Errichtung der überall aus dem Boden schießenden Fabriken ein wichtiges Gut. Die 1909 in Lage gegründete Ziegelei kam der Nachfrage entgegen und produzierte bis 1979 massenweise Baumaterial.

Ziegelei-
museum Lage
Sprikernheide 77
32791 Lage
Tel. 05232/9490-0
www.lwl.org

Vom Lehm zum Ziegel – wie aus dem Rohmaterial mithilfe von Ziegelpresse und Ringofen fertige Backsteine werden, veranschaulicht das Ziegeleimuseum. Es ist seit 2001 in den historischen Gebäuden der ehemaligen Ziegelei untergebracht und präsentiert an restaurierten Anlagen die Geschichte der Ziegelfertigung.

Sommerrodelbahn

Schlitten fahren auch ohne Schnee? Im westfälischen Ibbenbüren ist dieses Vergnügen bereits seit 1926 für Groß und Klein möglich. Auf einer etwa 120 Meter langen Rutsche sausen Holzschlitten den ganzen Sommer über den Hang hinunter.

Sommer-
rodelbahn
Münsterstraße 265
49479 Ibbenbüren
Tel. 05451/3226
www.sommerro-
delbahn.de

Die Sommerrodelbahn im Teutoburger Wald ist die älteste noch betriebene Anlage ihrer Art in Deutschland und geht zurück auf einen Bergmann aus Ibbenbüren, der 1926 eine zunächst abwegig erscheinende Idee vom Rodeln im Sommer in die Tat umsetzte. Die Bahn liegt eingebettet in einen Freizeitpark, der mit seinem Märchenwald, einer begehbaren Höhle, den zahlreichen Spielplätzen und diversen Fahrgeschäften wie »Oldtimer-Express« und »Reise um die Welt« ganz auf Familien zugeschnitten ist. Die Fahrt mit den traditionsreichen Holzschlitten startet von April bis Oktober an der Bergstation. Unten angekommen werden die Schlitten ganz bequem per Aufzug wieder zum Ausgangspunkt zurückgebracht.

Auf ihrer über 100 Meter langen Fahrt hinab ins Tal bekommen die hölzernen Schlitten, die so historisch anmuten, ein gehöriges Tempo.

Textilmuseum Bocholt

**TextilWerk
Bocholt**
Weberei: Uhland-
straße 50
Spinnerei: Indus-
triestraße 5
46397 Bocholt
Tel. 02871/21611-0
www.lwl.org

Weben und Spinnen gehört zu den ältesten Handwerken der Menschheit. Im Bocholter Textilmuseum wird der vergangene Arbeitsalltag wieder lebendig.

Das Textilmuseum, einer von acht Standorten des vom Landschaftsverband Westfalen-Lippe getragenen Industriemuseums, vereint die Baumwollweberei und die Spinnerei. In der voll funktionstüchtigen Museumsweberei mit Werkstatt, Kesselhaus und Maschinenhaus rattern noch immer die Webstühle und es riecht nach Öl wie vor 100 Jahren. Die Spinnerei ist Industriedenkmal und moderne Kulturstätte in einem.

Die originalgetreuen
Webstühle blicken
bereits auf eine
große Vergangen-
heit zurück.

Römerschiff

**LWL-Römer-
museum**
Weseler Straße 100
45721 Haltern am
See
Tel. 02364/9376-0
www.lwl-roemer-
museum-haltern.de

Mit diesem wehr-
haften Wasserfahr-
zeug (Modell)
machten sich die
Römer vor etwa
2000 Jahren auf, um
Germanien zu
erobern.

Aus Anlass des Varusschlacht-Jubiläums (9 n. Chr.) im Jahr 2009 rekonstruierten Bootsbauer, Geschichtsstudenten und Archäologen ein römisches Kriegsschiff, wie es im 1. Jahrhundert n. Chr. auf den Flüssen Germaniens unterwegs war.

Die 16 Meter lange und 2,80 Meter breite »Victoria« wurde unter dem Kommando eines Schiffsführers und mithilfe eines Steuermanns von 18 bis 20 Legionären gerudert. Die Testfahrten, u. a. auf Lippe und Weser, bewiesen: Das Eichenholzboot mit dem geschwungenen Kiel und dem Hilfssegel beschleunigte extrem zügig, war bis 11 km/h schnell und konnte in 30 Sekunden wenden.

Römermuseum

Mit seinen Lichtkuppeln, die in stilisierter Form die Lederzelte der Legionäre wiedergeben, erinnert das Römermuseum in Haltern am See auch von seiner Architektur her an das große Heerlager, das die Römer um die Zeitenwende an diesem Standort errichtet hatten.

Auf ihrem Eroberungsfeldzug ins rechtsrheinische Germanien legten die Römer an den Ufern der Lippe militärische Stützpunkte und Häfen an, denn der Fluss bildete einen wichtigen Transportweg für die Versorgung der Legionen und später auch für den Handel. Vor 2000 Jahren lebten hier auf dem Gebiet des heutigen Haltern allein im Hauptlager der einstigen Garnison bis zu 5000 Soldaten. Sie gehörten zur 19. Legion, die später in der Varusschlacht 9 n. Chr. untergehen sollte. Das dem Landschaftsverband Westfalen-Lippe (LWL) angegliederte Rö-

mermuseum, das 1993 erstmals seine Pforten öffnete, befindet sich also tatsächlich auf geschichtsträchtigem Grund und Boden. Auf etwa 1000 Quadratmetern präsentiert das Museum die bedeutendsten Funde aus den Römerlagern entlang der Lippe und lässt so den Legionsalltag zu Beginn unserer Zeitrechnung wieder auferstehen. Neben Abbildungen, Schautafeln und Modellen gibt es auch »Geschichte zum Anfassen«: So können Besucher zum Beispiel hautnah spüren, welches Gewicht das Marschgepäck eines Legionärs tatsächlich hatte.

LWL-Römermuseum
Weseler Straße 100
45721 Haltern am See
Tel. 02364/9376-0
www.lwl-roemer-museum-haltern.de

Auch diese tönernen Krüge gehören zu den antiken Fundstücken, die im Römermuseum in Haltern ihren neuen Platz gefunden haben.

Schiffshebewerk Henrichenburg

Schiffshebe-
werk Henri-
chenburg
Am Hebewerk 2
45731 Waltrop
Tel. 02363/97070
www.schiffshebe-
werk-henrichen-
burg.de

Kaiser Wilhelm II. kam persönlich, um das neue Schiffshebewerk Henrichenburg 1899 feierlich seiner Bestimmung zu übergeben. Das technische Wunderwerk arbeitete wie ein gigantischer Aufzug und machte den Dortmund-Ems-Kanal für Schiffe erstmals bis zum Dortmunder Hafen befahrbar.

Es dauerte nicht länger als zwölf Minuten, um selbst große Fracht-kähne den Höhenunterschied von 14 Metern meistern zu lassen. Dazu wurden die schwimmenden Kolosse in eine Art Wanne geschleust und angehoben oder abgesenkt. 1970 wurde das alte Hebewerk durch eine neue, technisch modernere Anlage ersetzt, die bis 2005 in Betrieb war. Seitdem benutzen Schiffe zur Überwindung der Kanalstufe ausschließlich die Schleuse. Beide Bauwerke gehören heute ebenso wie die alte und die neue Schleuse zum Schleusenpark Waltrop. Der Landschaftsverband Westfalen-Lippe (LWL) hat die stillgelegten und heute zum Teil begehbaren Anlagen zum Industriemuseum erklärt, das den Besuchern faszinierende Einblicke in die Entwicklung der Binnenschifffahrt und in die Geschichte des Kanals gibt. In der Maschinenhalle lässt sich etwas über den technischen Hintergrund des Kanals und des Hebewerks erfahren, und die historischen Schiffe lassen den Alltag einer Schifferfamilie vor 50 Jahren wieder auferstehen.

*Das Schiffshebe-
werk gilt nicht nur
als technisches,
sondern auch als ar-
chitektonisches
Meisterwerk der
vorletzten Jahrhun-
dertwende.*

Umspannwerk Recklinghausen

Umspannwerk Recklinghausen
Uferstraße 2–4
45663 Recklinghausen
Tel. 02361/9842216
www.umspannwerk-recklinghausen.de

Das Umspannwerk an Emscher und Rhein-Herne-Kanal ist heute Baudenkmal, technisches Denkmal und moderne Betriebsstätte in einem.

1928 als Gebäudekomplex aus 10 000-Volt-Schalthaus mit Warte, Wohnhaus und Trafohaus errichtet, galt die Anlage Ende der 1980er-Jahre als veraltet. Doch statt Abriss entschied man sich für die Restaurierung und Modernisierung und ließ im Jahr 2000 das »Museum Strom und Leben« einziehen. Die Ausstellung nimmt den Besucher mit auf eine Reise durch die Geschichte der Elektrizität.

Auch diese historische Straßenbahn gehört im Umspannwerk zu den Exponaten, die die Geschichte der Elektrizität beleuchten.

Maschinenhalle Zweckel

Maschinenhalle Zweckel
Frentroper Straße 1
45966 Gladbeck
Tel. 0231/9311220
www.industriedenkmalstiftung.de

Als Herzstück der im Jahr 1963 stillgelegten Zeche Zweckel erhebt sich die imposante Maschinenhalle wie ein Herrschaftssitz in der Landschaft.

Das Gebäude, in dem einst Turbinen und Generatoren zur Erzeugung von Druckluft und Strom standen und das später zur Bewetterung benachbarter Zechen diente, wird heute für hochrangige Kulturveranstaltungen genutzt. Mit seinen Rundbogenfenstern, den verzierten Treppen und Emporen ist das 1909 errichtete Bauwerk sowohl vom Historismus als auch vom Jugendstil geprägt.

Von außen verweist heute nur noch das hinter dem Dach aufragende Fördergerüst auf die Bergbauvergangenheit des imposanten Gebäudes.

Zinkfabrik Altenberg

1855 nahmen die ersten Anlagen der Zinkfabrik in Oberhausen ihre Arbeit auf.

Zinkfabrik Altenberg
Hansastraße 20
46049 Oberhausen
Tel. 02234/9921-555
www.industriemu-seum.lvr.de

In kleinem Stil begann man zunächst, Rohzink zu Reinzink einzuschmelzen und zu Zinkblechen auszuwalzen. Bis zu ihrer Stilllegung 1981 wurde die Fabrik stetig erweitert und bot mehreren Hundert Menschen Arbeit und Lohn. Heute gehört sie als eines von sechs Einzelmuseen zum Rheinischen Industriemuseum. In dem unter Denkmalschutz stehenden Gebäude zeigt die Ausstellung »Schwerindustrie« anhand von historischen Werkzeugen, Maschinen, aber auch menschlichen Schicksalen Anfang und Ende der Eisen- und Stahlindustrie.

Wasserturm Oberhausen

Die Werksanlagen und Siedlungen der Gutehoffnungshütte mit Wasser zu versorgen, war bis 1965 die Aufgabe des etwa 50 Meter hohen Turms, der heute als eine der Landmarken des untergegangenen Industriezeitalters Oberhausens Silhouette prägt.

Wasserturm Oberhausen
Mühlheimer Straße
46049 Oberhausen
www.route-indus-triekultur.de

Die Ende des 18. Jahrhunderts zunächst als reiner Hüttenbetrieb gegründete Gutehoffnungshütte, die später zum Weltkonzern aufstieg, prägte bis in die 1980er-Jahre hinein das Leben der Stadt Oberhausen. Bis zu 1000 Kubikmeter Wasser wurden in dem rund 50 Meter hohen Wasserturm gespeichert. Der unter Denkmalschutz stehende Turm, der heute als Wohn- und Arbeitsraum dient, gehört zu den Relikten des Montanunternehmens.

Der 1897 aus Backsteinen erbaute Wasserturm wurde 1985 unter Denkmalschutz gestellt.

Gasometer Oberhausen

**Gasometer
Oberhausen**
Arenastraße 11
46047 Oberhausen
Tel. 0208/8503730
www.gasometer.de

Als Relikt der Eisen- und Stahlära erhebt sich der Gasometer weithin sichtbar über die Stadt Oberhausen. Heute als spektakulärer Veranstaltungsort für Kulturereignisse wie Ausstellungen, Theaterinszenierungen und Konzerte genutzt, ist er zum Wahrzeichen der Ruhrregion geworden.

Von außen weithin sichtbares Wahrzeichen, von innen spektakuläres Raumwunder – der lange Zeit als Gaslager genutzte Gasometer gehört auch heute fest zum Oberhausener Stadtleben.

Der beeindruckende Gigant ragt bis in eine Höhe von 118 Metern hinauf und hat einen Durchmesser von 67 Metern. Auf seinem schwindelerregenden Dach befindet sich eine Aussichtsplattform, die einen Panoramablick über die gesamte Region ermöglicht. In der stählernen Tonne – 1929 als Zwischenspeicher errichtet – wurde bis 1988 das bei der Eisen- und Stahlherstellung frei werdende Gichtgas gesammelt. Der nach seiner Stilllegung zur Ausstellungshalle umgebaute Koloss bietet in seinem Inneren eine spektakuläre Raum- und Klangwelt. Die einst oben auf dem Gas schwimmende Scheibe aus Stahl ist heute, befestigt in einer Höhe von 4,5 Metern, zur Ausstellungsfläche umfunktioniert worden. Auf der umliegenden Tribüne finden bis zu 500 Zuschauer Platz, und ein gläserner Aufzug führt Mutige durch das Innere des Behälters bis aufs Dach. Der Gasometer mit seiner einzigartigen Atmosphäre hat bereits zahlreiche Künstler zu spektakulären Projekten angeregt. So errichtete das Künstlerpaar Christo und Jeanne-Claude 1999 in seiner Installation »The Wall« eine riesige farbenfrohe Mauer, die das Innere des Gasometers diametral teilte. Höhepunkt der Ausstellung »Blaues Gold«, die sich 2001/02 ausführlich dem Thema Wasser widmete, war ein 50 Meter hoher, beleuchteter Wasserkegel. Im Rahmen der Ausstellung »Sternstunden – Wunder des Sonnensystems« waren 2009/10 sogar Mond und Sonne im Gasometer zu sehen. Ein 43 Meter hoher Regenwaldbaum wuchs 2011/12 anlässlich der Ausstellung »Magische Orte« im Innenraum des ehemaligen Gasspeichers.

Römische Thermen

Archäologischer Park Xanten (APX)
Am Rheintor
46509 Xanten
Tel. 02801/9889213
www.apx.de

Xanten am Niederrhein blickt auf eine lange Geschichte zurück, die bis in die Römerzeit reicht. Zu den archäologischen Relikten, die an diese frühe Blütezeit erinnern, gehören auch die Thermen, die Römerinnen und Römern gleichzeitig zur Körperpflege und als sozialer Kontakthof dienten.

Wie prachtvoll die Großen Thermen dereinst zur Römerzeit ausgestattet waren, zeigt das heute in Xanten präsentierte Modell.

Vor mehr als 2000 Jahren machten sich die Römer unter der Herrschaft von Kaiser Augustus auf und zogen den Rhein hinauf, um die germanischen Siedlungen zu erobern. So entstand im Jahr 12 v. Chr. im Gebiet des heutigen Xanten das Militärlager Vetera Castra I, aus dem um 100 n. Chr. die römische Siedlung »Colonia Ulpia Traiana« wurde. Diese entwickelte sich mit ihren bis zu zehntausend Einwohnern zu einer der bedeutendsten Metropolen in den germanischen Provinzen. Die Überreste der reichhaltigen römischen Kultur wie das Amphitheater oder der Hafentempel lassen sich heute im 1977 eröffneten Archäologischen Park Xanten, einem 30 Hektar großen Gelände, besichtigen. Die Relikte der Großen Thermen befinden sich direkt neben dem Park, geschützt unter einem eindrucksvollen Dach aus Glas und Stahl, das die ursprünglichen Dimensionen der antiken Bäder nachvollziehen lässt. Hier entspannten einst die römischen Besucher in prächtig ausgestatteten verschieden temperierten Baderäumen oder Ruheräumen.

Historische Speicherbauten

In der ersten Hälfte des 20. Jahrhunderts war der Duisburger Innenhafen das Zentrum des deutschen Getreidehandels. In den zum Großteil noch heute erhaltenen Speichern und Mühlenwerken wurde Korn gelagert beziehungsweise weiterverarbeitet.

Hafenforum
Philosophenweg 19
47051 Duisburg
Tel. 0203/3055-0
www.innenhafen-
duisburg.de

Durch ihre günstige Lage an der Mündung der Ruhr in den Rhein war die Stadt Duisburg von jeher ein wichtiger Handelsumschlagplatz. Ob nun Wein, Kolonialwaren, Kohle, Stahl und Erz oder Holz und Getreide verschifft wurden, im Laufe von Jahrhunderten entstand hier der größte Binnenhafen Europas. Werden im Handelshafen noch heute Schiffe aus allen Ecken der Welt be- und entladen, hat der Innenhafen, die einstige »Kornkammer des Ruhrgebiets«, seine eigentliche wirtschaftliche Bedeutung verloren. Die historischen Mühlen und Getreidespeicher lagen brach, bis das gesamte Areal in den 1990er-Jahren nach den Entwürfen des Londoner Stararchitekten Norman Foster umgestaltet wurde. Aus histori- scher Bausubstanz und spektakulären Neubauten entstand am Innenhafen ein neues Stadtquartier, wo gewohnt und gearbeitet, aber auch aktiv Freizeit gestaltet wird. Statt Getreide zu horten, präsentieren die historischen Speicherbauten heute Kunst, Kultur und gastronomischen Genuss.

Entlang des Wassers und vor dem Hintergrund der historischen Speicherbauten ist am Duisburger Innenhafen eine neue Flanier- und Amüsiermeile entstanden.

Landschaftspark Nord

Landschafts-
park Duis-
burg-Nord
Emscherstraße 71
47137 Duisburg
Tel. 0203/203429
19-19
www.landschafts-
park.de

Dank der Lichtinstallation des britischen Künstlers Jonathan Park ist die beeindruckende Silhouette des Landschaftsparks Nord auch in der Dunkelheit weithin sichtbar. Wurde hier bis 1985 Roheisen produziert, ist das Hüttenwerk heute eine riesige Freizeitlandschaft.

Um den Verbund von Kohle und Eisen zu gewährleisten, ließ August Thyssen Anfang des 20. Jahrhunderts im Duisburger Norden ein Hüttenwerk errichten. Viele Jahrzehnte lang wurde hier Roheisen produziert, das anschließend zum Großteil in den Thyssen-Stahlwerken weiterverarbeitet wurde. Als in den 1980er-Jahren der europäische Stahlmarkt aus allen Nähten platzte und die Nachfrage hinter dem Angebot zurückblieb, musste die Eisenhütte 1985 schließen. Sie hinterließ eine 200 Hektar große Industriebrache, der der Abriss drohte. Doch man entschied sich anders und ließ zwischen 1990 und 1999 eine neue Parklandschaft entstehen, die eine spektakuläre Mischung aus Industriegeschichte, Grünflächen, Freizeit, Sport und Kultur bietet. Diente der weit in die Höhe ragende Hochofen 5 einst dazu, Erze

bei einer Temperatur von rund 2000 °C zu Roheisen zu schmelzen, so ist er heute für Besucher frei begehbar. Von seiner Besucherplattform bietet sich eine grandiose Panoramasicht. Die von ihrer Größe her beeindruckenden Industriegebäude wie die Kraftzentrale, die Gebläsehalle und die Pumpenhalle erzeugen als Veranstaltungsorte für Konzerte, Theater und Kongresse eine besondere Atmosphäre. Im riesigen Stahlbassin des Gasometers, wo früher das sogenannte Gichtgas zwischengelagert wurde, können Taucher eine ungewöhnliche Unterwasserwelt entdecken.

Das Außengelände mit seiner wild wachsenden Vegetation ist ein beliebter Ort der Naherholung und bietet neben Müßiggang und Entspannung auch sportliche Herausforderungen wie Kletterwände und Hochseilparcours.

Der sorgfältig renaturierte Landschaftspark bietet eine einzigartige Mischung aus Industriebrache und grüner Naherholung.

Historische Dampfer und Kähne

Museum der Deutschen Binnenschifffahrt
Apostelstraße 84
47119 Duisburg
Tel. 0203/80889-40
www.duisburg.de

Der Radschleppdampfer »Oskar Huber«, der Lastensegler »Goede Verwachting« oder der Eimerkettendampfbagger »Minden« – auch wenn alle drei Schiffe ihre Glanzzeit längst hinter sich haben, bieten sie doch Schifffahrtsgeschichte zum Anfassen.

Wo sich einst die Herren der Schöpfung im Wasser tummelten, präsentiert sich heute der prächtige Lastensegler, der vor etwa 100 Jahren gebaut wurde.

Im Duisburger Stadtteil Ruhrort, dort, wo Europas größter Binnenhafen einst seinen Anfang nahm, liegt direkt am Rhein und in unmittelbarer Nähe des Hafens das Deutsche Museum für Binnenschifffahrt. Untergebracht in einem ehemaligen Jugendstil-Hallenbad präsentiert das in Deutschland einzigartige Museum Schifffahrtsgeschichte von den Anfängen bis zur Gegenwart. Zu den Exponaten gehört auch der 1913 gebaute Lastensegler, der in der ehemaligen Herren-Schwimmhalle ein eindrucksvolles Bild bietet.

Einen kurzen Fußweg vom Museum entfernt liegen an der Ruhrorter Promenade die beiden Museumsschiffe »Oskar Huber« und »Minden« vor Anker. Das eine, 1922 gebaut, schleppte einst bis zu sieben Frachtkähne gleichzeitig den Rhein entlang; das andere aus dem Baujahr 1882 hatte dagegen die Aufgabe, die Fahrrinne der Weser zwischen Stolzenau und Hameln freizubaggern. Beide für Besucher zugänglichen Schiffe stehen als technische Denkmäler für ein Stück Schifffahrtsgeschichte.

Zeche Consolidation Schacht 9

Consolidation steht in der Sprache des Bergbaus für die Zusammenlegung von Grubenfeldern. Und genau dies geschah 1862, als sich sieben Eigentümer zusammenschlossen, um in Gelsenkirchen ein Bergwerk zu gründen.

Zeche Consolidation Schacht 9
45889 Gelsenkirchen
www.industriedenkmal.de

Bis zu ihrer Stilllegung 1993 war die Zeche, die zu den größten im Ruhr-Kohlenbergbau gehörte, stetig erweitert worden. Schacht 9 war der Hauptförderschacht der insgesamt neun Anlagen. Mit Fördergerüst und den Maschinengebäuden präsentiert das Ensemble ein Stück Bergbaugeschichte.

Erzbahntrasse

Wo früher die mit Eisenerz beladenen Werksbahnen rollten, tummeln sich heute Radfahrer und Spaziergänger. Am Rhein-Herne-Kanal in Gelsenkirchen beginnt die etwa zehn Kilometer lange Erzbahntrasse, die bis zur Bochumer Jahrhunderthalle führt.

Erzbahntrasse
www.route-industriekultur.de

Zur Blütezeit der Stahlproduktion mussten die Bochumer Hochöfen zuverlässig mit Eisenerz beliefert werden. Diese Aufgabe übernahm ab 1901 die Erzbahntrasse, eine auf einem etwa 15 Meter hohen Damm errichtete Eisenbahnstrecke. Nach Stilllegung der Hochöfen wurde die Trasse ab den 1960er-Jahren zunächst dem Verfall übergeben, bis man sie 2002 bis 2008 zum Rad- und Wanderweg umfunktionierte.

Die ästhetische Grimberger Sichel verlängert die Trasse zum Emscher Parkradweg. Sie erhielt den European Steel Bridges Award 2010.

Zeche und Kokerei Zollverein

Zollverein
Gelsenkirchener
Straße. 181
45309 Essen
Tel. +49 201/246810
www.zollverein.de

Das Welterbe Zollverein – einst die »schönste Zeche der Welt und seit 2001 Weltkulturerbe« – gehört mit seiner jahrzehntelangen Geschichte der Kohleförderung und -verarbeitung zu den größten deutschen Industriedenkmälern.

Wahrzeichen der Steinkohlenanlage ist das 58 Meter hohe Fördergerüst von Schacht XII. Es erhebt sich im Norden der Ruhrgebietsstadt Essen auf einem 100 Hektar großen Areal über weitere Schächte, Bunker, Halden und andere beeindruckende Übertageanlagen. Bereits Mitte des 19. Jahrhunderts wurden hier die ersten Schächte errichtet oder abgeteuft, um an die Fettkohle zu gelangen. Sie bildete den Rohstoff für Koks, der für den Betrieb von Dampflokomotiven und für die Erzschmelze benötigt wurde. Trotz dieser frühen Anfänge entstand der Großteil der streng symmetrisch aufgereihten Gebäude erst Ende der 1920er-Jahre. Nach den Plänen der Architekten Fritz Schupp und

Martin Kremmer im Stil der Neuen Sachlichkeit errichtet, nahm die Zeche 1932 ihren Betrieb auf. Mit einer täglichen Fördermenge von 12 000 Tonnen und später sogar 20 000 Tonnen Rohkohle galt Zollverein einst als weltweit modernste und leistungsstärkste Steinkohlenzeche. Zu Hochzeiten waren es pro Schicht 1000 Bergleute, die in der Waschkaue ihre Freizeitkleidung gegen die Arbeitskluft tauschten und sich dann auf den Weg unter die Erde begaben. Der 630 Meter in die Tiefe reichende Schacht XII war mit zwei leistungsstarken, strombetriebenen Fördermaschinen ausgestattet, die gleichzeitig vier Förderkörbe betreiben konnten.

Die 58 Meter hohe Doppelbock-förderanlage über Schacht XII aus dem Jahr 1934 ist das Wahrzeichen des Weltkulturerbes.

Nordsternpark

Nordstern-
park
Wallstraße 52
45883 Gelsen-
kirchen
Tel. 0209/57042
www.nordstern-
park.de

Als neues Wahrzeichen des Nordsternparks erhebt sich seit 2010 auf dem Erschließungsturm ein 18 Meter hoher Herkules in die Lüfte. Markus Lüpertz' Monumentalplastik steht für die Tatkraft des gesamten Ruhrgebiets, das sich unerschrocken dem Strukturwandel gestellt hat.

Inmitten des begrünten Geländes des Nordsternparks erheben sich Kolosse der Bergbauvergangenheit wie die Bandbrücke, auf der einst die Kohlen vom Bunker zur Kohlenmischanlage transportiert wurden.

Ein alpiner Klettergarten für mutige Sportler, ein Freiluft-Amphitheater für Kunst- und Kulturliebhaber und der »Deutschland-Express« für Modelleisenbahnfans gehören zu den Attraktionen des Nordsternparks. Dass aus dem grauen Bergwerksgelände heute tatsächlich eine grüne Naherholungsoase geworden ist, geht auf die Bundesgartenschau zurück, die hier 1997 die Umgestaltung des brachliegenden Areals ermöglichte. Dabei ging man mit viel Fingerspitzengefühl vor und band die Bergbauvergangenheit des Standorts in die Parkanlage ein. So entstand zwischen Emscher und Rhein-Herne-Kanal ein Gewerbe- und Landschaftspark, der um die noch vorhandenen Zechenbauten wie den Bergbaustollen, das Magazin, die Schmiede, den Kohlenbunker und die Fördertürme herumgruppiert wurde. Ab Mitte des 19. Jahrhunderts wurde hier mit dem Abbau von Kohle begonnen. Die nördlichste Zeche des Ruhrgebiets, daher auch der Name »Nordstern«, förderte mehr als ein Jahrhundert lang das »schwarze Gold« zutage, bis 1993 schließlich die letzten Förderbänder stillstanden.

Historische Schienenfahrzeuge

Mancher Besucher des Ruhrgebiets reibt sich sicher verwundert die Augen angesichts der wild rauchenden und unüberhörbar stampfenden Dampflokomotive, die plötzlich hinter einer Biegung zum Vorschein kommt. Sie gehört zu einer ganzen Reihe historischer Schienenfahrzeuge, die teilweise noch einsatzfähig im Eisenbahnmuseum auf Besucher warten.

Eisenbahnmuseum Bochum-Dahlhausen
Dr.-C.-Otto-Straße 191
44879 Bochum
Tel. 0234/492516
www.eisenbahnmuseum-bochum.de

Welche überragende Bedeutung der Personen- und Gütertransport auf der Schiene in den 1950er- und 1960er-Jahren für die Ruhrregion hatte, wird schnell deutlich im Bochumer Eisenbahnmuseum, das heute zu den größten seiner Art in Deutschland gehört. Etwa 180 verschiedene Fahrzeuge lassen die Zeit zwischen 1853 und 1990 Revue passieren und nicht nur die Herzen von eingefleischten Eisenbahnfans höherschlagen. Die historischen Schienenfahrzeuge, neben dampfbetriebenen auch Diesel- und Elektrofahrzeuge, werden auf einem original erhaltenen Betriebsgelände mit Ringlokschuppen und dazugehörigen Nebenanlagen präsentiert. Nicht nur beeindruckend große Lokomotiven, sondern auch Personenwagen, Gepäckwagen und Güterwagen aller Art sowie Sonderfahrzeuge wie die Handhebeldraisine oder das Schienenfahrrad gehören zur Ausstellung. Vom Frühjahr bis in den Herbst hinein dürfen einige dieser »Eisenbahndinosaurier« für eine Museumsfahrt entlang der Ruhr zurück auf die Schiene.

Die historischen Lokomotiven und Waggons repräsentieren über 100 Jahre Eisenbahngeschichte.

Deutsches Bergbau-Museum

**Deutsches
Bergbau-
Museum**
Am Bergbau-
Museum 28
44791 Bochum
Tel. 0234/58770
www.bergbaumu-
seum.de

Das über 71 Meter hohe Fördergerüst über dem Deutschen Bergbau-Museum ist zum weithin sichtbaren Wahrzeichen der Stadt Bochum geworden. Erbaut in den 1930er-Jahren, vermittelt das Museum mit unzähligen Exponaten die Geschichte des weltweiten Bergbaus.

Lagerstätten und Rohstoffe, Schacht-bau und Schachtförderung, die verschiedenen Abbauverfahren, Bewetterung und Wasserhaltung gehören zu den Hauptthemen, die dem Besucher mithilfe von historischen Maschinen und Geräten sowie anderer Ausstellungsstücke in verschiedenen Abteilungen vermittelt werden. Im Untergeschoss des Museums in etwa 20 Metern Tiefe lässt das nachgebildete Anschauungsbergwerk auf einer Länge von 2,5 Kilometern den Alltag des Bergmanns unter Tage hautnah erleben. Hier verdeutlichen Geräte wie der Abbauhammer, der Hobelstreb, die Kettenschrämmaschine, der Walzenstreb oder der Tunnelfräser wichtige Entwicklungsschritte von der mechanischen zur maschinellen Kohlengewinnung. Ein Fahrstuhl befördert Besucher auf das Dach des grünen Förderturms, der einst zur Dortmunder Zeche Germania gehörte. Von dort bietet sich ein weiter Blick über das Ruhrgebiet. Der »schwarze Diamant«, ein 2009 errichtetes Nebengebäude, beherbergt Sonderausstellungen zur Gewinnung und zum Abbau von Bodenschätzen weltweit.

Seit 1994 schmückt die kinetische Skulptur »Base Metals II« von Ovis Wende das Portal des Bergbau-Museums.

Zeche Zollern

Die zwischen 1898 und 1904 als Prestigeobjekt der Gelsenkirchener Bergwerks AG entstandene Zeche Zollern wurde 1969, also vier Jahre nach ihrer Stilllegung, als erstes Industriebauwerk in Deutschland unter Denkmalschutz gestellt.

Zeche Zollern
Grubenweg 5
44388 Dortmund
Tel. 0231/6961-111
www.lwl.org

Die Musterzeche entstand zur Blütezeit der Kohlenförderung in der Ruhrregion und repräsentiert mit ihrer herrschaftlichen Architektur die damals überragende wirtschaftliche Bedeutung der Bergwerks AG. Die eher an einen barocken Schlosskomplex erinnernden Tagesanlagen mit Maschinenhalle, Schachtgerüsten und Werkstätten, aber auch Lohnhalle, Markenstube und Waschkaue stehen von der Architektur her zwischen dem Historismus der Jahrhundertwende und der Epoche des Jugendstils. So betritt man die Maschinenhalle, in der heute riesige Generatoren und För-

dermaschinen die damals hochmoderne Technik der Zeche veranschaulichen, durch ein prächtiges Jugendstilportal.

Seit 1981 dem Westfälischen Industriemuseum angegliedert, lässt die Zeche Zollern heute durch ihre verschiedenen Ausstellungen die Geschichte des Ruhrbergbaus wieder lebendig werden. Der Schwerpunkt liegt dabei auf der Sozial- und Kulturgeschichte, sodass Besucher ganz konkret etwas über die Arbeit im Bergwerk, über die körperlichen Gefahren, die Hygiene, aber auch das Freizeitleben über Tage erfahren können.

Wie eine kleine Stadt für sich präsentiert sich die Zeche Zollern, die auch als »Schloss der Arbeit« bezeichnet wurde.

Kokerei Hansa

Kokerei Hansa
Emscherallee 11
44369 Dortmund
Tel. 0231/931122-0
www.industrie-
denkmal-
stiftung.de

Mit ihren Türmen, Hallen, Treppen, Brücken und Straßen erhebt sich die Kokerei Hansa wie eine gigantische Großskulptur über der Stadt Dortmund. Das heutige Industriedenkmal produzierte einst bis zu 5400 Tonnen Koks täglich.

Die Zentralkokerei, die zu ihrer Blütezeit bis zu 1100 Menschen beschäftigte, entstand in den 1920er-Jahren. Im Verbund mit Bergwerk und Hüttenwerk löste sie die den einzelnen Zechen angegliederten Kleinanlagen ab, die unrentabel geworden waren. Täglich wurde aus den benachbarten Bergwerken Steinkohle angeliefert, die auf dem Gelände zu Koks verarbeitet und dann an das Hüttenwerk weiterverteilt wurde. Nach der Stilllegung der Kokerei 1992 stellte man große

Wie archaische hölzerne Riesen wirken die Kühltürme der Kokerei Hansa, die einst die Aufgabe hatten, Tausende von Kubikmetern Wasser zu kühlen.

Teile des 32 Hektar großen Areals unter Denkmalschutz und öffnete es für die Öffentlichkeit. Im Rahmen von offenen Führungen, aber auch auf eigene Faust lässt sich die Anlage, ihre Technik und Architektur erkunden. Ein Erlebnispfad, der von der Kohlenbandbrücke zu den Kohlebunkern und Koksöfen bis zur Sieberei führt, veranschaulicht die wichtigsten Stationen der Koksproduktion und gibt gleichzeitige Einblicke in eine bereits vergangene Epoche der Industriegeschichte.

Westfalenhalle 1

Ob Sechs-Tage-Rennen, Reitturniere, Boxkämpfe, Shows oder Konzerte – viele dieser Großereignisse sind untrennbar mit der legendären Westfalenhalle in Dortmund verbunden, die zu den traditionsreichsten Veranstaltungsorten in Deutschland gehört.

Westfalenhallen Dortmund
Strobelallee 45
44139 Dortmund
Tel. 0231/1204-0
www.westfalenhallen.de

Die Westfalenhallen in Dortmund sind auch heute noch Bühne für herausragende Auftritte und international bedeutende Messen.

Die 1925 beziehungsweise 1952 erbaute Westfalenhalle 1 gehört heute zu einem Ensemble von insgesamt neun Großhallen, die zusammen ein weltweit bekanntes Messe-, Kongress- und Veranstaltungszentrum mit einer Gesamtfläche von rund 60 000 Quadratmetern bilden. Schon lange vor dem Zweiten Weltkrieg gab es hier südlich der Bundesstraße 1 eine Halle, die allerdings dann im Krieg bei einem Bombenangriff zerstört wurde. Der Vorgängerbau entstand 1925 nach nur sieben Monaten Bauzeit. Die Holzkonstruktion bestand aus mehreren Festsälen, einer Reitbahn und großzügigen Stallanlagen. Sie bot Platz für 15 000 Besucher und war damit zeitweise die größte Halle Europas, die mit ihren Veranstaltungen Geschichte schrieb. So ging die Arena 1927 in die Boxgeschichte ein, als Max Schmeling hier Europameister wurde.Nach 1945 kam man schnell zu dem Entschluss, die zerstörte Halle wieder aufzubauen. Die Architekten Walter Höltje und Horst Retzki entwarfen einen ovalen Betonkuppelbau mit freitragender Dachkonstruktion, der heute als Baudenkmal geschützt ist.

Thomasbirne

Thomasbirne
Phoenix-See
44263 Dortmund-
Hörde

Als Zeuge der vergangenen Stahlepoche im Ruhrgebiet erhebt sich die Thomasbirne heute eindrucksvoll auf der kleinen Kulturinsel im 2011 neu geschaffenen Phoenix-See im Dortmunder Stadtteil Hörde.

Das 1954 in der Hörder Kesselschmiede erbaute Industriedenkmal war bis 1964 im Thomas-Stahlwerk Phoenix-Ost im Einsatz und diente dort mit seinem speziellen Bodenblasverfahren zur Stahlerzeugung. Durch das Engagement eines Heimatvereins konnte der sieben Meter hohe und 68 Tonnen schwere Konverter vor der Verschrottung bewahrt werden.

Einst ein wichtiges Utensil der Stahlerzeugung, ist die Thomasbirne heute ein Stück Landschaftskunst.

Kettenschmiedemuseum Fröndenberg

Kettenschmiedemuseum
Fröndenberg
Ruhrstraße 12
58730 Fröndenberg
Tel. 02373/1708498
www.kulturzentrum-ruhraue.de

Bereits vor der Industrialisierung war das Kettenschmiedehandwerk im märkischen Sauerland weitverbreitet.

Die Kettenschmiede stellte in Heimarbeit oder in einer Fabrik Gliederketten aus Eisen her, die zum Beispiel für Brunnen- und Ankerwinden, aber auch für Wagen- und Zuggeschirr benötigt wurden. Dazu mussten zunächst Rundeisenstäbe in einem Schmiedefeuer erwärmt werden. Ein solches Feuer gehört auch zur Ausstattung des Kettenschmiedemuseums in Fröndenberg, das 1999 im ehemaligen Magazingebäude einer Papierfabrik eröffnet wurde.

Das Kettenschmiedemuseum liegt eingebettet in den neu entstandenen Landschaftspark Ruhrufer.

Lindenbrauerei

Die Lindenbrauerei in Unna gehört zu den bedeutenden Ankerpunkten auf der Route der Industriekultur, die wie ein etwa 400 Kilometer langes Band auf den Spuren der industriellen Geschichte durch das Ruhrgebiet führt. In der traditionsreichen Stätte wurde einst das bekannte und beliebte Linden-Adler-Pils gebraut.

Lindenbrauerei Unna
Lindenplatz 1
59423 Unna
Tel. 02303/251120
www.lindenbrauerei.de

In der Lindenbrauerei im Zentrum der Stadt Unna wurde rund 120 Jahre lang Bier gebraut.

1859 wurde der Grundstein für diese Braustätte gelegt, die bis 1979 vor Ort ihre Linden-Biere produzierte. Teile des Gebäudekomplexes wie das ehemalige Sudhaus, das Schalandergebäude, der weit in den Himmel ragende Schornstein und das Kesselhaus stehen unter Denkmalschutz. In den oberirdischen Räumlichkeiten ist heute u. a. ein Kunst- und Kulturzentrum untergebracht, und in der angegliederten winzigen Hausbrauerei wird sogar seit 2002 wieder in geringem Umfang Bier hergestellt. Auch die unterirdischen Gemäuer mit ihren labyrinthischen Gängen, den einstigen Kühlräumen und Gärbecken sind keineswegs leer und verwaist. Tief unter der Erde residiert auf einer Fläche von 2400 Quadratmetern das Zentrum für Internationale Lichtkunst e. V., das sich weltweit einzigartig ausschließlich Objekten der Lichtkunst widmet. In den alten Gewölben, die noch immer tiefe Spuren der Vergangenheit zeigen, kann man heute auf einen inszenierten Wasserfall, einen »Tunnel der Tränen« und andere beeindruckende Lichtinstallationen stoßen.

Henrichshütte

LWL-Industrie-museum
Henrichshütte
Werksstraße 31–33
45527 Hattingen
Tel. 02324/9247140
www.henrichs-huette.de

Die 1854 gegründete Henrichshütte gehörte über 100 Jahre lang zu den bedeutendsten Hüttenwerken des Ruhrgebiets. Das 50 000 Quadratmeter große Areal steht als Zeitzeuge der Montanindustrie für die Blütezeit der regionalen Eisen- und Stahlproduktion.

Die imposante Gebläsehalle war früher das Herzstück des Hüttenwerks. Hier wurden Strom und Wind erzeugt.

Das Hochofenwerk war lange Zeit der wichtigste Arbeitgeber der kleinen, am südlichen Rand des Ruhrgebiets gelegenen Stadt Hattingen. An den Hochöfen, in den Kohle- und Erzbunkern, in der Kokerei, den Schmieden, der Gießerei und im Walzwerk arbeiteten bis zu 10 000 Menschen gleichzeitig. Sie produzierten täglich beträchtliche Mengen Koks, Eisen und Stahl, bis 1987 gegen den erbitterten Protest der ganzen Region der letzte Hochofen stillgelegt wurde. Auch wenn heute die Schornsteine nicht mehr rauchen, lässt das zum Industriemuseum umfunktionierte Gelände die Glanzseiten der Schwerindustrie noch immer spüren. Auf dem »Weg des Eisens« können Besucher nicht nur den Verarbeitungsprozess vom Erz zum Eisen Stück für Stück nachvollziehen, sondern auch anhand von Fotos, Filmen und Interviews den »menschlichen Spuren« der Henrichshütte folgen.

Bergbau an der Ruhr

Die heute zum Industriemuseum umgewandelten Zechen Nachtigall und Theresia liegen beide dicht nebeneinander im Wittener Muttental, einer Region, die als die Wiege des Ruhrbergbaus bezeichnet werden kann.

Zeche Nachtigall
Nachtigallstraße 35
58452 Witten
Tel. 02302/936640
www.zeche-nachti-
gall.de

In dem Tal südlich der Ruhr tritt das aus dem Karbonzeitalter stammende »schwarze Gold« bis dicht unter die Erdoberfläche. Daher begann man hier bereits in vorindustrieller Zeit die Steinkohle zunächst in niedrigen Stollen und später ab 1880 mithilfe senkrechter Schächte abzubauen.

Die Zeche Nachtigall war 1832 eine der ersten Anlagen, die zum Tiefbau und der Kohleförderung mittels Dampfmaschinen übergingen.1892 wurde sie stillgelegt und zog in das Gebäude einer Ziegelei ein.

Heute verbinden sich die Zechen Nachtigall und Theresia mit dem anschließenden »Bergbaurundweg Muttental« zu einem beeindruckenden Zeugnis des frühen Bergbaus. Während die Zeche Theresia historische Gruben- und Feldbahnen ausstellt, zeigt die Zeche Nachtigall im Besucherstollen einen echten Steinkohleflöz und auf dem Außengelände den Nachbau eines

»Ruhrnachen«, der vor etwa 160 Jahren die Kohlen auf der Ruhr beförderte. Im historischen Maschinenhaus der Zeche können Besucher eine audiovisuelle Reise durch die Geschichte der Industrialisierung des Ruhrtals machen.

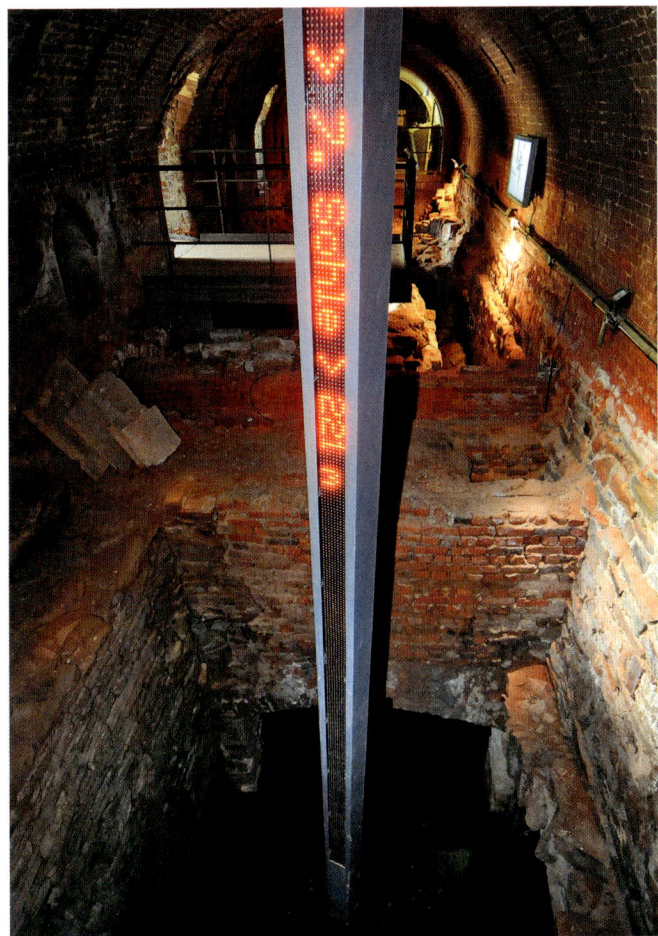

Der Schacht Herkules wurde 1839 als einer der ersten Tiefbauschächte an der Ruhr in Betrieb genommen.

Ruhrviadukt

Ruhrviadukt Herdecke
Wetterstraße
58313 Herdecke
www.metropoler-uhr.de

Mit seinen zwölf halbkreisförmigen Bögen von je 20 Metern Spannweite galt das 30 Meter hohe und 313 Meter lange Viadukt seinerzeit als technische Ausnahmeleistung.

Nach zweijähriger Bautätigkeit wurde die sich in einer sanften Kurve über die Ruhr schwingende Brücke

1879 als Teil der Bahnstrecke Düsseldorf–Derendorf–Dortmund-Süd eingeweiht. Für das imposante Steinbogengebilde, das auch heute noch als Eisenbahntrasse über den Fluss genutzt wird, ließ die Rheinische Eisenbahn-Gesellschaft über 24 000 Kubikmeter Bruchstein verbauen.

Die Steinbogenbrücke überquert die Ruhr am Beginn des Harkortsees.

Ruhrschleuse

Weiße Flotte Mülheim an der Ruhr
Alte Schleuse 1
45468 Mülheim an der Ruhr
Tel. 0208/9609996
www.route-industriekultur.de

Die von der Ruhr und vom Hafenkanal umschlossene Schleuseninsel in Mülheim an der Ruhr gehört zu den klassischen Ausflugszielen der Region.

Hier ist nicht nur die Hauptanlegestelle der Passagierschiffe der »Weißen Flotte«, sondern auch die

historische Ruhrschleuse aus dem Jahr 1780, die den Abtransport der abgebauten Kohle flussaufwärts erst möglich machte. Die fast sechs Meter breite und etwa 63 Meter lange Schleuse, mit der gleichzeitig zwei Wehre überwunden werden, gleicht einen Höhenunterschied von fünf Metern zwischen Ober- und Unterwasser aus.

Auch Freizeitkapitäne sind heute an der Alten Ruhrschleuse unterwegs.

Ennepetalsperre

Die Talsperre übernimmt als Wasserreservoir für die Ennepe-Ruhr-Region seit Jahrzehnten eine wichtige Aufgabe.

Mit ihrem Stauvolumen von 12,6 Millionen Kubikmetern dient sie vornehmlich der Trinkwasserversorgung, aber auch der Stromerzeugung und zur Wasserstandsregulierung der Ruhr. Anfangs lieferte sie hauptsächlich Trieb- und Brauchwasser für die Hammerwerke im Tal der Ennepe. Die von 1902 bis 1904 erbaute Bruchsteinmauer ist 51 Meter hoch; die Dammkrone ist 320 Meter lang und 4,5 Meter breit. Im Vorbecken der Talsperre und in den sechs Seitenbecken wird das aus den Bächen zulaufende Wasser gereinigt.

Ennepetalsperre
58339 Breckerfeld
www.ruhrverband.de

Die Region rund um die Staumauer ist ein beliebtes Wandergebiet.

Luisenhütte Balve-Wocklum

Mit ihren bis in die Mitte des 18. Jahrhunderts zurückreichenden Anfängen beherbergt die Luisenhütte am Rande des Sauerlands den ältesten Hochofen Deutschlands.

In der zunächst mit Wasserkraft und dann ab 1854/55 mit einer Gebläse-Dampfmaschine betriebenen Anlage wurden ab 1758 die in der Umgebung von Balve abgebauten Eisenerze verhüttet. Heute präsentiert sich die seit 1865 stillgelegte Luisenhütte als modernes Museum zur Geschichte der Eisenherstellung. Auch das Leben der Hüttenarbeiter wird beleuchtet.

Luisenhütte Balve-Wocklum
Wocklumer Allee
58802 Balve
Tel. 02375/3134
www.maerkischerkreis.de

Das historische Hüttengebäude mit Hochofen, Gießerei und Gebläsehaus steht Besuchern zur Besichtigung frei.

Historisches Handwerk

**LWL-Freilicht-
museum
Hagen**
Mäckingerbach
58091 Hagen
Tel. 02331/7807-0
www.lwl.org

Kuhschellenschmiede, Seilerei, Blaufärberei, Friseursalon und Imkerei – diese mit viel Handarbeit verbundenen Künste gehören zu den historischen Handwerkstechniken, die im europaweit einzigartigen Freilichtmuseum in Hagen hautnah präsentiert werden.

Das auf einem 42 Hektar großen Gelände im Mäckingerbachtal angesiedelte Museum, das dem Landschaftsverband Westfalen-Lippe (LWL) angegliedert ist, widmet sich der Handwerks- und Technikgeschichte vom ausgehenden 18. Jahrhundert bis zum 19. Jahrhundert. Auf einem Spaziergang im Grünen stoßen die Besucher auf rund 60 historische, aus ganz Westfalen zusammengetragene Werkstätten, die jeweils in einem kleinen Gebäude untergebracht sind. Viele davon sind auch heute noch lebendig und zeigen im Vorführbetrieb, wie Sensen gehämmert, Nägel geschmiedet, Papier geschöpft oder Seile geschlagen werden.
Die Zeitreise in die vor- und frühindustrielle Vergangenheit eröffnet nicht nur neue Einblicke in die Bereiche Eisen und Stahl, Druck und Papier, Holz, Stein, Keramik und Glas, Fasern, Leder und Felle, sondern beschäftigt sich auch mit dem leiblichen Wohl unserer Vorfahren. Wie wurde früher gebacken und gebraut und wie schmeckte das Brot? In der historischen Bäckerei, im Gasthof, in der Tabakwerkstatt, in der Kaffeerösterei und im Kolonialwarenladen lässt sich der Alltag vergangener Zeiten nachvollziehen. Die Dauerausstellung beschäftigt sich auch mit dem nicht rostenden Metall Zink, das erst Mitte des 18. Jahrhunderts bekannt wurde und seitdem vielseitig zum Einsatz kommt. Das historische Zinkwalzwerk ist Beispiel für eine frühindustrielle Produktionsanlage.

Der Weg durch das Freilichtmuseum gleicht einer Zeitreise in die vergangenen Jahrhunderte. Hier ein mechanischer Schmiedehammer (rechts). Rechte Seite oben: alter Friseursalon; unten: Hier wird die manuelle Herstellung von Zigarren gezeigt.

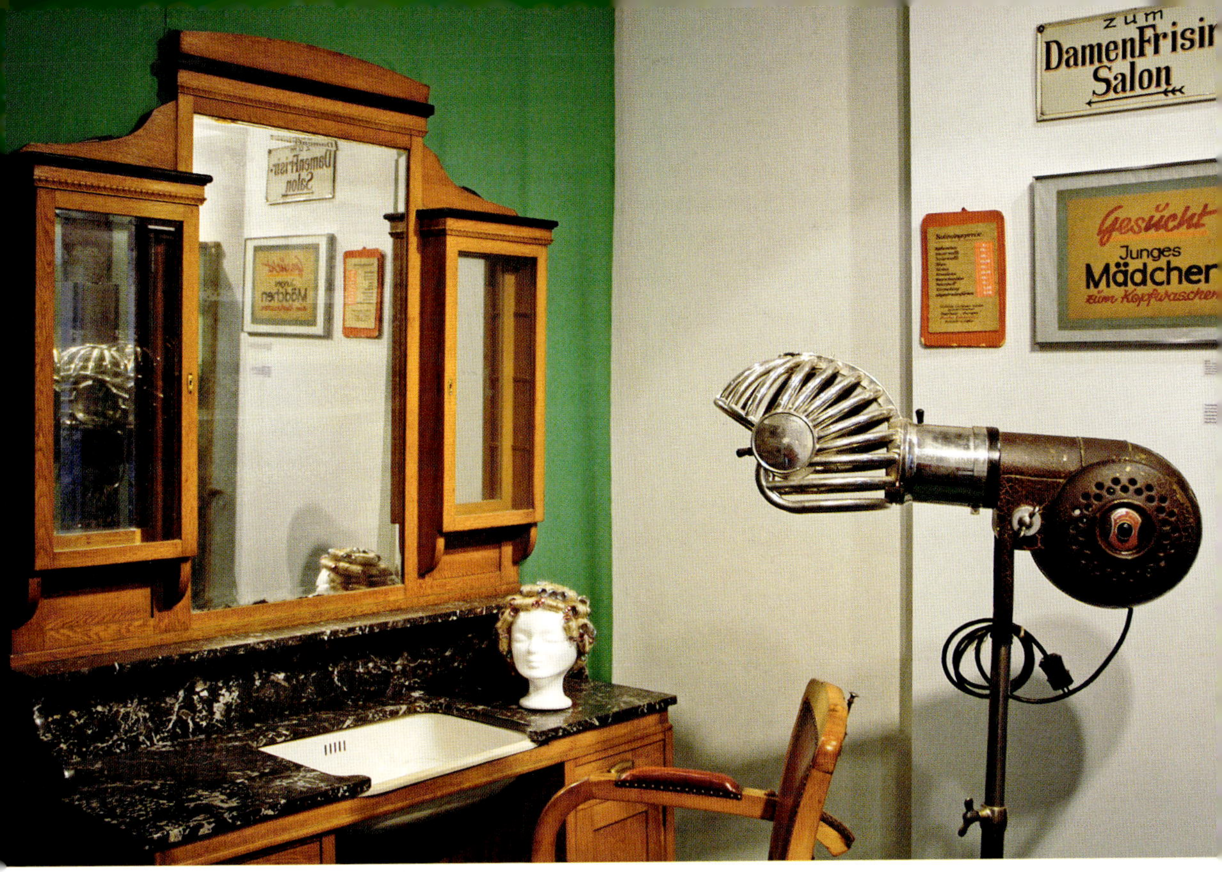
zum
DamenFrisir
Salon
Gesucht
Junges
Mädcher

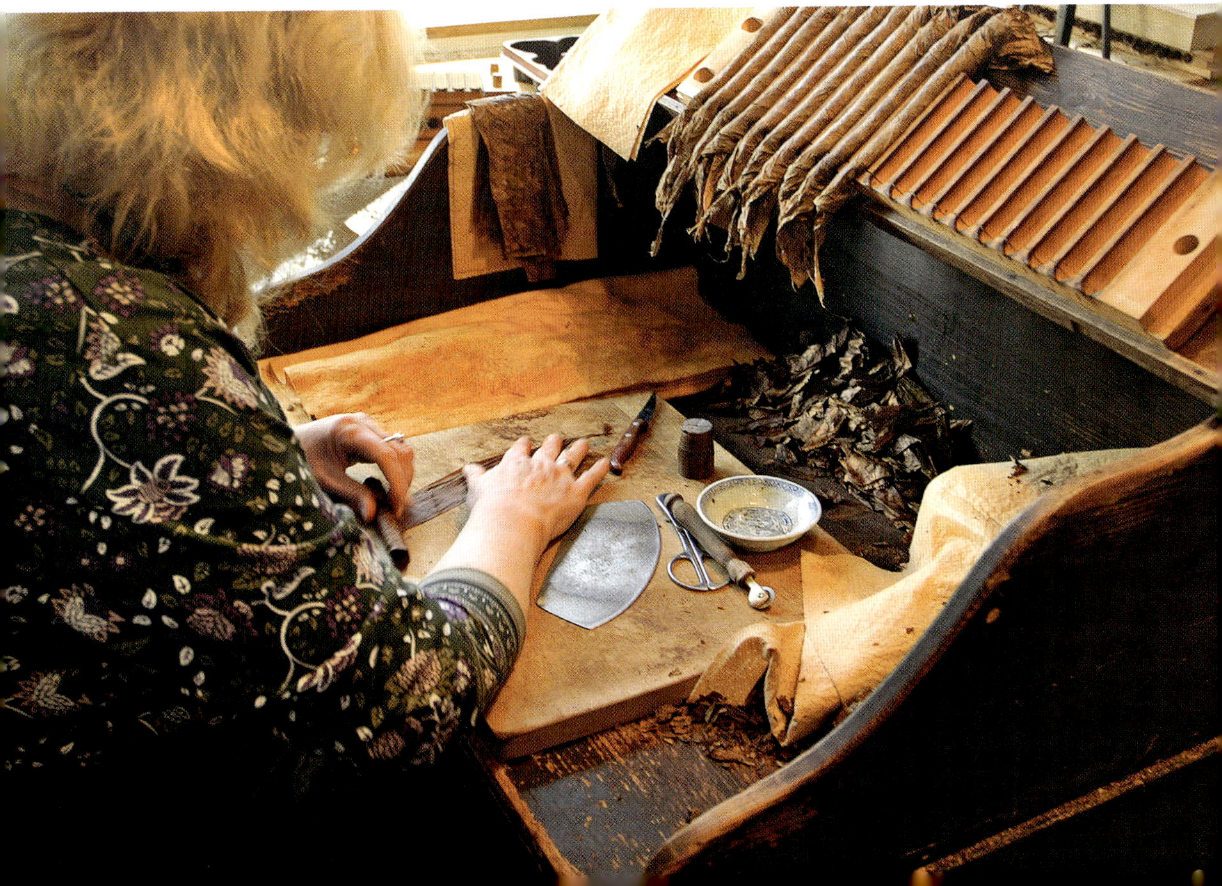

Textilfabrik Cromford

Textilfabrik Cromford
Cromforder
Allee 24
40878 Ratingen
Tel. 02102/864490
www.industriemu-
seum.lvr.de

1783 ließ der Fabrikant Johann Gottfried Brügelmann in Ratingen die erste mechanische Baumwollspinnerei außerhalb Englands errichten.

Bereits zehn Jahre später beschäftigte er 400 Menschen, die Baum-

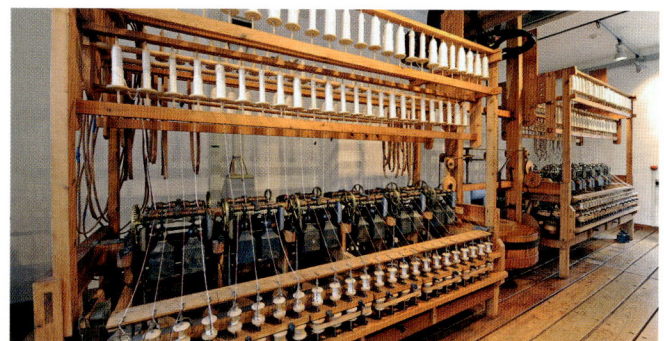

wolle zum fertigen Garn verarbeiteten. Nach Stilllegung der Fabrik in den 1960er-Jahren wurden die Hallen überbaut. Im ehemaligen Wohnhaus des Fabrikanten und im Ursprungsgebäude befindet sich heute ein Museum, das die Garnherstellung an nachgebauten Maschinen aus dem 18. Jahrhundert zeigt.

Die Waterframe-Spinnmaschine wurde mit Wasserkraft betrieben.

Gesenkschmiede Hendrichs

**Gesenk-
schmiede
Hendrichs**
Merscheider
Straße 297
42699 Solingen
Tel. 0212/232410
www.industriemu-
seum.lvr.de

Messer oder Scheren aus Solingen waren bereits vor hundert Jahren in aller Welt bekannt.

Mit dieser Dampfmaschine wurde das Schleifrad angetrieben.

Die Stadt gilt als Zentrum der deutschen Schneidwarenindustrie. In der denkmalgeschützten und zum Museum umfunktionierten Gesenkschmiede Hendrichs, einem Ensemble aus Dampfschleifergebäude, Werkstätten, Maschinenhaus und Lagerhäusern, wird die Produktion von Scherenrohlingen an historischen Fallhämmern noch heute eindrucksvoll demonstriert. Die 1886 gegründete Gesenkschmiede, die zu den größten Anlagen ihrer Art in Solingen gehörte, stellte vorwiegend Scheren und Schlüssel her.

Müngstener Brücke

In der beeindruckenden Höhe von 107 Metern überspannt die denkmalgeschützte Müngstener Brücke das Tal der Wupper. Als höchste Eisenbahnbrücke Deutschlands verbindet sie die Städte Remscheid und Solingen für den Schienenverkehr.

Müngstener Brücke
Müngstener
Brückenweg
42659 Solingen
Tel. 0212/2603601-3
www.brueckenpark-
muengsten.de

Als 1893 der erste Spatenstich erfolgte, galt der offenbar vom Pariser Eiffelturm inspirierte Brückenbau als kühne Ingenieursleistung. Für die filigran wirkende Eisenkonstruktion wurden 5000 Stahlprofile verbaut und 950 000 Nieten eingeschlagen. Bei seiner Fertigstellung 1897 hatte der Stahlbau eine Gesamtlänge von 465 Metern erreicht und ruhte auf sechs Gerüstpfeilern. Dem deutschen Kaiser gewidmet, trug die Bogenbrücke bis zum Ende der

Monarchie den Namen »Kaiser-Wilhelm-Brücke«, bevor sie 1918 nach der benachbarten Siedlung »Müngsten« benannt wurde – die es allerdings nicht mehr gibt.
Heute bildet das Bauwerk ein Teilstück der Bahnstrecke Wuppertal-Oberbarmen–Solingen. Auch wenn der sanierungsbedürftige Zustand den Schienenverkehr immer wieder behindert, pendelt – allerdings ohne Dampf – ein Regionalzug regelmäßig in luftiger Höhe über das Tal.

Auch heute noch beeindruckt die über 100 Jahre alte Brücke durch ihre imposante Höhe und ihre gleichzeitig filigrane Bauweise.

Wuppertaler Schwebebahn

Wuppertaler Stadtwerke
Tel. 0202/56944
www.schwebe-bahn.de

Busse, Straßenbahnen und U-Bahnen gibt es in jeder größeren Stadt, doch der Nahverkehr in Wuppertal, dem Zentrum des Bergischen Landes, ist weltweit einzigartig. Die seit 1901 über den Köpfen der Stadtbewohner verkehrende Schwebebahn ist zum berühmten denkmalgeschützten Wahrzeichen geworden.

Mit einer Maximalgeschwindigkeit von 60 Stundenkilometern gleiten die Waggons der Schwebebahn in 8 bis 12 Metern Höhe über die Stadt und bieten ihren Passagieren ein weltweit einzigartiges Fahrerlebnis.

Auf einer Strecke von 13,3 Kilometern durchquert die an einem Stahlgerüst hängende »Hängebahn« in einer Höhe von bis zu zwölf Metern die Stadt von Nordosten (Oberbarmen) nach Südwesten (Vohwinkel) und folgt dabei über zehn Kilometer dem Flussbett der Wupper. Das zum Teil patentierte Traggerüst der Schwebebahn besteht heute aus fast 500 Stahlstützen und rund 500 eingehängten Brücken. Es stellte die Erbauer vor große Herausforderungen, mussten doch die komplizierte Streckenführung zum Beispiel über

die hochwassergefährdete Wupper, die Stromversorgung und die Pendelbewegungen der Wagen berücksichtigt werden.

1950 erlangte die Schwebebahn im Rahmen einer Werbekampagne große Aufmerksamkeit: Um für sein Unternehmen zu werben, hatte ein Zirkus seinen jungen Elefanten »Tuffi« in einen Waggon der Schwebebahn bugsiert. Das offenbar von dieser Situation überforderte Tier sprang aus dem fahrenden Zugteil und landete in der Wupper – ohne sich jedoch ernsthaft zu verletzen.

Papiermühle Alte Dombach

In der Papiermühle am Rande der Stadt Bergisch Gladbach, wo bereits im 17. Jahrhundert Papier hergestellt wurde, befindet sich heute ein Museum, das die Besucher auf anschauliche Weise mit der Geschichte der Papierherstellung und Papierverwendung vertraut macht.

Papiermühle Alte Dombach
Alte Dombach 1
51465 Bergisch Gladbach
Tel. 02234/9921555
www.industriemuseum.lvr.de

Wann man genau in dem Bauwerk am Bach Strunde begann Papier herzustellen, ist nicht mehr genau datierbar. Jedenfalls gehörte die Papiermühle um 1820 mit etwa 80 Beschäftigten bereits zu den wichtigen Wirtschaftsunternehmen der Stadt. Für den Erfolg spricht auch, dass etwa zu dieser Zeit wenige Hundert Meter entfernt die Dombacher Papierfabrik Neue Dombach als zweites Standbein errichtet wurde. Nachdem die beiden Mühlen immer wieder wirtschaftliche Engpässe gemeistert hatten, mussten sie sich Anfang des 20. Jahrhunderts schließlich geschlagen geben: Um

1900 wurde die Produktion in der alten Mühle eingestellt und 1930 folgte das Fabrikgebäude Neue Dombach.

1999 als Museum eröffnet, präsentiert die Papiermühle Ausstellungen zur Geschichte des Papiers. Das noch immer funktionstüchtige Mühlrad treibt wie zur Zeit der vorindustriellen Produktion ein Lumpenstampfwerk an. In der Mühle selbst wird das Schöpfen von Papier vorgeführt. Außerdem sind verschiedene historische Maschinen ausgestellt, darunter auch die eindrucksvolle 40 Meter lange und fünf Meter hohe PM4 von 1889.

Heute werden Jahr für Jahr Millionen Tonnen Papier produziert, doch wie mühsam und langwierig die Papierherstellung in früheren Zeiten war, zeigen die im Museum ausgestellten historischen Geräte und Maschinen.

Oelchenshammer

Oelchens-
hammer
Oelchensweg
51766 Engelskirchen
Tel. 02234/9921-555
www.industriemu-
seum.lvr.de

Als Außenstelle des Rheinischen Industriemuseums präsentiert der Oelchenshammer als letzter im Rheinland noch mit Wasserkraft betriebener Schmiedehammer die Geschichte der oberbergischen Eisenerzeugung.

Wie vor etwa 200 Jahren mithilfe von Feuer und Wasser Stahl produziert wurde, lässt der für den Museumsbetrieb restaurierte Hammer Besucher noch heute hautnah miterleben. In der Hammerschmiede begann man ab 1787 Stahlbänder für Fässer herzustellen. Als der Betrieb nach 160 Jahren Schmieden und Hämmern endgültig ruhte, wurde die Anlage als Industriedenkmal geschützt.

Die Anlage mit dem Wasserrad, mit dem die Schmiedehämmer bewegt werden, ist noch voll funktionsfähig, wird aber nur noch bei Vorführungen eingesetzt.

Historische Radios und Tonbandgeräte

RadioMuse-
um Köln e. V.
Waltherstraße
49–51
51069 Köln
Tel. 0221/47681140
www.radiomu-
seum-koeln.de

Seit der Entdeckung von elektromagnetischen Wellen durch den deutschen Physiker Heinrich Hertz (1857 bis 1897) sind mehr als 120 Jahre vergangen.

Sie setzten eine technische Revolution in Gang und brachten der Welt das Radio. Anfangs groß, sperrig und permanent rauschend, entwickelte es sich im Laufe der Zeit zu einem Hightechgerät. Das 1999 gegründete Radiomuseum verfolgt diese Entwicklung und zeigt neben dem Detektor-Empfänger mit Korbspule und dem Edison'schen Phonographen z. B. auch den »Brandt Jubilar« von 1938 oder den »Grundig Weltklang« von 1950.

Das Museum präsentiert rund 4000 Radiogeräte in allen erdenklichen Formen und Größen.

Arithmeum

Mit seinen etwa 4500 Rechenmaschinen besitzt das Arithmeum, ein zum Forschungsinstitut für Diskrete Mathematik der Universität Bonn gehörendes Museum, die weltweit größte Sammlung von mechanischen Rechenmaschinen.

Arithmeum
Lennestr. 2
53113 Bonn
Tel. 0228/738790
www.arithmeum.uni-bonn.de

Ob der asiatisch-europäische Abakus, die peruanischen Quipu oder Rechenstroh aus Japan – gerechnet wurde auch in der Vergangenheit in jedem Kulturkreis, wie die Ausstellung eindrucksvoll zeigt. Doch präsentiert der lichtdurchflutete Stahlbetonbau des Arithmeums nicht nur Rechengeräte aus aller Herren Länder, sondern erzählt auch anhand von mechanischen Rechengeräten die Geschichte des mechanischen Rechnens; sie ging in den 1970er-Jahren mit dem Aufkommen der Elektronik zu Ende. Die Anfänge des elektronischen Rechnens, wie sie die erste Lochkartenmaschine zeigt, sind ein weiterer Schwerpunkt der Ausstellung.

Die Gründung des Arithmeums geht zurück auf den Leiter des Instituts, Bernhard Korte, der seine Sammlung mechanischer Maschinen in die Ausstellung einbrachte. Er initiierte mit dem Museumsbau eine Verbindung von Wissenschaft, Kunst und Technik, die darauf abzielt, Wissenschaft transparent zu machen.

Wie das Rechnen und die Mathematik vor der Technisierung der Welt funktionierte, zeigt das Arithmeum mithilfe seiner historischen Exponate.

Tuchfabrik Müller

Tuchfabrik Müller
Carl-Koenen-Straße 25b
53881 Euskirchen
Tel. 02251/14880
www.industrie-museum.lvr.de

Wie wird aus loser Wolle fertiges Tuch? Wie viele Arbeitsgänge und Maschinen dafür nötig waren, aber auch wie viel menschlicher Schweiß in diesem Herstellungsprozess steckte, veranschaulicht das Museum in der historischen Tuchfabrik.

Das Fabrikgebäude mit anschließendem Kontor, Wohnhaus und Garten entstand 1801. Mitte des 19. Jahrhunderts begann man hier am Erftmühlenbach in Euskirchen mit der Wollverarbeitung, ab 1894 ging die Tuchfabrik in den Besitz der Familie Müller über. Das ausschließlich mit Dampfkraft betriebene Unternehmen wurde 1961 stillgelegt und lag viele Jahre brach, bis der Standort schließlich im Jahr 2000 vom Landschaftsverband Rheinland zum Industriemuseum erklärt wurde.

Mithilfe von historischen Geräten, Apparaten und Maschinen schildert das Museum live den Werdegang der Wolle zum Tuch. So gibt es große Färbeapparate, Wasch- und Walkmaschinen, große Walzen, die die lose Wolle zu Vorgarn verarbeiteten, Spinnmaschinen mit rotierenden Spindeln, die aus dem lockeren Vorgarn einen festen Wollfaden entstehen ließen und mechanische Webstühle aus der Zeit zwischen 1894 und 1939, die das fertige Tuch als Endprodukt herstellten.

Während die Tuchfabrik nur im Rahmen einer Führung besichtigt werden kann, sind Kontor, Farb- und Tuchlager sowie das Wohnhaus frei zugänglich.

In der Tuchfabrik Müller werden viele historische Maschinen vorgeführt. Sie veranschaulichen den mühsamen und langwierigen Prozess der Tuchherstellung vor rund 100 Jahren.

Radioteleskop Effelsberg

Mit einem Durchmesser von 100 Metern zählt das Radioteleskop Effelsberg zu den größten beweglichen Radioteleskopen der Welt. Sein Parabolspiegel empfängt Radiowellen, die bis zu 12 Milliarden Lichtjahre entfernt sind.

Max-Planck-Institut für Radio-astronomie
53902 Bad Münstereifel
Tel. 02257/301101
www.mpifr-bonn.mpg.de

Wie ein riesiges Auge blickt das Radioteleskop in den endlosen Himmel, auf der Suche nach Lichtjahre von der Erde entfernten Objekten.

In einem Bachtal im Ahrgebirge an der Grenze der Bundesländer Nordrhein-Westfalen und Rheinland-Pfalz erhebt sich wie ein gigantischer Pilz das Radioteleskop des Max-Planck-Instituts für Radioastronomie in Bonn. 1972 in Betrieb genommen und seitdem immer wieder technisch verbessert, dient es den Wissenschaftlern dazu, das Geheimnis um die Entstehung des Universums zu lüften oder ihm wenigs- tens etwas näher zu kommen. Mithilfe von Radiowellen und Infrarotwellen werden extrem weit von der Erde entfernte astronomische Objekte wie Sterne und Pulsare, interstellare Gas- und Staubwolken sowie Schwarze Löcher erforscht. Auch wenn das Teleskop von innen für Besucher aus Sicherheitsgründen nicht begehbar ist, besteht die Möglichkeit, sich auch als Laie umfassend darüber zu informieren. Die Aussichtsplattform bietet eine gute Sicht auf das Radioteleskop mit seinen riesigen Ausmaßen und im Besucherpavillon gibt es Ton- und Bildvorführungen und spezielle Vorträge. Der Planetenwanderweg, ein etwa 800 Meter langer Fußweg vom Parkplatz zum Teleskop, präsentiert auf zahlreichen Informationstafeln Wissenswertes zu den Planeten unseres Sonnensystems wie Saturn, Jupiter und Mars.

Dokumentationsstätte Regierungsbunker

Dokumenta-
tionsstätte
Regierungs-
bunker
Am Silberberg 0
53474 Bad Neuen-
ahr-Ahrweiler
Tel. 02641/9117053
www.regbu.de

Der Volksmund hat ihn »Regierungsbunker« getauft. Der ehema-
lige Ausweichsitz der Verfassungsorgane der Bundesrepublik
Deutschland, in den Zeiten des Kalten Kriegs entstanden, sollte im
Fall eines Atomanschlags 3000 Menschen das Überleben sichern.

Mit geschätzten fünf Milliarden DM Baukosten war der Bunker eines der teuersten Bauwerke seiner Zeit in der Bundesrepublik Deutschland. Auf Wunsch des damaligen Bundeskanzlers Konrad Adenauer wurde 1962 mit dem Bau der Anlage begonnen, die im Fall einer atomaren Bedrohung den Bundeskanzler, den Bundespräsidenten und 3000 hohe Regierungsbeamte schützen sollte. Erst 1971 war die gesamte, über 17 Kilometer lange Anlage mit ihren 936 Schlaf- und 897 Büroräumen fertiggestellt. Der Bunker wurde unter dem Decknamen »Rosengarten« in geheimer Mission in den Schiefergesteinen des Ahrtals angelegt.

Mit Ende des Kalten Kriegs war das Bauwerk obsolet geworden. 1997 beschloss man den Rückbau der Anlage, der 2006 abgeschlossen war. Übrig blieb ein 203 Meter langes Teilstück, das seit 2008 als Museum genutzt wird.
Nur im Rahmen einer Führung öffnen sich die 25 Tonnen schweren Tore im Bauwerk 123 und geben zunächst Einblick in die Umgehungsschleusen und Dekontaminationsräume. Danach gelangt man unter anderem in die Kommandozentrale, einen Krankenraum, das spartanisch eingerichtete Kanzlerzimmer und das etwas freundlichere Präsidialamt.

Staunend stehen die Besucher vor dem tonnenschweren Haupttor der Bunkeranlage.

Töpferhandwerk im Kannen-bäckerland

Schwerpunkt der Sammlungen des Keramikmuseums Westerwald ist das im Kannenbäckerland gefertigte salzglasierte Steinzeug. Seine kunsthandwerkliche Herstellung hat eine rund 500-jährige Tradition.

Keramik-museum Westerwald
Lindenstraße 13
56203 Höhr-Grenz-hausen
Tel. 02624/946010
www.keramikmu-seum.de

Gebrannte und gla-sierte Steinguttöpfe und Krüge sind heute immer noch oder wieder sehr begehrt.

Das Töpferhandwerk in der Region beruht auf den ergiebigen und besonders reinen und hochwertigen Tonvorkommen. Erste keramische Fundstücke stammen aus der Zeit um 1000 v. Chr. Im Mittelalter konnte man mithilfe neuer Brennöfen hoch gebrannte Ware herstellen. Die für den Westerwald typische graublaue Salzglasur ist seit Mitte des 15. Jahrhunderts belegt.

Nach der Zuwanderung von Kunsttöpfern aus dem Rheinland entwickelte sich ab 1600 das künstlerische Töpferhandwerk. Als Massenware stellten die »Kannenbäcker« oder »Euler« Krüge in jeglicher Form und Größe her.

Zu den im Museum ausgestellten Werkzeugen und Maschinen, die bei Vorführungen zum Einsatz kommen, gehören ein mehr als vier Meter hoher Kannenofen, eine Pfeifenpresse zur Herstellung von Tonpfeifen sowie eine Fußdrehscheibe. Weitere Schwerpunkte des Museums sind historische und zeitgenössische künstlerische Keramik sowie keramische Werkstoffe.

Sayner Hütte

Sayner Hütte
In der Sayner Hütte
56170 Bendorf
Tel. 02622/5861
www.freundeskreis-
saynerhuette.de

Ein herausragendes Beispiel des gusseisernen Industriehallenbaus ist die 1830 erbaute Gießhalle der Sayner Hütte. Die schriftlich belegte Geschichte des Bergbaus und der Eisenverhüttung in Bendorf gehen in das 17. Jahrhundert zurück.

1769 wurde unter Kurfürst Clemens Wenzeslaus von Trier der erste Hochofen der Sayner Hütte errichtet; sie kam zusammen mit dem Rheinland 1815 an Preußen. Der Geologe und Hüttenbaumeister Ludwig Karl Althans ließ 1830 die Gießhalle im Stil einer dreischiffigen gotischen Basilika mit erhöhtem Mittelbau errichten. Die weltweit erste Industriehalle mit einer tragenden Pfeilerkonstruktion aus in der Hütte selbst vorgefertigten Eisengussteilen war stilprägend für eine ganze Reihe von aus Gusseisen errichteten Industriegebäu-

den. Eine Lichtinstallation bringt das 2010 als »Historisches Wahrzeichen der Ingenieurbaukunst in Deutschland« ausgezeichnete Bauwerk auch nachts stilvoll zur Geltung.

Die Sayner Hütte produzierte bis 1927 neben Maschinen, Baueisen und Geschützen vor allem Eisenkunstgussobjekte, darunter unter dem Namen »Berliner Eisen« auch Schmuck und Medaillons. Bekannt wurde die Anstecknadel mit der Sayner Mücke, der Nachbildung einer Stubenfliege in Originalgröße. Ausführliche Informationen über die Geschichte des Eisengusses hält das Rheinische Eisenkunstguss-Museum bereit, das seit 2000 im wieder aufgebauten Sayner Schloss untergebracht ist. Zusammen mit der Sayner Hütte, der 1201 gegründeten ehemaligen Prämonstratenserabtei und der um 1200 erbauten Burg Sayn präsentiert sich auf engstem Raum eine eindrucksvolle Denkmallandschaft.

Haarschmuck aus
Gusseisen (links);
die Sayner Hütte
bei Nacht (rechts)

Festung Ehrenbreitstein

**Festung
Ehrenbreit-
stein**
56077 Koblenz
Tel. 0261/6675-4000
www.diefestungeh-
renbreitstein.de

**Ehrenbreitstein, im 19. Jahrhundert eine der stärksten Rhein-
festungen, blickt auf eine mehr als 3000-jährige Festungsgeschichte
zurück. Aus der Zeit um 1000 v. Chr. stammen Reste einer
keltischen Fliehburg.**

Voraussichtlich nur noch bis Ende 2013 lässt sich die auf rechtsrheinischer Seite liegende Festung Ehrenbreitstein vom Koblenzer Konrad-Adenauer-Ufer aus mit der 850 Meter langen Seilbahn über den Rhein erreichen. Seilbahn, Festung und Festungsgarten zählten zu den Höhepunkten der Bundesgartenschau 2011 in Koblenz.

Die gegenüber der Moselmündung liegende Festung Ehrenbreitstein war in der Urnenfelderzeit um 1000 v. Chr. eine Fliehburg, in der Zeit von 300 bis 500 n. Chr. ein römischer Burgus und im 10. Jahrhundert eine Burganlage. Vom 16. bis zum 18. Jahrhundert bauten die Trierer Kurfürsten die Burg zu einer Festung aus, die 1801 von französischen Truppen gesprengt wurde. Aus kurfürstlicher Zeit stammt auch der »Vogel Greif«, im 16. Jahrhundert eine der größten Pulverkanonen. Der gigantische Festungsbau, der 1817 bis 1928 errichtet wurde, ist das Werk preußischer Festungsbauer. Zeitweise bis zu 6500 Bauleute errichteten das Bollwerk mit dem schlossartigen Mittelbau, mit Bastionen, Traversen, Kasematten, Gräben und Tunneln.

Die Luftaufnahme zeigt einen Teil der zur Bundesgartenschau 2011 angelegten Festungsgärten.

Mayener Grubenfeld

Schon seit mehr als 7000 Jahren wird bei Mayen in der Vulkaneifel Basalt abgebaut, der sich bei der Erstarrung eines Lavastroms vor rund 200 000 Jahren gebildet hatte.

Terra Vulcania
An den Mühlsteinen 7
56727 Mayen
Tel. 02651/491506
vulkanpark.com/terra-vulcania

Das harte Gestein eignete sich hervorragend für Getreidereiben, später für Mühlsteine. Im Mittelalter nutzte man die durch den Abbau entstandenen Hohlräume als Bierkeller, die heute einer der größten Fledermauspopulationen Deutschlands Quartier bieten. In etwa zwei Stunden lassen sich das Grubenfeld und das

Informationszentrum Terra Vulcania erkunden.

Durch den Tagebaubereich des Grubenfeldes führt ein informativer Lehrpfad.

Deutsches Schieferbergwerk

Ein ungewöhnlicher Ort für ein Museum: Das Deutsche Schieferbergwerk ist in einem ehemaligen Luftschutzbunker unter der mittelalterlichen Genovevaburg untergebracht.

Eifelmuseum
56727 Mayen
Tel. 02651/498508
www.eifelmuseum-mayen.de

Die Ausstellung Deutsches Schieferbergwerk ist Teil des Eifelmuseums, das über die Natur- und Kulturgeschichte der Eifel informiert. Hier erfährt man alles über Entstehung und Abbau des Moselschiefers®, wie er heute noch im Schieferbergwerk am Mayener Katzenberg betrieben wird.

Unter der Genovevaburg steht der Schiefer in mehreren Schichten an.

Gutenberg-Werkstatt

Gutenberg-Museum Mainz
Museum für Buch-, Druck- und Schriftgeschichte
Liebfrauenplatz 5
55116 Mainz
Tel. 06131/122503
www.gutenbergmuseum.de

Aufwendig restauriert präsentiert sich die Druckpresse Gutenbergs aus dem Jahr 1468.

Für viele ist er eine der wichtigsten Erfindungen der Menschheit: der Buchdruck mit beweglichen Lettern. Das Gutenberg-Museum in Mainz widmet sich seinem Erfinder und der Kunst des Buchdrucks.

Die rekonstruierte Gutenberg-Werkstatt ist eine der Hauptattraktionen des Museums. Sechsmal täglich wird die nachgebaute Presse in Betrieb genommen und das Schriftgießen, Setzen und Drucken dem Publikum vor Augen geführt. Als Vorbild für den Nachbau dienten Holzstiche aus dem 15. und 16. Jahrhundert.

1900 wurde das renommierte Druckmuseum anlässlich des 500. Geburtstags von Johannes Gutenberg, eigentlich Johannes Gensfleisch zur Laden, eröffnet. Die Stadt Mainz wollte mit dem repräsentativen Bau ihren berühmten Sohn, den »Mann des Jahrtausends« ehren. Der gelernte Goldschmied erfand um 1450 mit finanzieller Unterstützung des Verlegers und Buchhändlers Johann Fust den Buchdruck mit beweglichen Metalltypen.

Die revolutionäre Erfindung ermöglichte die Verbreitung von Informationen auf zuvor unvorstellbar schnellem Weg. Das bekannteste Werk aus Gutenbergs Werkstatt ist die von 1452 und 1454 in Mainz gedruckte 42-zeilige Gutenberg-Bibel. Sie gehört zu den wertvollsten Exponaten des Museums, das sich auch der Geschichte der Handschrift in Europa und Vorderasien widmet.

Noch und wieder funktionsfähig: die rekonstruierte Gutenberg-Werkstatt für den Bibeldruck ist eine der besonderen Attraktionen des Museums.

Sektkellerei Kupferberg

**Kupferberg-
terrasse**
Kupferbergterrasse
17–19
55116 Mainz
Tel. 06131/9230
www.kupferbergter-
rasse.com

**Als »Fabrication moussierender Weine« öffnete das Stammhaus
der Sektkellerei Kupferberg 1850 in Mainz seine Pforten.
Glanzstücke des Hauses sind die ausgedehnten Keller und der
im Jugendstil gehaltene Traubensaal.**

**Tief unter der Erde
gibt der siebenstö-
ckige Sektkeller
seine Schätze preis.**

Das alte Stammhaus auf dem Mainzer Kästrich, einem ehemaligen
Weinberg, dient heute als Veranstaltungsort und Museum. 1965 waren
die Betriebsanlagen in den Mainzer
Vorort Hechtsheim verlagert worden. In den Glanzzeiten der Sektkellerei war Reichskanzler Fürst
Otto von Bismarck Stammgast des
Hauses. Im »Bismarckzimmer« richtete er während seiner Mainzer Auf-
enthalte sein »Bureau des Auswärti-
gen Amtes« ein.
Die weitläufigen Kelleranlagen be-
stehen aus 60 Kellersegmenten und
erstrecken sich über sieben Stockwerke. Der am tiefsten geschichtete
Sektkeller der Welt bot ideale Lager-
bedingungen. Bei einer Führung
wird zwischen alten Weinfässern
das traditionelle Gärverfahren erklärt. Der prachtvolle Traubensaal
war 1900 als Ausstellungspavillon
für deutsche Weine für die Weltausstellung in Paris gebaut worden und
wurde in Mainz wieder originalgetreu aufgebaut. Im Museum wird
eine große Sammlung von Sekt-
gläsern und historischen Werbe-
plakaten gezeigt.

Römerschiffe

Fünf römische Kriegsschiffe zählen zu den Hauptattraktionen des Museums für Antike Schiffahrt. Die Außenstelle des Römisch-Germanischen Zentralmuseums wurde in der ehemaligen Großmarkthalle von Mainz eingerichtet.

Römisch-Germanisches Zentral-museum

Museum für Antike Schiffahrt Mainz
Neutorstraße 2b
55116 Mainz
Tel. 06131/286630
web.rgzm.de/36.html

1981/82 sorgte die Entdeckung von fünf spätrömischen Kriegsschiffen, eines großen Frachtschiffes und zweier Ruderboote für großes Aufsehen. Die gut erhaltenen Schiffe aus dem 4. Jahrhundert n. Chr. wurden bei Ausschachtungsarbeiten für einen Hotelerweiterungsbau am Rheinufer gefunden. Seit 1994 sind die aufwendig restaurierten Exponate im Museum für Antike Schifffahrt zu bewundern. Das Zweigmuseum des renommierten Römisch-Germanischen Zentralmuseums ist am Rand der Mainzer Altstadt in der alten Großmarkthalle untergebracht. Das 1870 aus rötlichen Sandsteinblöcken errichtete Gebäude beherbergte bis 1939 eine Werkstatt für Lokomotiven.

Das Museum unterhält zahlreiche Forschungsprojekte zur spätantiken Schifffahrt. Dazu gehörte auch der vor den Augen der Museumsbesucher ausgeführte originalgetreue Nachbau römischer Schiffe, die anschließend auf ihre Funktionstüchtigkeit hin getestet wurden. Die Modelle im Maßstab 1 : 1 gehören heute ebenfalls zu den Ausstellungsobjekten im 2011 grundlegend sanierten Museum.

Authentisch nachgebautes Römerschiff.

Grube Amalienhöhe

**Grube
Amalienhöhe**
Zum Bergwerk
55425 Waldalges-
heim
Tel. 06721/32808
www.waldalges-
heim.de

**Wie ein Schloss thront die Amalienhöhe über der Hunsrückge-
meinde Waldalgesheim. Tatsächlich war die gesamte oberirdische
Anlage der ehemaligen Bergbaugrube einem Barockschloss
nachempfunden.**

1885 begann auf der Amalienhöhe die Suche nach Manganerzen, die für die Stahlgewinnung als Zuschlagstoff benötigt wurden. Zuvor war man im benachbarten Grubenfeld Elisenhöhe bereits fündig geworden. 1887 nahm das nach seinem Besitzer Grube Dr. Geier genannte Mangan- und Dolomitbergwerk seinen Betrieb auf. Die ansteigende Nachfrage nach Rohstoffen vor und während des Ersten Weltkriegs brachte einen großen Aufschwung.

Zwischen 1916 und 1920 wurde die von einem Darmstädter Planungsbüro konzipierte Anlage im neobarocken Stil errichtet. Um einen »Ehrenhof« gruppieren sich Seitenflügel und Pavillons, in denen Zechenhaus, Speisesaal, Schachthalle und andere Räumlichkeiten untergebracht sind. Den schmiedeeisernen Förderturm krönt eine neobarocke Haube.

Die Zukunft des einzigartigen Bergwerkensembles, das zum UNESCO-Welterbe Kulturlandschaft Oberes Mittelrheintal gehört, ist ungewiss. Nach der Schließung 1971 fehlt bis heute, auch wegen Rechtsstreitereien, ein umfassendes Sanierungskonzept. 2003 zerstörte ein Brand wertvolle Bausubstanz.

Das barocke Gebäudeensemble der Grube Amalienhöhe ist ein wirkliches Schmuckstück.

Oppenheimer Kellerlabyrinth

Noch sind nicht alle Labyrinthgänge unter der Stadt erschlossen. Insgesamt rund 6000 Quadratmeter Kellerfläche liegen auf mehreren Ebenen in einem Areal unter dem mittelalterlichen Altstadtkern von Oppenheim.

Stadt Oppenheim
Merianstraße 4
55276 Oppenheim
Tel.: 06133/4909-19
oder -14
www.stadt-oppenheim.de

Die Führungen durch das Oppenheimer Kellerlabyrinth haben sich zu einer gefragten Touristenattraktion entwickelt.

Schon lange nutzten die Oppenheimer ihre geräumigen Keller als kühle Lagerräume für Wein und Bier, ohne zu wissen, dass die Räume auf verschlungenen Wegen miteinander verbunden sind. Aufmerksamkeit erregte 1986 der Einbruch eines Streifenwagens in einer Altstadtgasse. Um die Standsicherheit von Häusern und Straßen zu gewährleisten, begannen umfangreiche Sanierungsmaßnahmen, in deren Verlauf man das ganze Ausmaß des Kellerlabyrinths entdeckte. Seit 2003 kann man einen Teil des auf insgesamt 40 Kilometer geschätzten Kellerlabyrinths auf einem geführten Rundgang erkunden. Über mindestens fünf Ebenen wurde gegraben. Die leicht zu bearbeitende, aber durch Kalksteineinlagerungen trotzdem widerstandsfähige Lößlehmschicht eignete sich hervorragend zur Schaffung der Vorratsräume.

1226 war Oppenheim zur Freien Reichsstadt mit besonderen Handelsprivilegien erhoben worden. Die Lage zwischen Rhein und Bergen bot kaum Platz für die Lagerhaltung, und so erweiterte man die Stadt in die Tiefe. Erst später wurden die Einzelanlagen, von denen bisher rund 600 erfasst sind, durch Gänge miteinander verbunden. Die so geschaffene Stadt unter der Stadt war somit auch eine ideale Zufluchtsstätte in Krisenzeiten.

Kupferbergwerk

Historisches Kupferberg-werk Fisch-bach
55743 Fischbach (Nahe)
Tel. 06784/2304
www.besucher-bergwerk-fisch-bach.de

Das erstmals 1473 erwähnte »Bergwerk im Hosenberg« im Nahe-bergland war im 18. Jahrhundert wegen der dort geförderten, besonders reinen Kupfererze eines der bedeutendsten Kupferbergwerke im Westen Deutschlands.

Die »Historische Kupferschmelze« erinnert in jedem Herbst an den alten Kupferbergbau.

Im Rahmen einer mehr als einstün-digen Führung durch das Besucher-bergwerk sieht man die für den altertümlichen Bergbau typischen Hohlräume und lernt die Weiterver-arbeitung des Kupfererzes kennen. Im Oktober findet alljährlich die »Historische Kupferschmelze« statt.

Schiefergrube Herrenberg

Schiefergrube Herrenberg
Gartenstraße 12
55626 Bundenbach
Tel. 06544/9272
www.bundenbach.de

Layenbrecher wurden die Bergleute genannt, die im Hunsrück den begehrten Dachschiefer förderten. In Bundenbach endete der Schieferbergbau 2000, die zwei Schieferwerke verarbeiten angelieferten Schiefer.

Die Schiefergrube Herrenberg, eine von ehemals 21 Gruben, wurde 1976 als Schaubergwerk eingerich-tet. Außer den Abbauen kann man ein Bergbau- und Fossilienmuseum besichtigen, das demnächst moder-nisiert wird. Hauptattraktion sind die rund 350 Millionen Jahre alten Fossilien, unter anderem Seelilien und Panzerfische, aus dem bis 6000 Meter mächtigen Hunsrück-schiefer.

Modell der Schiefer-grube Herrenberg; der (echte) Stollen fungiert auch als Therapieort für Atembeschwerden.

Schmuck- und Edelsteinindustrie

Idar-Oberstein liegt an der 70 Kilometer langen Deutschen Edelsteinstraße. In der Stadt dreht sich bereits seit 1375 (fast) alles um Schmuck und Edelsteine.

Damals wurde der Abbau von Achaten und anderen Edelsteinen erstmals urkundlich erwähnt. Die in Hohlräumen anderer Gesteine eingeschlossenen Steine waren beim Auskühlen vulkanischer Schmelzen entstanden. Die größte Edelsteinmine war der heute zu einem Schaubergwerk ausgebaute Steinkaulenberg. Neben Achaten wurden auch Bergkristalle, Amethyste und Rauchquarze gewonnen. Mineralienfreunde können sich beim nahen »Edelsteincamp« mit Harke und Schaufel in der Tradition des Edelsteinschürfens üben. Über die Weiterverarbeitung der Schmucksteine wird man in der Historischen Weiherschleife von 1634 informiert. Um 1900 waren in der Schmuck- und Edelsteinindustrie etwa 5000 Menschen beschäftigt. An diese Zeit erinnert das Industriedenkmal Jakob Bengel mit Fabrikgebäuden, Arbeiterwohnungen und der Fabrikantenvilla.
Auch heute bestimmt die Schmuckindustrie mit Fertigungsstätten, Fachinstituten und Bildungseinrichtungen sowie einer Diamant- und Edelsteinbörse das Leben in Idar-Oberstein.

Tourist-Information
Hauptstraße 419
55743 Idar-Oberstein
Tel. 06781/56390
www.idar-oberstein.de

In den Vitrinen des Deutschen Edelsteinmuseums sind mehr als 10 000 Exponate aus aller Welt ausgestellt.

Wasserkraft

Amüseum am
Wasserfall
Am Markt 29
54439 Saarburg
Tel. 06581/994642
www.saarburg.eu

Saarburg liegt an der Mündung des Leukbaches in die Saar.
Schon im 13. Jahrhundert wurde der Bach zur Energie- und Lösch-
wassergewinnung umgeleitet und demonstriert seine Wasserkraft
mitten in der malerischen Altstadt.

Die besondere Attraktion ist der künstliche Wasserfall, der zwischen Fachwerkhäusern und Barockbauten über Kaskaden 18 Meter in die Tiefe stürzt. Von einer kleinen Eisenbrücke lässt sich das Schauspiel gut beobachten. Die Wasserkraft des Leukbaches lieferte die Energie für den Betrieb zweier Stadtmühlen und mehrerer Handwerksbetriebe am Fuß des Wasserfalls.

Die Wasserräder der in ein kleines Mühlenmuseum verwandelten Hackenberger Mühle drehen sich noch heute. Bis 1974 wurde hier Getreide zu Mehl gemahlen. Die ehemalige kurfürstliche Mühle aus dem 17. Jahrhundert beherbergt das Amüseum, das städtische Museum. Aus der Mühle wurde 1900 ein Elektrizitätswerk, das später von der RWE übernommen wurde. Stationen eines Museumsrundgangs sind die Turbine von 1935, eine Druckstube und eine Schusterei sowie Ausstellungsstücke zur Saarschifffahrt und einer in Saarburg ansässigen Glockengießerei.

Das Wasser der Leuk trieb die kurfürstliche Mühle (oben links) und die Hackenberger Mühle (unten rechts) an.

Hochbunker

Auf staatliche Veranlassung wurde der Hochbunker in Trier gebaut, doch der Bau wurde nie fertiggestellt.

Direkt neben dem Rathaus von Trier erhebt sich am Augustinerhof der 1942 im Zweiten Weltkrieg erbaute Hochbunker. An der Schräge des nicht fertiggestellten steilen Daches aus Stahlbeton sollten die Bomben abprallen. In dem neungeschossigen Bunker, der über zwei Kellergeschosse mit einem Flachbunker verbunden war, sollten die Beamten der Stadt und die Zivilbevölkerung Schutz finden. Das markante Gebäude ist 38 Meter hoch und wurde zwischenzeitlich als Lager für das nahe gelegene Stadttheater genutzt.

Rathaus der Stadt Trier
Am Augustinerhof
54290 Trier
www.roscheider-hof.de

Die Stadt Trier denkt über eine neue Nutzung des Hochbunkers nach.

Zentralumspannwerk

Jahrzehntelang diente das repräsentative Gebäude des Zentralumspannwerks der Elektrizitätsversorgung Ludwigshafens sowie der Stadtverwaltung. Hier waren die Schaltanlagen und die Verwaltung untergebracht.

Das 1927 bis 1929 errichtete ehemalige Zentralumspannwerk der Stadt Ludwigshafen am Rhein ist eine mit roten Klinkern verkleidete Eisenbetonkonstruktion, die Stilelemente des Expressionismus mit den Vorstellungen des Bauhauses verbindet. Bis in die 1980er-Jahre war es die Kommandozentrale für die Elektrizitätsversorgung der Stadt. Das denkmalgeschützte Gebäude

mit seiner repräsentativen Fassade soll bis 2013 im Rahmen des Projekts Stadtumbau Innenstadt in eine Wohnanlage umgewandelt werden.

Wirtschafts-entwicklungs-gesellschaft Ludwigshafen am Rhein mbH
Rathausplatz 10+12
67059 Ludwigshafen am Rhein
Tel. 0621/5043124
www.umspann-werk-lu.de

Gradierbau

Gradierbau (Saline)
Gutleutstraße
67098 Bad Dürkheim
Tel. 06322/935140
www.bad-duerk-heim.com

2007 stand der mehr als 300 Meter lange Gradierbau auf ganzer Länge in Flammen. Zum zweiten Mal war die als Freiluftinhalatorium genutzte Anlage im Thermalsolbad Bad Dürkheim Opfer einer Brandstiftung geworden.

2010 konnte der Neubau wieder eingeweiht werden. Über rund

250 000 zu Wänden gestapelte Reisigbündel rieselt Salzwasser und verdunstet. Die feuchte salzhaltige Luft soll eine positive Wirkung auf die Atemorgane haben. Seit dem 16. Jahrhundert wurden die Solquellen in Dürkheim über sechs Gradierwerke zur Salzgewinnung genutzt.

Gut für die Bronchien: ein Spaziergang am Gradierwerk (hier vor dem Brand).

Kuckucksbähnel

DGEG Eisenbahnmuseum Neustadt/ Weinstraße
Schillerstraße 3
67434 Neustadt an der Weinstraße
Tel. 06321/30390
www.eisenbahnmuseum-neustadt.de

Von 1909 bis 1977 transportierte die Bahn vor allem Holz aus dem Pfälzer Wald von Elmstein zu den Sägewerken nach Lambrecht, seit 1984 sind es Ausflügler.

Die Museumsbahn braucht für die 13 Kilometer lange Strecke mit Fotostopp eine Stunde. Dabei muss eine Steigung von 14 Prozent über-

wunden werden. Vertiefen lässt sich das Erlebnis im Eisenbahnmuseum von Neustadt, das in einem ehemaligen Lokschuppen untergebracht ist.

Die Dampflok »Speyerbach«, Baujahr 1904, ist an den Wochenenden immer betriebsbereit.

Südpfalz-Draisinenbahn

Von April bis Oktober rollen in der Südpfalz bei Germersheim die Fahrraddraisinen über die Gleise der Unteren Queichtalbahn, die 1999 stillgelegt wurde.

Die 1872 eröffnete eingleisige Bahnstrecke zwischen Landau in der Pfalz und Germersheim hatte schon 1984 den Personenverkehr eingestellt. Im Mai 2006 erlebte das Teilstück zwischen Lingenfeld und Bornheim eine Renaissance als Draisinenbahn für Urlauber und Ausflügler. Die 13 Kilometer lange Strecke lässt sich mit Fahrraddraisinen für vier, fünf oder sieben Personen bewältigen. An jeder der insgesamt acht Stationen kann man die Fahrt unterbrechen und die Umgebung erkunden – im Storchendorf Bornheim etwa die geglückte Wiederansiedlung von Weißstörchen. In Lingenfeld dient ein nostalgischer Eisenbahnwaggon als Bistro.

1813 hatte der badische Forstmeister Karl Drais einen vierrädrigen Wagen mit Fußkurbelantrieb entwickelt, der als Draisine für Streckenkontrollen von Gleisanlagen eingesetzt wurde. Im Jahr 1817 sollte er das ebenfalls als Draisine bezeichnete Laufrad erfinden, den Vorläufer des Fahrrads.

Südpfalz-Draisinen-bahn
Hauptstraße 78a
67368 Westheim
Tel. 06344/9442670
www.suedpfalz-draisine.de

Draisinen in verschiedenen Größen stehen für die zahlreichen Interessenten zur Verfügung.

Technik Museum Speyer

Technik Museum Speyer
IMAX DOME Filmtheater
Am Technik Museum
67346 Speyer
Tel. 06232/67080
www.speyer.technik-museum.de

Fährt man auf der Salierbrücke von Baden-Württemberg aus über den Rhein, bietet die Stadt Speyer zwei spektakuläre Ansichten. Rechts erhebt sich das Weltkulturerbe Speyerer Dom, links grüßt eine Boeing 747.

Der über den linken Flügel bis in den Frachtraum begehbare Jumbojet ist nicht der einzige Höhepunkt des Technikmuseums, aber ein besonders auffälliger. Auf dem 100 000 Quadratmeter großen Freigelände und in der 25 000 Quadratmeter großen Ausstellungshalle sind u. a. mehr als 70 Flugzeuge und Hubschrauber zu besichtigen. Auf dem Freigelände kann man auch das U-Boot U 9 von 1967 erkunden. Vom Marinearsenal Wilhelmshaven aus war es 1993 mit einem Schlepper nach Rotterdam gezogen und auf einem Lastenponton rheinaufwärts nach Speyer geschoben worden.
Für Aufsehen sorgte 2008 auch der Transport der ehemaligen sowjetischen Raumfähre »Buran« per Schubverband auf dem Rhein. »Buran« ist das Glanzstück der

größten Raumfahrtausstellung Europas, die in einer 2008 errichteten Halle anhand von rund 300 Exponaten die Geschichte der Raumfahrt von den frühen 1960er-Jahren bis zur Internationalen Raumstation ISS dokumentiert.
Hauptausstellungsgebäude ist die Liller Halle, 1913 für die US-amerikanische Firma Thomson bei Lille in Nordfrankreich erbaut. Sie war während des Ersten Weltkriegs von deutschen Truppen demontiert und in Speyer für die Pfalz-Flugwerke als Fertigungshalle wieder errichtet worden. Auch der 1917 errichtete Wilhelmsbau, früher das Verwaltungsgebäude der Flugzeugwerke, ist mit seiner heutigen Sammlung mechanischer Musikinstrumente ein denkmalgeschützter Bau. Den Museumsbesuch kann eine Filmvorführung im IMAX DOME Filmtheater abrunden, Deutschlands einzigem Kino, in dem die Filme auf eine riesige Kuppel projiziert werden.

Die Sattdampf-Kondensationsturbine war bis 1995 im Kernkraftwerk Philippsburg im Einsatz.

Über dem Eingang grüßen die begehbaren Flugzeuge (oben). Das Feuerwehrfahrzeug »Seagraves Pumper« wurde 1958 gebaut und ist heute noch fahrbereit (unten).

EINGANG

IMAX DOME
Erleben Sie spektakuläre Filme auf
einer fast 1000 qm großen Kuppel

Und viele weitere faszinierende Filme

Mit der Kombikarte gilt:
MUSEUM + IMAX = 1 Preis
Infos an allen Museumskassen

EINGANG

SINKING SPRING, PA.

LIBERTY
FIRE CO.

Deutsches Straßenmuseum

Deutsches Straßen- museum
Im Zeughaus
76726 Germers- heim
Tel. 07274/500500
www.deutsches- strassenmuseum.de

Im ehemaligen Zeughaus der Festung Germersheim wartet ein Verkehrsmuseum der besonderen Art auf den Besucher. Es ist das einzige Museum in Deutschland, das sich mit dem Thema Straße beschäftigt.

Auf einer Fläche von rund 5000 Quadratmetern zeigt das Museum anhand repräsentativer Ausstel- lungsstücke die Chronologie des

Das Museum ist der Initiative von Straßenbau- und Verkehrsingenieu- ren zu verdanken, die die Samm- lung im 1990 sanierten, unter

Zwei alte Straßen- bauwalzen flankie- ren den Eingang des Straßenbau- museums.

Straßenbaus vom rekonstruierten altgermanischen Bohlenweg aus der Zeit um 800 v. Chr. bis zur Entwick- lung moderner Verkehrsleitsysteme. Im Außenbereich des Museums werden Großgeräte des Straßenbaus präsentiert. Im Dachgeschoss des Zeughauses laden jeden Dienstag zwei digitale Modellrennbahnen zum Mitmachen ein.

Denkmalschutz stehenden Fes- tungsbau unterbringen konnten. Nach dem Museumsbesuch bietet sich ein Rundgang durch die gewal- tige, zwischen 1834 und 1861 von Bayern ausgebaute Festung mit ihren Kasernen und Vorwerken an. Vielleicht bleibt noch Zeit für einen Besuch des Stadt- und Festungs- museums im Ludwigstor.

Keramikindustrie

Die barocken Klostergebäude der ehemaligen Benediktinerabtei in Mettlach sind Hauptverwaltungssitz und Informationszentrum des größten europäischen Unternehmens der feinkeramischen Industrie.

Erlebniszentrum Villeroy & Boch
Saaruferstraße, Alte Abtei
66693 Mettlach
Tel. 06864/811020
www.villeroy-boch.com

1748 hatte Pierre-Joseph Boch in Lothringen eine Keramikfabrik gegründet. Sein Sohn Jean-François verlegte den Firmensitz 1809 nach Mettlach und richtete in der Benediktinerabtei, die er nach der Säkularisation 1802 gekauft hatte, eine für damalige Verhältnisse moderne, weitgehend mechanisierte Steingutfabrik ein. Nach Fusion mit der 1791 gegründeten Steingutfabrik von Nicolas Villeroy entsteht 1836 das Unternehmen Villeroy & Boch, das heute weltweit tätig ist.

Die ehemalige Benediktinerabtei ist nicht nur Verwaltungszentrale, sondern präsentiert im Erlebniszentrum »Keravision« die Unternehmensgeschichte und bietet im Keramikmuseum Einblicke in die Welt der Keramik vom Spätbarock bis in die Moderne. Das nostalgische Museumscafé wurde dem 1892 von Villeroy & Boch entworfenen und gestalteten »Dresdner Milchladen« nachempfunden und ist vom Boden bis zur Decke mit rund 15 000 handgefertigten Fliesen geschmückt. Zum Ensemble am Saarufer gehören

unter anderem noch der Alte Turm, ein Achteckbau aus dem 10. Jahrhundert, sowie eine ehemalige Werkhalle und das alte Formenlager.

Die blaue Riesenkanne wurde 1935 von Villeroy & Boch in Dresden hergestellt.

Kupferbergwerk Düppenweiler

Historisches Kupferberg-werk Düppenweiler
Piesbacher Straße 67
66701 Beckingen-Düppenweiler
Tel. 06832/800011
www.beckingen.de

Nachdem Bauern bei Düppenweiler kupferhaltiges Gestein gefunden hatten, eröffnete 1725 ein wallonischer Bergwerksbetreiber ein Kupferbergwerk mit Bergleuten aus dem Erzgebirge.

Mehrmals musste das zunächst erfolgreich betriebene Bergwerk wegen eindringenden Wassers stillgelegt werden. Der letzte Eigentümer, die Dillinger Hütte, gab 1914/15 den Betrieb auf. 1986 bis 1992 wurde die Kupfergrube zu einem Besucherbergwerk ausgebaut. Informationen zur Geschichte des Kupferbergbaus in Düppenweiler bietet das ehemalige Huthaus. Besichtigt werden können auch die Barbara-kapelle und eine nach historischem Vorbild errichtete Kupferhütte.

»Dom« nennt der Bergmann solche weiten Abbauhallen.

Brennender Berg

Zweckverband »Brennender Berg«
Schachtstraße 2
66280 Sulzbach
Tel: 06897/907017
www.brennender-berg.de

Im 17. Jahrhundert geriet nahe Sulzbach/Saar ein Kohleflöz einer ehemaligen Steinkohlengrube in Brand.

Der seit dieser Zeit andauernde Schwelbrand sorgt dafür, dass aus Felsspalten, die beim Abbau von Alaunschiefer entstanden waren, Dämpfe austreten. An den Besuch des von diesem Phänomen faszinierten Johann Wolfgang von Goethe 1770 erinnert eine Gedenktafel. In und um Sulzbach wurde bis Anfang der 1990er-Jahre Steinkohle gefördert. Der Brennende Berg ist ein Informationspunkt des Erlebnispfades Industriekultur.

Zuweilen tritt aus dem Felsspalt des Brennenden Bergs noch immer Rauch.

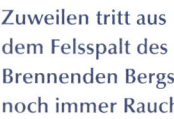

Altes Hüttenareal

Das Alte Hüttenareal, kurz AHA, erinnert an die große Zeit der Montanindustrie in Neunkirchen, die untrennbar mit der Unternehmerfamilie Stumm verbunden war. Die Neunkircher Hütte wurde 1982 geschlossen.

Auf dem Gelände der ehemaligen Hütte, nach der Stilllegung eine 40 Hektar große Industriebrache, wurde 1991 bis 1995 ein Hüttenpark eingerichtet. Durch ihn führt der etwa zweistündige Neunkircher Hüttenweg – inklusive einer Hochofenbesteigung. Im AHA ist außerdem ein nachts effektvoll beleuchtetes Kommunikationszentrum mit Veranstaltungsräumen, Gastronomie und Kinos entstanden.
Zu den Attraktionen gehören neben den zwei noch erhaltenen Hoch-öfen die Gebläsehalle, seit 2012 für größere Veranstaltungen genutzt, der große Wasserturm, der Gasometer, die Stummsche Kapelle und die liebevoll restaurierte Stummsche Reithalle, heute ein geschätzter Kulturtreff.
Über die zweite Säule der industriellen Vergangenheit Neunkirchens, die Steinkohlenförderung, informiert der Neunkircher Grubenweg. Die Gruben König, Heinitz, Dechen, Kohlwald und Welleswei-ler wurden schon 1968 stillgelegt.

Kreisstadt Neunkirchen
Oberer Markt 16
66538 Neunkirchen
Tel. 06821/202325
www.neunkir-chen.de

Mit der Einrichtung des Hüttenareals AHA erwachte die Neunkirchener Hütte zu neuem Leben.

Industriekultur Saar

Industrie-
kultur Saar
Boulevard der In-
dustriekultur 1
66287 Quierschied
Tel. 06825/9427719
www.iks-saar.de

Die Initiative Industriekultur Saar hat es sich zum Ziel gesetzt, ehemalige Bergwerks- und Industrieanlagen mit neuem Leben zu füllen. Zentraler Standort des Projekts ist das ehemalige Steinkohlenbergwerk Göttelborn.

Blick auf den »Göttelborner Himmelspfeil« mit der Photovoltaikanlage.

Das 1887 eröffnete Bergwerk Göttelborn stellte 2000 seinen Betrieb ein. Das ehemalige Zechengelände bietet den Besuchern das mit einer Gesamthöhe von 87 Metern mächtigste Fördergerüst in Europa. Der futuristisch wirkende Förderturm von 1995 kann nur im Rahmen einer Führung bestiegen werden. Nebenan erhebt sich die von ehemaligen Klärweihern umgebene 427 Meter hohe Haupthalde, von der aus man das 120 Hektar große Grubenareal gut überblicken kann. Zwischen der Halde und einem Photovoltaik-Kraftwerk mit mehr als 23 000 Solarmodulen ragt in Form einer großen Rampe die Landmarke Himmelspfeil auf.

Auch das ehemalige Steinkohlenbergwerk Grube Reden in Schiffweiler ist Teil der Initiative Industriekultur. Die alte Halde soll zu einem Erlebnis-Landschaftspark ausgebaut werden. Schon heute lädt auf dem Werksgelände die Ausstellung «GONDWANA – Das Praehistorium» zu einem Streifzug durch die Erdgeschichte vom Präkambrium bis zur Oberkreide ein.

Grube Luisenthal

Der Name Luisenthal erinnert an das schwerste Grubenunglück in der Geschichte des deutschen Bergbaus nach dem Zweiten Weltkrieg: 1962 fanden bei einer Schlagwetterexplosion 299 Bergleute den Tod.

Stadt Völklingen
Rathausplatz
66333 Völklingen
Tel. 06898/130
www.voelklingen.de

Die Förderung in der Fettkohlengrube Luisenthal begann 1899 im Schacht Richard 1 in der Nähe des Völklinger Bahnhofs. 1909 lieferten die Saargrubenkraftwerke Luisenthal Strom für den weiteren Ausbau der Grube. 50 Jahre später wurde das Kraftwerk stillgelegt. Nach Einstellung der Kohlenförderung 1995 werden die Schächte der Grube nur noch zur Beförderung von Arbeitsmaterial genutzt. Nach dem Grubenunglück wurden mehrere Grubenschächte zur Bewetterung des Bergwerks Luisenthal ausgebaut, u. a. der denkmalgeschützte Delbrückschacht in Saarbrücken. Die beiden Förderschächte Richard 1 und Richard 2 sind heute zwei wichtige Landmarken im Saartal. Die gesamte Anlage besitzt einen hohen Dokumentationswert für die Funktionsweise einer Eisenbahnschachtanlage. Derzeit wird immer noch Methangas aus den Schachtanlagen abgesaugt.

Nicht weit vom Bahnhof Luisenthal ragen die beiden Fördertürme der Kohlengrube auf.

Völklinger Hütte

Weltkultur-erbe Völklinger Hütte
Europäisches Zentrum für Kunst und Industriekultur
Rathausstraße 75–79
66302 Völklingen
Tel. 06898/9100100
www.voelklinger-huette.org

Die Völklinger Hütte wurde 1994 von der UNESCO als erstes Industriedenkmal überhaupt in die Liste des Welterbes aufgenommen. Sie ist die einzige, noch vollständig erhaltene Eisenhüttenanlage aus dem 19. und 20. Jahrhundert in Westeuropa und Nordamerika.

1873 gründete der Kölner Hütteningenieur Julius Buch in Völklingen ein Stahlwerk, das er sechs Jahre lang erfolglos betrieb. Erst unter der Leitung von Carl Röchling, der die stillgelegte Anlage 1881 erworben und auf die Herstellung von Roheisen umgestellt hatte, entwickelte sich die Völklinger Eisenhütte zu einem Großunternehmen. Das Röchling'sche Eisen- und Stahlwerk war 1890 der größte Eisenträgerhersteller Deutschlands. Aus dem Bauerndorf Völklingen wurde eine Industrie- und Arbeiterstadt. Die Völklinger Hütte wurde ständig ausgebaut: 1965 arbeiteten dort in einer der modernsten Industrieanlagen Europas mehr als 17 000 Menschen. Nach der Stahlkrise von 1975 setzte der Niedergang ein. 1987 wurde die Roheisenproduktion eingestellt. Die Saarstahl AG mit Sitz in Völklingen setzt die Tradition der saarländischen Hüttenindustrie in Dillingen fort.

Als »Europäisches Zentrum für Kunst und Industriekultur« bietet die Völklinger Hütte eine lückenlose Abfolge aller Hauptstationen der Roheisenproduktion. Die spannende Besichtigungstour beginnt mit einer Multimediashow in der Sinteranlage, führt durch düstere Gänge in die Möllerhalle und das Rohstofflager, dann 27 Meter hoch auf die Gichtbühne, von der aus die Hochöfen befüllt wurden. Schwindelfreie wagen sich noch höher auf die Aussichtsplattform der Hochofengruppe. Über das Kohlegleis geht es in die monumentale Gasgebläsehalle. Zwei bis drei Stunden dauert der Rundgang mit vielen weiteren Stationen. Das ScienceCenter Ferrodrom® macht mit der Welt des Eisens bekannt und stellt die Arbeits- und Lebenswelt der mit der Hüttenindustrie verbundenen Menschen anschaulich dar. Nicht allein die Industrieanlage lockt die Besucher an – 2011 immerhin mehr als 400 000 –, in der Gebläsehalle finden auch regelmäßig große Ausstellungen und Veranstaltungen statt.

Das ScienceCenter Ferrodrom® in der Möllerhalle zeigt das Thema Eisen in all seinen Facetten.

Energiefabrik Knappenrode

Energiefabrik
Knappenrode
Ernst-Thälmann-
Straße 8
02977 Hoyerswerda
Tel. 03571/604267
www.saechsisches-
industriemuseum.de

In weiten Teilen wird die Lausitz durch Braunkohle geprägt. Der Abbau zerstört zwar die Landschaft, doch in Form von Briketts war der Bodenschatz ein wichtiger Energieträger. An die Blütezeit der Branche erinnert die Energiefabrik Knappenrode.

1918 begann man in Hoyerswerda mit der industriellen Herstellung von Briketts. In der für fast drei Jahrzehnte modernsten Fabrik Deutschlands arbeiteten die Pressen teils mit Dampf, teils mit elektrischem Strom. Da der Energieverbrauch immens hoch war, rotierten gleich drei Dampfturbinen im benachbarten Kraftwerk. Die Produktion lief bis 1993, die Bilanz in diesen 75 Jahren kann sich sehen lassen: 67 Millionen Tonnen Briketts.

Markant rot leuchtet die Fassade des Backsteingebäudes, das seit 1994 Museum ist und seit 2005 auf der Route der Europäischen Route der Industriekultur liegt. Neben der Brikettfabrik und dem Kraftwerk beherbergt das 25 Hektar große Gelände zahlreiche weitere Sehenswürdigkeiten.

Am Beginn eines Rundgangs wollen 122 Stufen erklommen werden, um auf den 22 Meter hohen Treppenturm zu gelangen. Dort startet eine moderne Museumstour, die sich durch sieben Etagen zieht. Zu den Höhepunkten gehört die Geräuschkulisse der alten Maschinen, die dreimal täglich gestartet werden. Einmalig ist auch die größte Ofensammlung Europas mit mittlerweile 800 Exponaten.

Mit Briketts wird Energie erzeugt. Aber auch zur Herstellung der Briketts ist Energie nötig – in Knappenrode ist das eindrucksvoll zu sehen.

Alte Wasserkunst

Im 15. Jahrhundert reichten die 86 Brunnen in Bautzen nicht mehr aus, um die Bevölkerung mit Trinkwasser zu versorgen.

Ein hölzerner Turm entstand, der 1558 vom noch heute bestehenden Turm aus Stein ersetzt wurde. In der Spitze dieser »Wasserkunst« lag ein Kessel, in den zu Beginn Spreewasser, später Grundwasser gepumpt wurde. Von dort wurde das Wasser über das Stadtgebiet verteilt. Erst 1965 wurde der Betrieb eingestellt, seit 1994 kann der Turm als Museum besichtigt werden.

Alte Wasserkunst
Wendischer Kirchhof 2
02625 Bautzen
Tel. 03591/41588
www.altewasserkunstbautzen.de

Nur wenige Besucher der Stadt Bautzen vermuten im Wehrturm-ähnlichen Bau einen alten Wasserturm.

Raddampfer »Stadt Wehlen«

Mit neun historischen Raddampfern ist die Sächsische Dampfschiffahrt unterwegs. Der älteste ist die »Stadt Wehlen« aus dem Jahr 1879.

Nostalgiker lieben die Fahrten auf der Elbe per Raddampfer. Unter Deck der 59 Meter langen »Stadt Wehlen« schnauft noch die alte, 1914/15 umgebaute Dampfmaschine. Insgesamt finden auf dem 1994 renovierten Schiff 284 Passagiere Platz, die die jeweils drei Meter hohen Schaufelräder in Aktion bewundern können. Am historischen Ufer von Dresden wirkt die »Stadt Wehlen« so authentisch, als könnte sie nie einen anderen Liegeplatz einnehmen.

Sächsische Dampfschiffahrts GmbH & Co. Conti Elbschiffahrts KG
Hertha-Lindner-Straße 10
01067 Dresden
Tel. 0351/866090
www.saechsische-dampfschiffahrt.de

Wenn die Dampfwolken von Dresdens alten Dampfern aufsteigen, geht Schiffsfreunden das Herz auf.

Gläserne Manufaktur

Automobil-
manufaktur
Dresden
GmbH
Lennéstraße 1
01069 Dresden
Tel. 01805/896268
www.glaesernema-
nufaktur.de

Die Herstellung von Autos findet immer am Stadtrand auf großen Geländen statt, ist hinter hohen Mauern verborgen und für Besucher tabu? Nichts von alldem trifft auf Dresdens Gläserne Manufaktur zu, die 2001 ihre Produktion aufnahm.

Die besondere Atmosphäre in der Montagehalle der Gläsernen Manufaktur lässt die normale Fließbandproduktion heutiger Autos vergessen.

Der Weltkonzern Volkswagen ist eher für Fahrzeuge der Mittelklasse bekannt, die an Standorten auf dem gesamten Globus entstehen. Doch in der Produktpalette gibt es auch ein kleines Segment der Luxusfahrzeuge, dessen Flaggschiff das Modell »Phaeton« ist. Seinem exklusiven Anspruch entsprechend wird es an einem exklusiven Standort montiert: der Gläsernen Manufaktur. Das Gebäude entstand nur wenige Gehminuten von Dresdens historischem Zentrum entfernt. In der Unternehmensphilosophie wird das

Baumaterial Glas nicht nur als Werkstoff verstanden, sondern als Sinnbild für eine neue Transparenz bei den Herstellungsprozessen. Produktion und Erlebnis gehen ineinander über: Besucher können dabei zusehen, wie die Arbeiter an eigens für die Manufaktur konzipierten Gestellen die Wagen zusammensetzen – stilecht mit weißen Handschuhen.
Um die Umwelt zu schonen, werden die meisten Bauteile mit einer speziellen Straßenbahn in die Manufaktur transportiert.

Lichtdruck-Museum

Zu den jüngeren Druckverfahren zählt der Lichtdruck, der seit 1856 existiert. Sein besonderer Reiz liegt darin, die Farben eines Originals so getreu wie möglich wiederzugeben. In Dresden finden sich einige der letzten Lichtdruckmaschinen.

Unter Druckern gilt der Lichtdruck als besondere Kunst. Anfangs wurden Stein- und Metallplatten verwendet, seit 1868 kommen Glasplatten zum Einsatz. Für jede zu druckende Farbe gibt es eine einzelne Platte, auf die das Negativ der Vorlage kopiert wird. Die gedruckten Farben sind von großer Beständigkeit. In der industriellen Fertigung konnte sich der qualitativ hochstehende Lichtdruck nicht gegen den schnelleren und preiswerteren Offsetdruck durchsetzen. Zum Einsatz kommt er noch als künstlerisches Gestaltungsmittel.

Das Lichtdruck-Museum ist Teil des Druckhauses Dresden. Zu ihm gehört eine Werkstatt mit acht alten Maschinen, von denen es weltweit nur noch wenige gibt.

Seit 2001 ist die interessante Werkstatt zwar ein technisches Denkmal, wenige Jahre darauf musste sie jedoch für die Öffentlichkeit geschlossen werden.

Lichtdruck-Werkstatt-Museum
Druckhaus Dresden GmbH
Bärensteiner Straße 30
01277 Dresden
Tel. 0351 / 3187013
www.lichtdruck-werkstatt.de

Wer sich mit Lichtdruck beschäftigt, bewegt sich zwischen Handwerk und Kunst.

Technische Sammlungen der Stadt Dresden

Technische Sammlungen der Stadt Dresden
Junghansstraße 1–3
01277 Dresden
Tel. 0351/4887201
www.tsd.de

Die Sammlungen gehen auf das Polytechnische Museum zurück, das 1966 eröffnet wurde. Heute werden auf 3000 Quadratmetern Relikte aus 150 Jahren Technikgeschichte präsentiert.

Mit dem Beginn der Industriellen Revolution entwickelte sich Sachsen zu einem der industriellen Kernräume im Deutschen Reich. Um diese Tradition nicht in Vergessenheit geraten zu lassen, konzentrieren sich die Exponate der Technischen Sammlungen auf die Technikgeschichte der Region im Allgemeinen und Dresdens im Besonderen.

Seit 1993 befinden sich die Ausstellungsstücke im sogenannten Ernemannbau, der 1898 entstand und nach seinem Architekten benannt ist. Ursprünglich wurden dort Fotoapparate gefertigt. Besonders bekannt ist die Marke Praktica, die Spiegelreflexkamera der DDR, die in Dresden in Serie gefertigt und auch außerhalb des Landes bekannt wurde. Entsprechend liegt ein Schwerpunkt der Sammlungen auf der Fotografie und der Optik.

Die insgesamt 25 000 Objekte des Museums decken aber auch Unterhaltungs- und Haushalttechnik sowie Mikroelektronik und andere Bereiche ab. Einzigartig in Europa sind die über 1000 Schreibmaschinen, zu denen eines der ersten Modelle aus dem Jahr 1865 gehört.

Die Technischen Sammlungen fühlen sich dem Bildungsauftrag verpflichtet, das Wissen um Technik an folgende Generationen weiterzugeben. Deshalb gibt es besondere Angebote für Kinder und Jugendliche: Im »Erlebnisland Mathematik« werden den Besuchern praktische Bezüge der Mathematik zum Alltag nahegebracht, die etwa in die Gebiete der Geometrie und der Akustik hineinreichen. So manchem Schüler wurde die Angst vor dem Mathematikunterricht genommen. Eine ähnliche Idee verfolgt man auf einer Ausstellungsfläche im Turm des Museums. Dort kann jeder physikalische Phänomene am eigenen Leib erfahren.

Die 1914 hergestellte mobile Dampfspritze ist die letzte ihrer Art (unten). Geradezu modern erscheint dagegen ein gläserner Computer aus dem Jahr 1958 (rechts).

Speicher
Ein- und Ausgabewerk

Konstantenspeicher

Ste

Vorz.

Eingaberegister

Vorz.

Ausgaberegister

Hauptspeicherfach-Nummer

II. Operandenregister

Addier

Überlauf

Staatliche Porzellan-Manufaktur

Staatliche Porzellan-Manufaktur Meissen GmbH
Talstraße 9
01662 Meißen
Tel. 03521/4680
www.meissen.com

Über Jahrhunderte blieb die Porzellanherstellung ein Geheimnis chinesischer Handwerker. 1708 gelang es dem Alchimisten Johann Friedrich Böttger, das erste weiße Porzellan Europas zu erzeugen.

1710 nahm in Meißen die erste europäische Porzellanmanufaktur ihre Produktion auf. Heute pilgern pro Jahr rund 280 000 Porzellanfans zur Manufaktur und den angeschlossenen Institutionen: Das Museum of Meissen® Art bietet eine weltweit einmalige Sammlung der in drei Jahrhunderten entstandenen Stücke. Ungleich direkter können die Besucher den Werkstoff, die Herstellung und die Produkte in den Schauwerkstätten erleben.

Ein Rundgang beginnt beim Dreher und Former, der u. a. Tassen erzeugt und einzelnen Teilen von Figuren ihre Form gibt. Die Aufgabe des sogenannten Bossierers ist es, aus den Einzelteilen ein Ganzes zu komponieren. Abschließend bekommt man Einblicke in die Unterglasur- und die Aufglasurmalerei. Da sich die Anhänger des Porzellans aus Meißen in der ganzen Welt finden, werden die Führungen in 14 Sprachen angeboten.

Zu den beruflichen Qualifikationen einer Porzellanmalerin gehört eine besonders ruhige Hand.

Hammerwerk

In einem Bergbaurevier werden Eisenwerkzeuge benötigt. Produziert wurden sie im Freiberger Revier zum Beispiel im Hammerwerk von Freibergsdorf.

Erwähnt wurde es erstmals 1607, der letzte Schlag wurde 1974 getan. Zu besichtigen ist das rekonstruierte und unter Denkmalschutz stehende Gebäude seit 1991. Die voll funktionstüchtige Hammerwelle aus Eiche bringt sieben Tonnen auf die Waage, die drei Hämmer wiegen jeweils zwischen 100 und 250 Kilogramm.

Freibergsdorfer Hammerwerk
Hammerweg 4
09599 Freiberg
Tel. 03731/4195190
www.freiberg-service.de

Einer der drei sogenannten Schwanzhämmer, die alle mittels eines Wasserrads betrieben werden.

Historische Schauweberei Braunsdorf

Im Gebäude der Schauweberei wurden ab 1827 auf 36 Spinnmaschinen Textilien produziert.

Im Lauf der Zeit änderte sich mehrmals die Produktionsstruktur, man reinigte Schafwolle, färbte Stoffe und stellte Filztuch her. Während der Zeit der DDR entstanden hier Stoffe für Möbel und Dekorationsartikel. Seit 1994 ist die Schauweberei ein technisches Denkmal, in dem die Entwicklung von den Anfängen der Weberei bis zur industriellen Fertigung verfolgt werden kann.

Historische Schauweberei Braunsdorf
Inselsteig 16
09577 Niederwiesa
Tel. 037206/899800
www.niederwiesa.de

Die industrielle Produktion von Textilien ist immer mit dem Lärm der Maschinen verbunden.

Erzbergwerk

Besucher-bergwerk Freiberg
Fuchsmühlenweg 9
09599 Freiberg
Tel. 03731/394571
www.besucher-bergwerk-frei-berg.de

Ohne die Erze der Region wäre Freiberg nie entstanden. Seit dem 12. Jahrhundert werden die Rohstoffe gefördert, ein Labyrinth aus unterirdischen Gängen zeugt davon. Das Besucherbergwerk ermöglicht Einblicke in diesen Teil der Technikgeschichte.

Bis in 700 Meter Tiefe haben sich Bergleute aus acht Jahrhunderten in die Erde vorgearbeitet, um die Schätze des Freiberger Reviers zu bergen: Bleiglanz, Zinkblende, Arsenkies, Schwefelkies und Silbererze. Am Anfang standen die Silbererze, auf die man 1168 stieß. Über Hunderte von Jahren bildete sich ein Wissen um den Bergbau und die Hüttentechnik, das 1765 in der Gründung der Bergakademie mündete.

Die akademische Seite der Branche gewann schließlich die Oberhand, nachdem die Förderung nach 1913 nicht mehr rentabel betrieben werden konnte. Zwar gab es ab den 1930er-Jahren für rund 30 Jahre einen erneuten Abbau. Doch diese Phase konnte nicht über das Ende hinwegtäuschen.

Seit 1919 werden die beiden Schächte »Reiche Zeche« und »Alte Elisabeth« als Lehrbergwerke betrieben. Heute sind die beiden Anlagen nicht nur Studenten der Fachbereiche Markscheidewesen, Geotechnik und Bergbautechnologie vorbehalten, sondern können von Besuchern besichtigt werden. Das »Himmelfahrt Fundgrube« genannte Lehr- und Forschungsbergwerk ist der Bergakademie Freiberg angeschlossen, die heute den Rang einer Technischen Universität hat.

Eine Fahrt in den Schacht »Reiche Zeche« verspricht Abenteuer: 230 Meter geht es hinunter, 14 Kilometer winden sich die Gänge, in denen man ohne Führung verloren wäre. Bis zu sechs Stunden kann eine solche Reise dauern, die an Tropfsteinen und von Hand in den Stein getriebenen Stollen vorbeiführt. Wem das zu lang erscheint, kann mit einer einstündigen Tour vorliebnehmen.

Die Tradition des Schachtes »Reiche Zeche« als Lehrbergwerk reicht fast ein Jahrhundert zurück (unten).
Die »Freiberger Blenden« sind typische Grubenlampen der Zeit (rechts).

Preßnitztalbahn

Interessen-
gemeinschaft
Preßnitztal-
bahn e. V.
Am Bahnhof 78
09477 Jöhstadt
Tel. 37343/80807
www.pressnitztal-
bahn.de

**Fast ein Jahrhundert lang war die 23 Kilometer lange Schmalspur-
bahn zwischen Wolkenstein und Jöhstadt die pulsierende Lebens-
ader der Region. 1986 kam das Aus. Nur wenig später wurde ein
Teilstück von Eisenbahnfreunden wiederbelebt.**

Ende Mai 1892 machte sich die
erste Dampflokomotive im Preßnitz-
tal auf ihren Weg. Auf einer schmalen Strecke mit nur 750 Millimetern
Spurbreite wurden Personen und
Güter transportiert. Doch die Kon-
kurrenz der Straße war zu groß. Die
Strecke wurde nicht nur stillgelegt,
sondern demontiert. Die Gleise ver-
schwanden ebenso wie zahlreiche
Brücken.
Eine Handvoll Bürger wollte sich
nicht damit abfinden: 1990 begann
die Arbeit der Interessengemein-

schaft Preßnitztalbahn, und bereits
zwei Jahre darauf stand wieder eine
Lok auf den Schienen von Jöhstadt –
wenn auch nur auf einer bescheidenen Länge von 100 Metern.
Heute ist die Strecke acht Kilometer
lang und reicht bis Steinbach. Eisen-
bahnfreunde erfreuen sich an den
Zügen, die als Museumsbahn mit
vielen originalgetreu restaurierten
Wagen abwechselnd von drei
Dampf- und zwei Diesellokomotiven durch die idyllische Landschaft
des Erzgebirges gezogen wird.

*Ehrenamtliche
Helfer sorgen dafür,
dass die Fahrzeuge
der Preßnitztalbahn
keinen Rost an-
setzen.*

Museumsbahn Schönheide

Ende des 19. Jahrhunderts schlug die große Stunde der Schmalspurbahnen im Erzgebirge. Sie waren das optimale Verkehrsmittel
für Menschen und Güter in einer strukturschwachen Region. Ein
Relikt aus dieser Zeit ist die Museumsbahn Schönheide.

Museumsbahn
Schönheide
Am Fuchsstein –
Lokschuppen
08304 Schönheide
Tel. 037755/4303
www.museums-
bahn-
schoenheide.de

In winterlicher
Schneeidylle be-
kommt eine ohne-
hin beeindruckende
Dampflokfahrt
einen zusätzlichen
Reiz.

Zwischen 1881 und 1897 entstand
südlich der Stadt Aue eine Schmalspurbahn, die von Wilkau über
Schönheide nach Carlsfeld verlief.
Erst durch diese Strecke konnte das
abgelegene Gebiet wirtschaftlich
erschlossen werden. Die Züge rat-
terten die 42 Kilometer auf Gleisen
mit einer Breite von 750 Millimetern entlang.
Das erste Teilstück wurde bereits
1965 stillgelegt, 1977 fuhr dann der
letzte Zug. Nach der deutschen
Wiedervereinigung war die Chance

einer Wiederbelebung gekommen:
1991 nahmen zwei Interessenge-
meinschaften ihre Arbeit auf, legten
das Schotterbett, die Schwellen und
die Gleise – vieles wurde per Hand
erledigt. Drei Jahre später war es so
weit und nach fast zwei Jahrzehnten
Stille schnaufte wieder eine Dampflok auf der 1,7 Kilometer langen
Strecke zwischen Schönheide und
Neuheide. Seit 2001 kann die Strecke bis nach Stützengrün-Neulehn
auf insgesamt vier Kilometern befahren werden.

Industriemuseum Chemnitz

**Industrie-
museum
Chemnitz**
Zwickauer Str. 119
09112 Chemnitz
Tel. 0371/3676140
www.saechsisches-
industriemuseum.de

Zu Deutschlands großen Industrieräumen gehört die Region um Chemnitz. Dieser Bedeutung trägt das Industriemuseum der Stadt Rechnung, das ein wichtiger Punkt der Europäischen Route der Industriekultur ist.

Die alte Halle einer Maschinenbau-fabrik bildet den optimalen Rahmen für die Dauerausstellung des Muse-ums, das in zehn Bereiche geglie-dert ist. Dem Museum ist es wich-tig, den Zusammenhang zwischen der Wirtschaftsgeschichte und dem sozialen Leben zu thematisieren. So ist einer der Schwerpunkte »Fami-lie«, bei dem die Auswirkungen der Industrialisierung auf das Zusam-menleben verfolgt werden. Höhepunkte für Technikinteressierte finden sich etwa in »Sachsen« mit einem Pkw »Wanderer W23« aus dem Jahr 1939, der bereits eine Spitzengeschwindigkeit von 115 Ki-lometern in der Stunde erreichte. Der sächsische Bogen spannt sich über »800 Jahre Bergbau« und die Entdeckung der Porzellanherstel-lung 1708 bis zur Schaufel eines Ei-merkettenbaggers aus der Lausitz.

Besonders ausführlich wird in der »Textilstraße« die Entwicklung der Textilindustrie präsentiert. So erin-nert ein Nachbau der »Spinning Jenny« von 1767 daran, wie die ur-sprüngliche Handarbeit des Spin-nens rationalisiert wurde.
Wichtig ist auch der Blick in die jüngste Vergangenheit: Im Schwer-punkt »Europäer« ist ein Laser-schweißgerät von 2001 zu sehen, mit dem beim Autobau Karosserie-bleche verarbeitet wurden. Auch die »Motorenwerkstatt« gibt sich modern. Dort finden sich zwar Klas-siker wie ein Zweitakt-Ottomotor von 1952. Doch auch der Blick auf Innovatives kommt nicht zu kurz. Wie sah ein Elektroroller 2005 aus? Wie funktioniert eine Brennstoff-zelle? Welche Zukunft hat Bio-Etha-nol als Treibstoff? Die Antworten gibt es im Industriemuseum Chemnitz.

Die Spannbreite reicht von der me-chanischen Rechen-maschine (rechts) über eine alte Einzylinder-Gegen-druck-Dampfma-schine (rechte Seite oben) bis zu einer Häkelgalonma-schine von 1912 (rechte Seite unten).

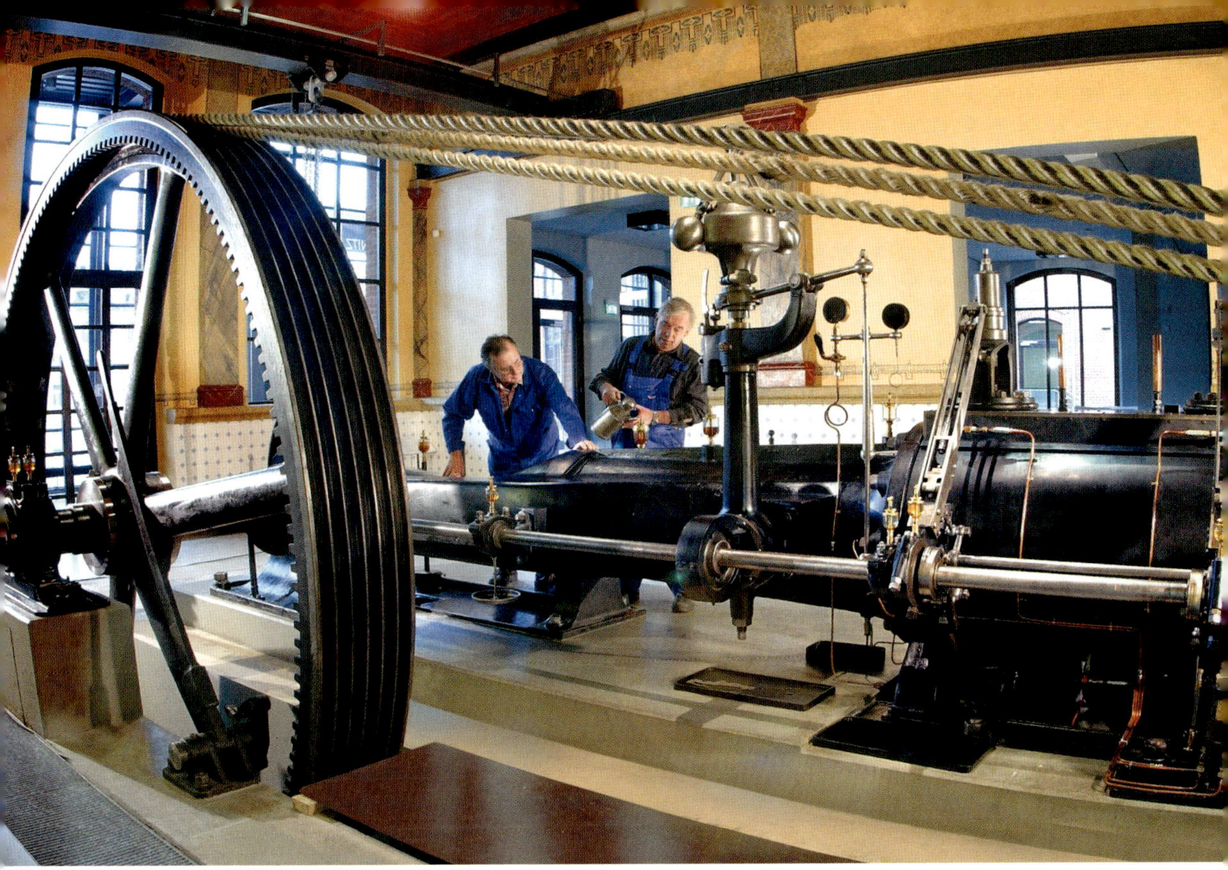

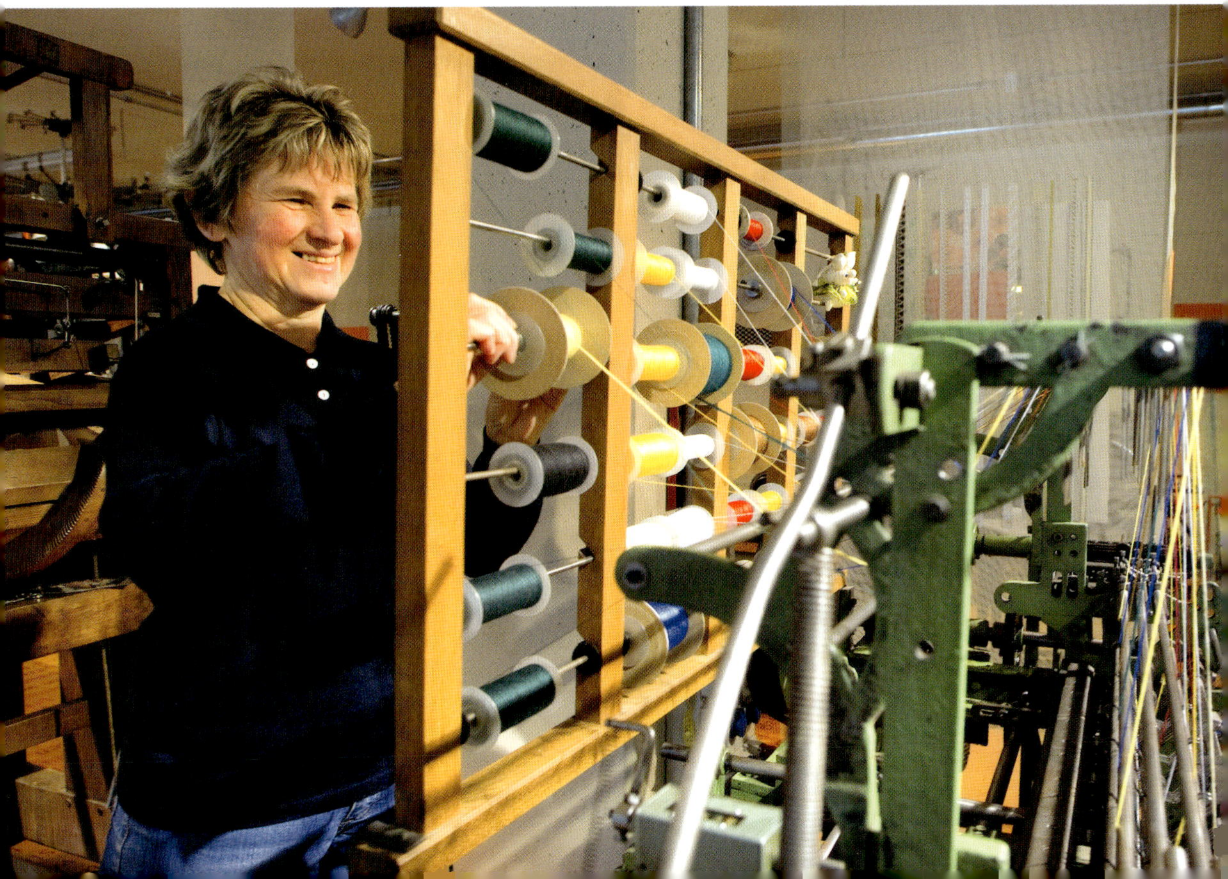

August-Horch-Museum

August-
Horch-
Museum
Audistraße 7
08058 Zwickau
Tel. 0375/2717380
www.horch-mu-
seum.de

Zwickau war eine der Keimzellen des deutschen Automobilbaus. Dort gründete August Horch 1904 seine Motorwagenwerke AG, aus der 1910 die Audi Automobilwerke GmbH hervorging. An diese Tradition erinnert das 2004 eröffnete Museum.

Im überdimensionierten Zeichen der vier Audi-Ringe bekommen die Oldtimer des Museums einen würdigen Rahmen.

Die Dauerausstellung widmet sich in erster Linie den vier Automarken, die mit der Frühzeit der westsächsischen Automobilproduktion verbunden sind: Horch, Audi, DKW und Wanderer. Rund 70 auf Hochglanz polierte Autos warten auf die Besucher. Sie stehen nicht nur als technische Exponate im Raum. Oft erinnert das Umfeld an die Epochen, in denen die Wagen auf den Straßen unterwegs waren – sei es die zwölfzylindrige Luxuskarosse Horch 670 von 1932 oder das von der Wehrmacht genutzte Horch Kfz 40 von

1942. Ein Höhepunkt ist eine komplett nachgebaute Straße aus den 1930er-Jahren mit historischen Fassaden, Laternen und Geschäften. Das Museum ist der Kontinuität verpflichtet, auch die Erinnerung an den Trabant der DDR und den im 1990 eröffneten VW-Werk produzierten Passat wird wachgehalten. Die Bedeutung der Region für die grenzübergreifende Industriegeschichte wird dadurch unterstrichen, dass das Museum ein Ankerpunkt der Europäischen Route der Industriekultur ist.

Westsächsisches Textilmuseum

Industriegeschichte kann nirgendwo authentischer präsentiert werden als in ehemaligen Fabrikgebäuden. Das ist auch beim Westsächsischen Textilmuseum der Fall, das in einem Gebäude aus dem späten 19. Jahrhundert residiert.

Zahlreiche Regionen Mitteleuropas wurden von der Textilindustrie geprägt, so auch das westliche Sachsen. In Crimmitschau begann alles mit der Gründung einer Handweberei 1859. Eine größere Dimension wurde 1885 mit dem Bau der Pfau'schen Tuchfabrik erreicht. Jahrzehntelang florierte die Produktion, die auch zu DDR-Zeiten nicht stillstand: 1972 wurde das ehemalige Familienunternehmen zum Volkseigenen Betrieb erklärt und ging 1976 im VEB Volltuchwerke Crimmitschau auf. Das Ende kam mit der deutschen Wiedervereinigung 1990. Im denkmalgeschützten Fabrikensemble wurde das Museum eingerichtet, dessen Neugestaltung 2003 verwirklicht wurde. Seitdem können sich Besucher in einer realistischen Atmosphäre über die Herstellung von Wollstoffen informieren. Ergänzt wird das Museumsangebot durch Sonderausstellungen, etwa zur Geschichte des Bügeleisens.

Westsächsisches Textilmuseum
Leipziger Straße 125
08451 Crimmitschau
Tel. 03762/931939
www.saechsisches-industriemuseum.de

Der Webstuhl aus dem Jahr 1938 muss regelmäßig gewartet werden.

Zinngrube

**Zinngrube
Ehrenfriedersdorf**
Am Sauberg 1
09427 Ehren-
friedersdorf
Tel. 037341/2557
www.zinngrube.de

Erlebnis pur verspricht das Besucherbergwerk, das man nach einer Aufzugfahrt in 110 Metern Tiefe erreicht. Stilecht mit Schutzhelm und »Geleucht« bekommen Neugierige Einblicke in den Alltag des Bergbaus.

Wie wird Zinnerz gewonnen und aufbereitet? Wie wird das Konzentrat verhüttet? Wozu wird Zinn überhaupt benötigt? Diese und andere Fragen werden in Ehrenfriedersdorf beantwortet. Der Rückblick in die Geschichte des 750 Jahre alten Zinn- und Silberbergbaus reicht von den Anfängen, in denen mit Schlägel und Eisen gearbeitet wurde, bis zu moderneren Druckluftgeräten. Jeder ist willkommen, einen der schweren Presslufthämmer selbst in die Hand zu nehmen. Auch die Geologie kommt nicht zu kurz: An

Was heute mit Helm und Lampe nur Show ist, gehörte früher zum harten Arbeitsalltag der Bergleute.

24 sogenannten Aufschlüssen lässt sich 500 Millionen Jahre Erdgeschichte nachvollziehen. Dass sich die Natur ihren Weg sucht, ist an der Saubergquelle zu sehen: Unterhalb der zweiten Sohle ist das Bergwerk überflutet. Über einen Stollen gelangt das Wasser nach außen. Teil des Bergwerks ist auch ein Stollen, in dem Patienten mit Atemwegserkrankungen Linderung erfahren. Bei Temperaturen um 7 °C und 100 Prozent relativer Luftfeuchtigkeit verbringen sie bis zu zwei Stunden täglich unter Tage.

Zinnwäsche

Über ein halbes Jahrtausend stand der Zinnbergbau in Altenberg im Mittelpunkt des Alltags. Seit der Stilllegung des Betriebs 1991 erinnert das Bergbaumuseum an dieses wichtige Kapitel der Wirtschafts- und Technikgeschichte.

Bergbau-museum Altenberg
Mühlenstraße 2
01773 Altenberg
Tel. 035056/31703
www.bergbaumu-seum-altenberg.de

In Altenberg kann das Arbeitsleben der Bergmänner des Erzgebirges nachvollzogen werden. Beeindruckend ist der Neubeschert-Glück-Stollen, der auf einer Länge von 200 Metern besichtigt werden kann. 1849 war er das letzte Mal in Betrieb, rekonstruierte Arbeitsorte aus verschiedenen Jahrhunderten machen die schweren Arbeitsbedingungen der Männer erlebbar. Einmalig in Europa ist die Zinnwäsche, der Kern der gesamten Anlage. Das Gebäude selbst wurde erstmals 1577 in einer Urkunde erwähnt. Seit der Mitte des 17. Jahrhunderts war dort das Unternehmen Zwitterstocksgewerkschaft tätig. Die sogenannte Pochwäsche war die erste Station des in den Stollen gewonnenen Erzes. 40 Stempel zertrümmerten die Brocken zu Schlamm. Danach wurde der Erzschlamm mit Wasser vermischt, um so konzentriertes Erz zu erhalten. Erst dieses Konzentrat konnte zu reinem Zinn geschmolzen werden. Ergänzt werden die Exponate durch einen Bergbaulehrpfad, bei dem ein Blick in die Altenberger Pinge geworfen werden kann. Dabei handelt es sich um einen 150 Meter tiefen Trichter mit 400 Metern Durchmesser, der beim Einsturz alter Stollen ab 1545 entstanden ist.

Ohne Wasserkraft hätte in Altenberg kein Zinnbergbau entstehen können.

Göltzschtalbrücke

Stadtverwal-
tung
Netzschkau
Markt 12
08491 Netzschkau
Tel. 03765/39010
www.netzschkau.de

Als sich am 15. Juli 1851 ein Zug über die gerade eingeweihte Göltzschtalbrücke wagte, war das die erste Fahrt auf der damals höchsten Brücke der Welt. Einzigartig war auch das Baumaterial, das hauptsächlich verwendet wurde: Ziegel.

Imposant wie ein antiker römischer Aquädukt wirkt die Brücke, die jedoch erst rund 160 Jahre alt ist.

Bis heute ist das Bauwerk die größte Ziegelsteinbrücke der Welt. Ihren Erbauern ging es aber nicht darum, einen Superlativ zu erschaffen. Mitte der 1840er-Jahre suchten sie im beginnenden Eisenbahnzeitalter schlicht die günstigste Trasse für eine Gleisverbindung, die Leipzig über Plauen und Hof mit Nürnberg verbinden sollte. So wurden in nur sechs Jahren Bauzeit über 26 Millionen Ziegel vermauert. Das Baumaterial konnte günstig aus nahe gelegenen Lehmvorkommen gewonnen werden.

Auf der vierten Bogenetage ist die Brücke fast acht Meter breit. Allein für das Gerüst der 574 Meter langen und 78 Meter hohen Konstruktion mussten rund 23 000 Bäume gefällt werden. Diese damals gigantischen Leistungen sind bis heute anerkannt: 2009 wurde die Göltzschtalbrücke als ein Wahrzeichen der Ingenieurbaukunst in Deutschland ausgezeichnet.

Technikmuseum »Hugo Junkers«

Unter Fans des Flugzeugbaus genießt der Name Junkers einen legendären Ruf. Dem 1935 verstorbenen Flugzeugpionier Hugo Junkers ist in Dessau gleich ein ganzes Museum gewidmet.

Nach dem Ersten Weltkrieg gründete Junkers in Dessau die nach ihm benannte Flugzeugwerk AG, aus der 1919 das weltweit erste, komplett aus Metall hergestellte Verkehrsflugzeug stammte. Während des Nationalsozialismus wurde das Werk zu einem großen Rüstungsbetrieb ausgebaut. In der DDR konzentrierte man sich wieder auf den Flugzeugbau, der allerdings 1961 eingestellt wurde.

Vier Jahrzehnte darauf eröffnete auf dem Gelände das Technikmuseum »Hugo Junkers«. Auf 4200 Quadratmetern Ausstellungsfläche werden in einer ehemaligen Werkhalle Leben und Werk von Junkers sowie der auf ihn folgende Flugzeugbau beleuchtet. Der Höhepunkt der Ausstellung ist eine in liebevoller Detailarbeit restaurierte Ju 52. Das Flugzeug war 1940 vor Norwegens Küste gesunken, 1986 aus dem Europäischen Nordmeer geborgen worden und 1995 nach Dessau gelangt. Als aktuelles Rekonstruktionsprojekt steht eine F 13 auf dem Programm. Zur Sammlung des Museums gehören ebenfalls zwei Exemplare des sowjetischen Kampfflugzeuges MiG-21 sowie eine MiG-23.

Technikmuseum »Hugo Junkers«
Kühnauer Straße 161a
06846 Dessau-Roßlau
Tel. 0340/6611982
www.technikmuseum-dessau.de

Die von Hugo Junkers entworfenen Modelle sind bis heute Ikonen des Flugzeugbaus.

Technikmuseum Magdeburg

Technik-
museum
Magdeburg
Dodendorfer
Straße 65
39112 Magdeburg
Tel. 0391/6223906
www.technikmuse-
um-magdeburg.de

Mit dem Ernst-Thälmann-Werk war Magdeburg das Zentrum des Schwermaschinenbaus in der DDR. 1993 kam das Ende der Produktion, zwei Jahre später öffnete in der alten Produktionshalle das Technikmuseum seine Pforten.

Das Gebäude des Museums wurde im Jahr 1871, auf dem Höhepunkt des frühen Industriezeitalters, errichtet. Das dort produzierende Grusonwerk wurde bald von Krupp aus dem Ruhrgebiet übernommen und im Zweiten Weltkrieg zu einem wichtigen Standort der Rüstungsindustrie ausgebaut. Nicht zuletzt deshalb war Magdeburg ein bevorzugtes Ziel für die Bombenangriffe der Alliierten. Ab 1951 wurden für vier Jahrzehnte »normale« Maschinen hergestellt.

Die Halle mit ihrer 2000 Quadratmeter großen Ausstellungsfläche ist also der ideale Ort, um Technikgeschichte zu präsentieren. Eines der größten der 2500 Exponate ist ein Nachbau des legendären Dreide-

Besonders beeindruckend ist die Präsentation des Nachbaus eines Dreideckers von 1928.

ckers, mit dem am 28. Oktober 1908 der Flugpionier Hans Grade einen der ersten Motorflüge in Deutschland absolvierte. Auch Grades zweites Flugzeug, die »Libelle«, sowie die »Magdeburger Pilotenrakete« von 1933 sind zu sehen.

Neben dem Schwerpunkt der Luft- und Raumfahrt widmet sich das Museum der Geschichte von Industrie und Handwerk mit Dampfmaschinen, diversen Motoren, Spindelmaschinen und einer Schuhmacherwerkstatt. In der Abteilung Verkehrstechnik ist ein Opel-Lkw aus den 1920er-Jahren zu sehen. Hinzu kommen Motorräder und Feuerwehrfahrzeuge aus verschiedenen Epochen.

Dass auch in der Landwirtschaft Technik eine große Rolle spielt, kann ebenfalls nachvollzogen werden: Ein Pflug von 1852 verdeutlicht die Arbeitsbedingungen von damals. Ergänzt wird der Themenbereich durch eine Dreschanlage von 1900 und einen Motorschlepper »Lanz Bulldog« von 1938.

Das Schwungrad einer Niederdruck-Dampfmaschine aus dem Jahr 1847 muss regelmäßig gereinigt werden.

Fachwerkbau

**Fachwerk-
museum
Ständerbau**
Wordgasse 3
06484 Quedlinburg
Tel. 03946/3828
www.quedlinburg.de

Seit 1994 gehört die Altstadt von Quedlinburg zum Weltkulturerbe der UNESCO. Ihren Reiz erhält sie durch die verwinkelten Gassen und die über 1200 Fachwerkhäuser. In einem der ältesten wird seit 1976 über die Fachwerkbauweise informiert.

Das Museumsgebäude stammt von 1346/47 und war bis in die 1960er-Jahre bewohnt. Gut zwei Drittel des Fichtenholzes sind noch ursprünglich. Errichtet wurde das Gebäude nach dem Prinzip des Ständerbaus. Diese Bauweise entwickelte sich im 12. Jahrhundert und zeichnet sich durch Holzbalken aus, die von der Schwelle durchgehend bis zum Dachgebälk reichen. Die Standsicherheit wird durch Querbalken und Zapfen gewährleistet.

Die Ausstellung zeigt die Geschichte des Fachwerkbaus vom 14. bis zum 19. Jahrhundert. Anschauliche Modelle vertiefen dabei das Wissen, das die Besucher zuvor beim Blick auf die Häuser der Altstadt erhalten haben. Erläutert werden etwa die Bedeutungen von Ornamenten oder Schriftzügen auf den Fassaden. Weiterhin sind originale Details zu sehen, Kopien von traditionellen Zimmermannswerkzeugen können sogar selbst in die Hand genommen werden.

Wohin das Auge auch schaut: Fachwerkhäuser. So präsentiert sich seit Jahrhunderten das Zentrum von Quedlinburg.

Hüttenmuseum Thale

Drei Jahrhunderte lang war Thales Wirtschaftsprofil durch die Verhüttung und Verarbeitung von Eisen geprägt. Die Erinnerung an diese Tradition wird im Hüttenmuseum wachgehalten.

Die Geburtsstunde der Metallverarbeitung in Thale schlug 1686 mit der Eröffnung einer Blechhütte. Daraus entwickelte sich eine industrielle Großproduktion, die in der DDR in den VEB Eisen- und Hüttenwerken gipfelte. Besonders im 19. Jahrhundert war man in Thale innovativ: 1831 wurde dort Deutschlands erste schmiedeeiserne Wagenachse produziert, vier Jahre darauf eröffnete das in Europa einmalige Geschirremaillierwerk. Mit dem Anschluss an das Eisenbahnnetz und den ersten Dampfmaschinen in den 1860er-Jahren trat man endgültig in das Industriezeitalter ein.

Das im ehemaligen Wohngebäude des früheren Besitzers untergebrachte Museum würdigt diese Erfolgsgeschichte. Ein Höhepunkt ist die Dampfmaschine, die von 1912 bis 1990 das Blockwalzwerk angetrieben hat. Bei alldem vergisst man nicht den Blick auf den Alltag der Beschäftigten. Auch werden die Folgen der Industriebelastung angesprochen: Was musste getan werden, um die Altlasten ökologisch korrekt zu beseitigen?

Hüttenmuseum Thale
Walther-Rathenau-Straße 1
06502 Thale
Tel. 03947/72256
www.huettenmuseum-thale.de

Die fast 100-jährige, inzwischen restaurierte Tandem-Walzenzugmaschine bot eine Leistung von 1500 PS.

Himmelsscheibe von Nebra

Landes-museum für Vorgeschichte
Richard-Wagner-Straße 9
06114 Halle (Saale)
Tel. 0345/524730
www.lda-lsa.de

1999 entdeckten zwei Raubgräber nahe der Stadt Nebra eine mysteriöse runde Bronzeplatte. Über Umwege gelangte das Stück 2002 in den Besitz von Sachsen-Anhalt. Heute weiß man, dass es sich um die weltweit älteste Darstellung des Weltalls handelt.

Die filigrane und weltweit einmalige Himmelsscheibe darf nur mit besonderen Handschuhen angefasst werden.

Obwohl die Himmelsscheibe von Nebra unspektakulär aussieht, gehört sie zu den archäologischen Sensationen der letzten Jahrzehnte. Zusammen mit Schwertern und weiteren Artefakten gelangte sie während der Bronzezeit vor 3600 Jahren in die Erde.
Ursprünglich auf ihr dargestellt waren der Vollmond und der sichelförmige Mond sowie der deutlich identifizierbare Sternhaufen der Plejaden. Später wurden zwei Horizontbögen und eine Sonnenbarke hinzugefügt. Die Detailgenauigkeit beweist, dass die Menschen der Bronzezeit den Nachthimmel sowie die Zeitpunkte der Sonnenwenden zum Sommer und zum Winter genau kannten.
Verwahrt wird die Himmelsscheibe in Halle (Saale). In der Nähe des Fundorts wurde 2007 das Besucherzentrum »Arche Nebra« eröffnet, das multimediale Informationen bereithält. Die Tourismusroute »Himmelswege« verbindet Halle mit Nebra.

Sonnenobservatorium

1991 wurde aus der Luft eine kreisrunde Anlage entdeckt, von der niemand ahnen konnte, dass sie sich zu einer Sensation entwickeln würde. Heute weiß man, dass ein rund 6900 Jahre altes Sonnenobservatorium entdeckt worden war.

Zwischen 2002 und 2004 machten sich Archäologen bei einer Ausgrabung daran, das Rätsel der im Durchmesser 71 Meter großen Anlage zu entschlüsseln. Erste Vermutungen gingen davon aus, dass man auf einen Viehpferch oder eine Festung gestoßen war. Doch konnte es kein Zufall sein, dass drei Tore den Auf- und Untergang der Sonne zur Wintersonnenwende am 21. Dezember markierten. Damit war klar, dass der Kreis aus einem Graben und zwei Palisadenringen zur Himmelsbeobachtung diente. Datiert wurde er in die Jungsteinzeit. Der Platz wurde ebenfalls für Versammlungen genutzt, dort wurde auch Handel getrieben und wahrscheinlich Recht gesprochen. Besucher können heute eine Rekonstruktion besichtigen und zusätzliche Informationen im nahe gelegenen Schloss Goseck erhalten.

Gosecker
Sonnenobser-
vatorium e. V.
Burgstrasse 53 /
Schloss
06667 Goseck
Tel. 03443/379478
www.sonnenobser-
vatorium-
goseck.info

Im Luftbild ist gut die Rekonstruktion des doppelten Palisadenrings des Sonnenobservatoriums zu erkennen.

Förderbrücke F60

Besucherberg-werk F 60
Bergheider Straße 4
03238 Lichterfeld
Tel. 03531/60800
www.f60.de

Seit über 150 Jahren fördert man in der Lausitz Braunkohle im Tagebau. Die Maschinen wurden dabei immer größer.

Ein Gigant ist die Förderbrücke F60, die nur vom Frühjahr 1991 bis zum Sommer 1992 im Einsatz war. Sie gilt als »liegender Eiffelturm der Lausitz« und ist mit 502 Metern sogar länger als das Wahrzeichen von Paris. Seit dem Jahr 2000 können die 11 000 Tonnen Stahl besichtigt werden, seit 2003 auch als Licht- und Klangkunstwerk.

Nicht zufällig wird das Stahlgerüst der Förderbrücke F60 auch als liegender Eiffelturm bezeichnet.

Ferropolis

Ferropolis – Stadt aus Eisen
Ferropolisstraße 1
06773 Gräfen-hainichen
Tel. 034953/35125
www.ferropolis.de

Ferropolis, eine »Stadt aus Eisen«, das sind gigantische Maschinen aus der Zeit der Braunkohleförderung im Tagebau Golpa-Nord.

Ein Freilichtmuseum besonderer Art bietet sich seit 1995 bei Gräfenhainichen. Ein Eimerkettenschwenkbagger, ein Schaufelradbagger und ein Raupensäulenschwenkbagger samt zweier Absetzer verdeutlichen die Dimensionen, die der Bergbau in der Region einst hatte. Seit 2005 gehört Ferropolis zur Europäischen Route der Industriekultur.

Wie eine riesige Kunstinstallation wirken die Maschinen in der Landschaft.

Carlswerk Mägdesprung

Eisenhaltige Minerale, Wasser und Wald für die Herstellung von Holzkohle: All das findet sich im Harz, sodass Fürst Friedrich von Anhalt-Bernburg-Harzgerode 1646 in Mägdesprung, heute ein Ortsteil von Harzgerode, eine Eisenhütte gründete.

Carlswerk
Mägdesprung
Kreisstraße
06493 Mägdesprung
Tel. 039484/32421
www.carlswek.harz
gerode.de

Wo heute besinnliche Ruhe zur Besichtigung herrscht, ertönten früher die Produktionsgeräusche einer Maschinenfabrik.

Seine wirtschaftliche Blüte erlebte das Hüttenwerk Mitte des 18. Jahrhunderts. Beile, Pflugscharen und Gewehrläufe aus Mägdesprung standen für Qualität. Daraus entwickelte sich mit der Industrialisierung eine Kunstgussproduktion, 1865 entstand eine Maschinenfabrik. Dieses Fabrikgebäude beheimatet heute das Industriemuseum Carlswerk Mägdesprung.
Ende des 19. Jahrhunderts war das heimische Eisenerz verbraucht, sodass das Rohmaterial eingeführt werden musste. Dennoch arbeitete man mit Gewinn, wozu auch der Anschluss an die Selketalbahn 1887 beitrug. In der DDR wurde der Betrieb 1971 verstaatlicht und produzierte Gussteile für Heizungen. Mit der deutschen Wiedervereinigung kam das wirtschaftliche Aus.
2002 wurde das Museum eröffnet. Die Einrichtung im Erdgeschoss ist im Original erhalten, ein besonderes Stück ist der Holzkran aus dem Jahr 1890. Auch Werkbänke und Maschinen zeigen die Arbeitsbedingungen von damals. Bei gelegentlichen Sondervorführungen kann das traditionelle Schmiedehandwerk bewundert werden. Höhepunkt des Jahres ist der Hüttentag am letzten Juliwochenende.

Mitteldeutsche Straße der Braunkohle

Dachverein
Mitteldeutsche
Straße der
Braunkohle
e. V.
Bautzner Straße 67
04347 Leipzig
Tel. 0341/33741611
www.braunkohlen-
strasse.de

Die Braunkohle ist für Deutschlands Osten so herausragend, dass ihr eine Route gewidmet ist. Sie startet bei Kemberg in Sachsen-Anhalt, passiert Bitterfeld, das sächsische Leipzig und Altenburg in Thüringen, bevor sie in Halle (Saale) endet.

Im Mitteldeutschen Braunkohlerevier wird seit der beginnenden Industrialisierung Braunkohle gefördert. Während der Zeit der DDR war der Rohstoff der wichtigste Energieträger für Industrie und Privathaushalte. Nach der Wiedervereinigung Deutschlands hat die Bedeutung abgenommen. Die Prägung hat Spuren in der Landschaft und der Kultur hinterlassen, die auf der Mitteldeutschen Straße der Braunkohle entdeckt werden können. 70 größere und viele kleinere Relikte des Bergbaus können angesteuert werden.

Zu den imposantesten Schaustücken gehören die technischen Großgeräte und Anlagen. In »Ferropolis« bei Gräfenhainichen stehen gleich drei riesige Bagger und zwei dazugehörige Absetzer. Wie die Brikettfabrik Hermannschacht in Zeitz gehört »Ferropolis« zur Europäischen Route der Industriekultur. In Zukunft wird die Nutzung der Bergbaufolgelandschaft immer interessanter werden. An zahlreichen Stellen, wo die Förderung einst große Lücken riss, wird die Natur neu gestaltet. Der Freizeitwert steigt. Besonders auffallend ist das beim Großen Goitzschesee, der ab 1998 in einem ehemaligen Tagebaugebiet entstand. An ihm finden sich sowohl Naturschutzgebiete als auch Badestrände, Festplätze und ein Hafenbecken. Der Freizeitnutzung gewidmet ist auch der Cospudener See. Er gilt als »Leipziger Badewanne« und zieht Besucher aus der nahe gelegenen Großstadt an, die dort schwimmen, segeln oder windsurfen können.

Der Abbau der Braunkohle riss riesige Erdflächen auf: hier ein Eimerkettenbagger (rechts) sowie ein Schaufelradbagger im sächsischen Tagebau Vereinigtes Schleenhain und Profen (rechte Seite unten). Die Luftaufnahme des Cospudener Sees (rechte Seite oben) zeigt die grandiose Neugestaltung der Landschaft nach dem Ende des Tagebaus.

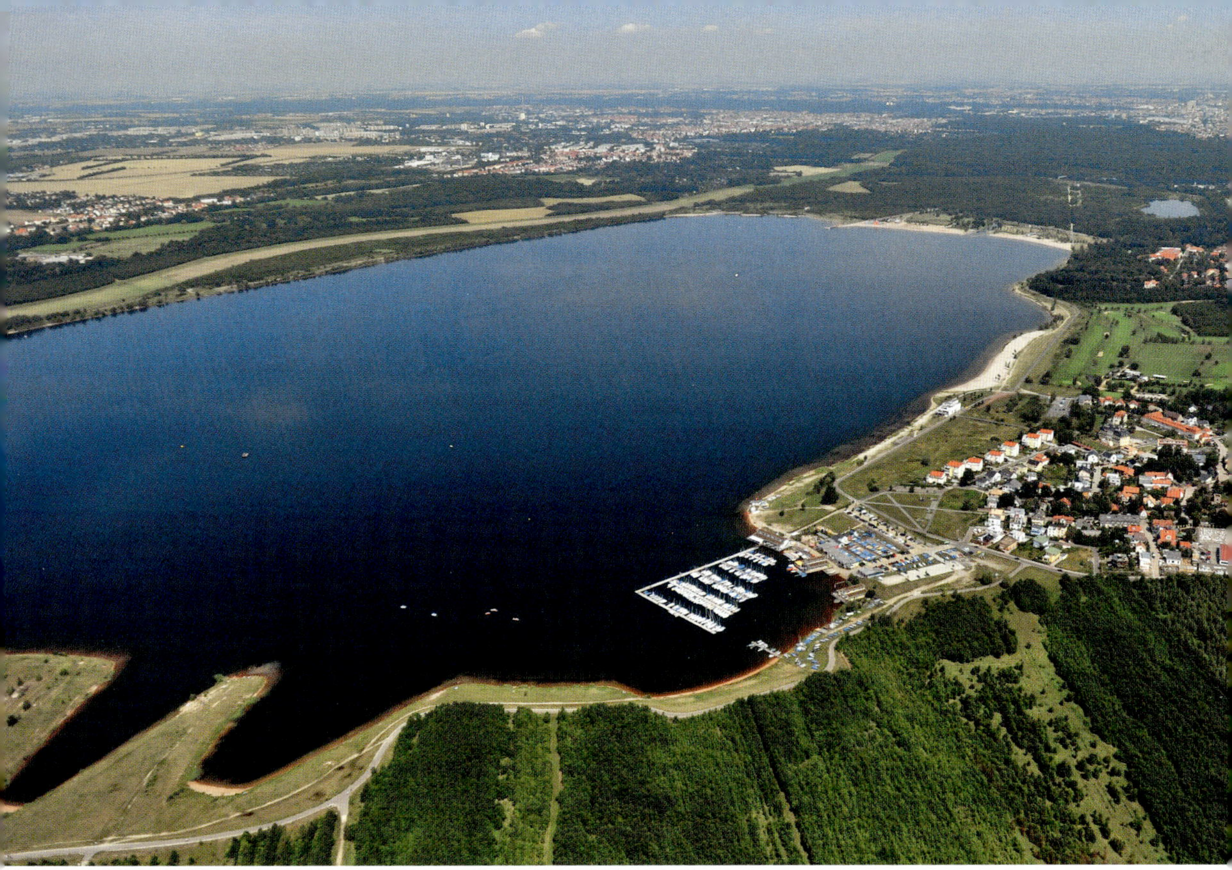

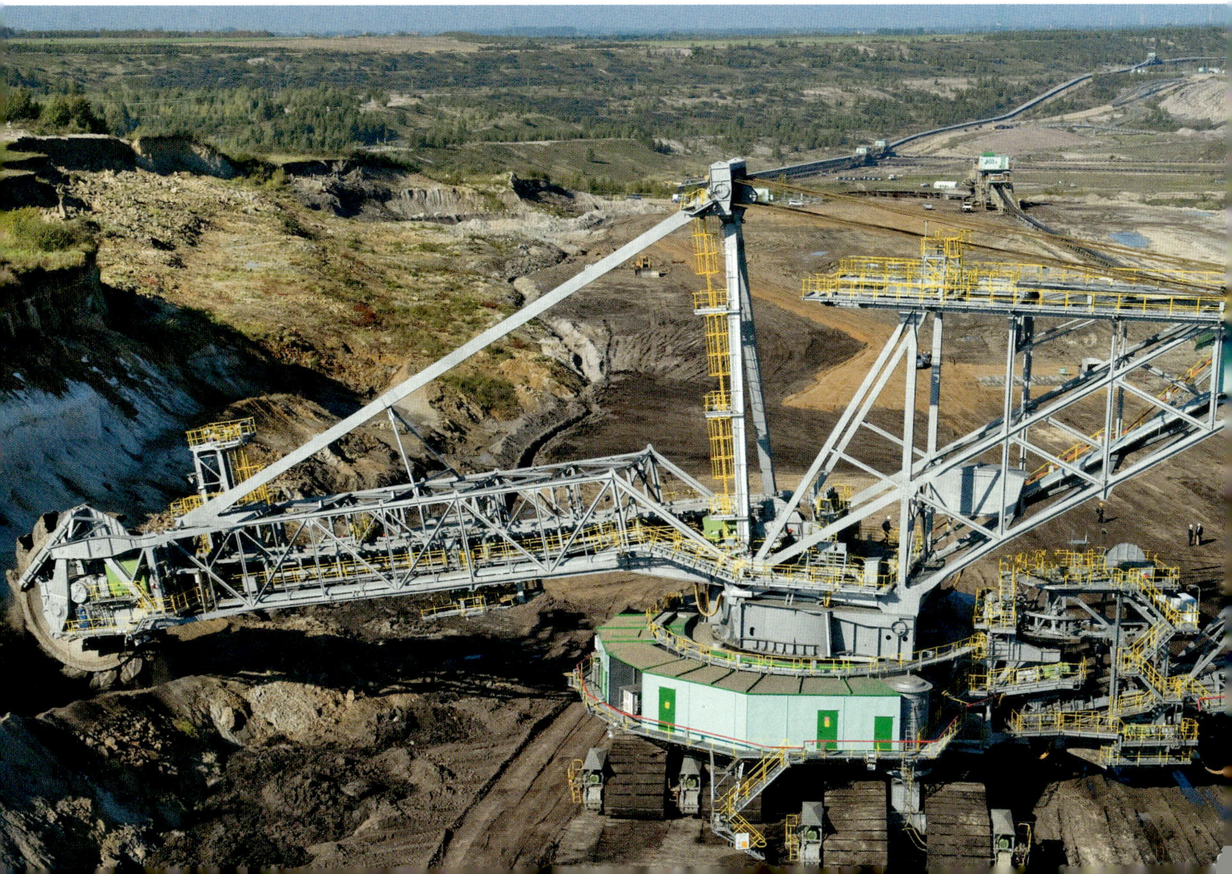

Harzer Schmalspurbahnen

Harzer Schmalspur-bahnen GmbH
Friedrichstraße 151
38855 Wernigerode
Tel. 03943/5580
www.hsb-wr.de

Deutschlands Schmalspurbahnen verkehren heute meist nur noch auf kleinen Teilstrecken. Nicht so im Harz. Dort ist das Strecken-netz von ehemals drei Betreibergesellschaften 140 Kilometer lang.

Eine Schmalspur-bahn im Schatten des Brocken schnauft zum Bahn-hof Drei Annen Hohne.

Ab der Mitte des 19. Jahrhunderts wuchs das Schienennetz im Deutschen Reich deutlich. Zwischen 1886 und 1897 wurde auch der Harz erschlossen. So konnten endlich die Bodenschätze und das Holz aus dem Mittelgebirge in andere Regionen transportiert werden. Im meist steilen Gelände entschied man sich für die leichter zu verwirklichende und preiswertere Schmalspur. 1913 wurden die ursprünglich einzelnen Strecken miteinander verknüpft.

Heute firmieren die Selketalbahn, die Brockenbahn und die Harzquer-

bahn gemeinsam als Harzer Schmalspurbahnen (HSB). Nicht mehr vorrangig Güter, sondern Touristen werden befördert. Im wahrsten Sinne des Wortes der Höhepunkt einer Fahrt ist der Brocken, dessen Bahnhof 1125 Meter über dem Meeresspiegel liegt. Pro Jahr benutzten rund eine Million Fahrgäste die Züge, die von insgesamt 25 Dampflokomotiven und 16 Diesellokomotiven gezogen werden. Das gesamte Ensemble, dessen älteste Loks aus dem Jahr 1897 stammen, wurde 1972 unter Denkmalschutz gestellt.

Holzsegelschiffe

Günstig an zwei Überlandstraßen und geschützt in der Förde gelegen, verdankt das mehr als 700-jährige Flensburg seinen Wohlstand Handel und Schifffahrt. 20 alte Holzsegelschiffe aus sieben Jahrzehnten bezeugen die maritime Orientierung der Stadt.

Segelnde Berufsfahrzeuge
Museumshafen
Flensburg e. V.
Herrenstall 11
24937 Flensburg
Tel. 0461/22258
www.museumsha-fen-flensburg.de

Kurs auf den Flensburger Hafen nimmt im September 2011 die »Dagmar Aaen«; mit dem Kutter war Arved Fuchs zum dritten Mal auf Grönland-Expedition.

Zur Reihe der Schiffe im Museumshafen auf der Westseite des Flensburger Hafens gehören Frachtsegler, Fischereifahrzeuge, Lotsen-, Zoll- und Rettungsboote sowie Passagier- und Postschiffe, die meist, aber nicht ausschließlich Ostsee und Skagerrak befuhren. Die Fahrzeuge, vielfach originalgetreue Nachbauten, waren allesamt Arbeitsboote und Berufsfahrzeuge, keine Jollen für Freizeitkapitäne. Sie zeigen, auf welche unterschiedliche Art man auf dem Wasser sein Brot verdienen und insbesondere mit welcher Technik man kleine und große Fische, etwa Hai, Hering, Lachs und See-

zunge, fangen konnte. Die »Dagmar Aaen« (1931) kam am weitesten: Den 18 Meter langen dänischen Haikutter nutzte nämlich der Abenteurer und Forscher Arved Fuchs für seine Polarexpeditionen. Zu den größten Schiffen des Museumshafens gehört mit 30 Metern Rumpflänge der Bramsegelschoner »Activ«, ein Dreimaster (1952), der regelmäßig von Dänemark nach Grönland verkehrte. Das historische Ensemble vervollständigen ein rekonstruierter Holzkran (1726), eine Museumswerft, das Schifffahrtsmuseum sowie Sammlungen historischer Dampfschiffe, Jachten und Jollen.

Windmühle Amanda

Windmühle Amanda
Schleswiger Straße 1
24376 Kappeln
Tel. 04642/4027
www.stadt-kappeln.de

Die Holländer-Windmühle arbeitete mit einem Sägewerk (1888), heute eine Museumswerkstatt, zusammen, das ihr bei Windstille per Dampfmaschine Energie lieferte.

Die 1888 erbaute Windmühle Amanda ist das Wahrzeichen von Kappeln und die größte ihrer Art in Schleswig-Holstein.

Etwa 30 Meter hoch überragt sie die Stadt an der Schlei. Der vierstöckige Galerieholländer mit seiner drehbaren Kappe hat eine Flügelspannweite von 23 Metern. Sein Rumpf ruht auf einem massiven quadratischen Unterbau aus Ziegelstein, ebenfalls vier Etagen hoch. Die Säge- und Kornmühle war bis 1964 in Betrieb. Heute wird sie von der Touristeninformation und für Trauungen genutzt.

Gottorfer Globus

Gottorfer Globus
Stiftung Schleswig-Holsteinische Landesmuseen
Schloss Gottorf
24837 Schleswig
Tel.: 04621/8130
oder 813222
Fax: 04621/813555
www.gottorfer-globus.de

Der Globus gehört zu einer Reihe von Schauobjekten der Astronomie, die im 17. Jahrhundert im Auftrag von europäischen Herrscherhäusern angefertigt wurden.

Der Globus mit einem Durchmesser von 3,11 Metern wurde von 1650 bis 64 im Auftrag des Herzogs Friedrich III. angefertigt. Heute befindet sich im Barockgarten des Gottorfer Schlosses eine Replik im 2005 rekonstruierten Globushaus. Auf der Außenseite ist die damals bekannte Erdoberfläche abgebildet, im Innern der begehbaren und drehbaren Kugel gleitet der Sternenhimmel vorüber.

Schleusen am Nord-Ostsee-Kanal

Wie Spielzeug wirkt die kleine Personenfähre »Adler«, die hinter den Schleusen von Kiel-Holtenau den Fahrweg der gewaltigen Containerschiffe bei ihrer Einfahrt in den Nord-Ostsee-Kanal kreuzt. Zuschauer können von einer Aussichtsplattform die An- und Ablegemanöver der großen Pötte aus nächster Nähe verfolgen.

Wasser- und Schifffahrtsamt Kiel-Holtenau
Schleuseninsel 2
24159 Kiel
Tel. 0431/3603-0
www.wsa-kiel.wsv.de

Der 98,6 Kilometer lange Nord-Ostsee-Kanal, international »Kiel Canal« genannt, wurde 1895 nach acht Jahren Bauzeit, während der bis zu 8900 Arbeiter im Einsatz waren, als Kaiser-Wilhelm-Kanal mit Glanz und Gloria eingeweiht. Die meistbefahrene künstliche Wassersstraße der Welt verspricht vor allem eines: Zeitgewinn. Konnten damals die Schlachtschiffe der kaiserlichen Marine schneller von Wilhelmshaven nach Kiel oder in die Gegenrichtung verlegt werden, ersparen die Reeder ihren Frachtern heute den langen und damit teuren Umweg durch den Skagerrak. Mehr als 235 Meter lang dürfen die Schiffe, die den Kanal passieren möchten, nicht sein, denn sie müssen in die 1912 bis 1914 im Zuge der ersten Erweiterung angelegten großen Doppelschleusen passen. Der Mindestabstand zwischen Schiffskiel und Kanalsohle beträgt eineinhalb Meter. Schiffe mit geringem Tiefgang nehmen die älteren Doppelschleusen (1895) zwischen der Schleuseninsel und dem Holtenauer Ufer.

Reger Verkehr an den Schleusen in Kiel-Holtenau; jährlich fahren etwa 30 000 – 40 000 Schiffe durch den Nord-Ostsee-Kanal.

U 995

Marine-Ehren-mal und U-Boot-Museum
Strandstraße 92
24235 Laboe
Tel. 04343/427062
www.deutscher-marinebund.de

Militärtechnik auf engstem Raum in einem der wenigen nicht versenkten oder verschrotteten deutschen U-Boote des Zweiten Weltkriegs gibt es im Angesicht des Marine-Ehrenmals in Kiel-Laboe zu sehen.

U 995 war während des Zweiten Weltkriegs im Nordmeer im Einsatz; von diesem 67 Meter langen U-Boot-Typ wurden fast 700 Exemplare gebaut.

U 995, 1943 gebaut, 1944/45 im Einsatz, vermittelt zwar nicht mehr die angespannte und beklemmende Atmosphäre auf »Feindfahrt« wie der Kinofilm »Das Boot«, aber immer noch eine Ahnung davon, was die 52-köpfige Besatzung zwischen den Torpedoräumen aushalten musste.

Eisenbahnhochbrücke

Tourist-Infor-mation Nord-Ostsee-Kanal
Schiffbrücken-platz 17
24768 Rendsburg
Tel. 04331/21120
www.tinok.de

Die stählerne Hochbrücke (1911–1913), seinerzeit das spektakulärste Stahlbauwerk Europas, führt über den Nord-Ostsee-Kanal.

Für ihren Weg 42 Meter über den Wasserspiegel braucht die Eisenbahn »Anlauf« über Dämme, Rampen und eine große Schleife durch die Stadt Rendsburg – die gesamte Brückenkonstruktion ist zweieinhalb Kilometer lang. Mit einer

Schwebefähre weist das Technikdenkmal eine weitere Besonderheit auf: An zwölf Stahlseilen unter der Brücke hängend, bringt diese täglich von 5 bis 23 Uhr bis zu 60 Fußgänger oder sechs Pkws pro Fahrt von einem Ufer zum anderen.

Aufgehängt an Stahlseilen und angetrieben von Elektromotoren, verbindet die Schwebefähre unter der Eisenbahnhochbrücke Rendsburg und Osterrönfeld.

Werkstätten im Freilichtmuseum Molfsee

70 historische Höfe und Werkstätten, die aus ganz Schleswig-Holstein stammen, geben im Freilichtmuseum Molfsee Einblick in das ländliche Leben und Arbeiten vergangener Zeiten.

Auf einer Fläche von 60 Hektar wurden reetgedeckte Bauernhäuser, die dazugehörigen Wirtschaftsgebäude sowie Handwerkskaten und Mühlen wieder aufgebaut oder originalgetreu rekonstruiert. Seit 1965 können Besucher von März bis Oktober unmittelbar erleben, wie sich die Dorfbewohner mit Nahrung, Arbeitsgerät und Mobiliar für Küche, Scheune, Stall und Feld versorgt haben. Imker, Töpfer, Drechsler, Kerzenzieher, Korbmacher, Schmiede, Meier, Müller, Weber und Schlachter führen vor, wie sie aus selbst gewonnenen oder importier-

ten »Naturprodukten« Lebensmittel oder Gebrauchsgegenstände zur Bewältigung des harten Alltags machten. Sondervorführungen etwa mit den Maschinen der Meierei zur Butter- und Käseherstellung oder zu historischen Fischereitechniken runden das Bild vom »dörflichen Handwerk« ab. Der Alltag spielte sich aber nicht nur am heimischen Herd, sondern auch »vom Meer umschlungen« oder auf hoher See ab. So dokumentiert das Freilichtmuseum auch, wie man auf einer Hallig überlebte und wie Wale gejagt und verarbeitet wurden.

Schleswig-Holsteinisches Freilichtmuseum e.V.
Hamburger Landstr. 97
24113 Molfsee
Tel. 0431/65966-0
www.freilichtmuseum-sh.de

Im Freilichtmuseum Molfsee kann vorindustrielles Handwerk, wie es in den Dörfern »zwischen den Meeren« betrieben wurde, in seiner ganzen Bandbreite erlebt werden.

Krabbenkutter

**Museums-
hafen Büsum
e.V.**
Fischerkai 2
25761 Büsum
www.museumsha-
fen-buesum.de

Kein Bild der friesischen Küste wäre vollständig ohne Krabben-
kutter. Heimat einer kleinen Flotte ist das Nordseebad Büsum in
Dithmarschen. Der älteste noch fahrtüchtige Kutter, die 1911/12 in
Büsum gebaute »Fahrewohl«, liegt seit 2007 im Museumshafen.
Sie war bis 1976 in Friedrichskoog im Einsatz.

Die Nordseegarnelen, auch Granat oder Krabben genannt, werden an der deutschen Nordseeküste erst seit Ende des 19. Jahrhunderts in großem Stil mit speziellen Kuttern gefangen. Dabei werden an zwei Auslegern, den Baumkurren, zu beiden Seiten des Schiffes Netze heruntergelassen und an Rollen über den Boden des Wattenmeeres gezogen; diese »doppelte« Fangtechnik hielt in Büsum Anfang der 1950er-Jahre Einzug. Angetrieben wurden die weit weniger als 20 Meter langen Kutter anfangs durch Segel, spä-

ter durch Dieselmotoren. Gekocht werden die Garnelen gleich auf dem Schiff, an Land dann in Eis verpackt und von niederländischen Kühllastern nach Marokko gefahren – schon lange wird nicht mehr in Mutters Küche hinterm Deich »gepult«.
Die Büsumer Fischerei, auch mit Hochseekuttern, hatte vor dem Zweiten Weltkrieg ihren Höhepunkt erreicht. Heute machen nur noch rund 20 Kutter am Kai fest. Mehr über die Tradition der Büsumer Fischerei erzählt das »Museum am Meer«.

Gerade lässt der Kutter seine beiden Netze an den Auslegern ins Meer. Viele Krabbenkutter nehmen auch Touristen mit auf Fahrt.

Eidersperrwerk

1973 entstand nach sechsjähriger Bauzeit am Mündungstrichter der Eider zwischen der Halbinsel Eiderstedt und Dithmarschen eines der größten Sperrwerke Europas. Es reguliert Gezeitenstrom und Hochwasser und schützt damit die Küste vor dem »blanken Hans«.

Seit Jahrtausenden formen Ebbe und Flut die Küste Nordfrieslands. Sturmfluten brachten immer wieder Tod, Zerstörung und große Landverluste. Die tief ins Land reichende Mündung der Eider mit ihren flachen Flussdeichen bot der Nordsee lange eine gute »Angriffsfläche«. Ein Sielbauwerk zwischen dem Dithmarscher Eiderwatt und dem Wesselburener Watt sowie die großräumige Eindeichung des Katinger Watts, heute eine »Naturerlebnislandschaft«, verbesserten den Küstenschutz erheblich, ohne den Gezeitenstrom ganz zu unterbinden. Die land- bzw. die seeseitige Reihe aus fünf Sieltoren des Sperrwerks, jeweils 250 Tonnen schwer und mit einer »Durchflussweite« von 40 Metern, tritt nur bei deutlich höherem mittlerem Tidehochwasser in Aktion. In diesem Fall werden die Tore hydraulisch entweder abgesenkt oder ganz geschlossen, um einerseits der Nordsee den Weg zu versperren, andererseits das Land wirksam zu entwässern. Dem Schiffsverkehr dient eine Kammerschleuse nördlich des Sperrwerks.

Eidersperrwerk
Wasser- und Schifffahrtsamt Tönning
25832 Tönning
Am Hafen 40
Tel. 04861/615-0
www.wsa-toenning.wsv.de

Das Eidersperrwerk schützt das Land vor Sturmfluten und stellt gleichzeitig die Schifffahrt auf der Eider sicher; die Schleuse wird von einer Klappbrücke überspannt.

Leuchtturm Westerheversand

Leuchtturm Westerhever- sand
55881 Westerhever
Tel. 04862/10 00-0
www.amt-eider- stedt.de

Der Leuchtturm aus verschraubten, rot und weiß gestrichenen Gusseisenplatten ist der wohl meistfotografierte der 120 Leucht- türme an der deutschen Küste.

Der 1907 vor dem Seedeich an der Nordwestecke Eiderstedts auf einer aufgeschütteten Warft erbaute Turm ist 40 Meter hoch. Sein Leuchtfeuer (2000 Watt) für das Fahrwasser »Hever« wird heute von Tönning aus gesteuert. Seine Sichtweite beträgt rund 21 Seemeilen (39 Kilometer), bei klarem Wetter ist es sogar noch auf Helgoland zu sehen. Die Häu- ser des früheren Leuchtturmwärters nutzt der Nationalpark Schleswig- Holsteinisches Wattenmeer.

Der Leuchtturm ist das bekannteste Wahrzeichen von Eiderstedt.

Raddampfer »Kaiser Wilhelm«

Museumsschiff Raddampfer »Kaiser Wilhelm«
21481 Lauenburg/ Elbe
Tel. 04153/51251
www.raddampfer- kaiser-wilhelm.de

Die »Kaiser Wilhelm« ist der älteste noch in Deutschland fahrende Schaufelraddampfer.

1900 in Dresden erbaut, hat das 57 Meter lange Schiff (seit 1973 in Lau- enburg) Platz für 350 Passagiere – Freiwillige dürfen als »Hilfsheizer«

Kohle in den Bunker schaufeln. Wer sich weiter, etwa über den TÜV- überwachten Dampfkessel der »Kai- ser Wilhelm«, informieren will, kann dies im Elbschifffahrtsmuseum im alten Rathaus (1740) tun. Dort gibt es nicht nur Modelle, sondern auch Schiffsmotoren und -maschi- nen im Original ab Baujahr 1855 zu bestaunen.

Der Raddampfer »Kaiser Wilhelm« verkehrt zwischen Lauenburg und Hitzacker; seine 3,20 Meter großen Schaufelräder sind aus Fichtenholz.

Tuch und Technik

Das 2007 eröffnete Museum Tuch + Technik lässt 1500 Jahre regionale Textilgeschichte Revue passieren und widmet sich besonders der Geschichte des »Manchester Holsteins« als bedeutendem Standort der Textilindustrie.

Die Sammlungen haben zwei Schwerpunkte: einerseits die handwerkliche Tuchherstellung im norddeutschen Raum seit dem Altertum, besonders illustriert an Webstühlen bis zur frühen Neuzeit. Andererseits veranschaulichen rund 80 verschiedene Maschinen Aufschwung und Blütezeit der örtlichen Textilherstellung im 19. und 20. Jahrhundert. Voll funktionstüchtig dokumentieren sie den Weg von der Rohwolle übers Garn bis zum »fertigen« Tuch. Dazu ist eine Vielzahl von Arbeitsgängen notwendig: vom Schmälzen und Wolfen übers Krempeln, Spinnen und Schären bis zum Weben des Stoffes. Es drehen sich Hunderte von Garnspindeln, Fäden sausen durch den Webstuhl und werden anschließend über große Trommeln aufgewickelt, zusammengefügt und weiter veredelt. Hier spürt man die Atmosphäre der Hochindustrialisierung mit allen Sinnen: Es war laut, feucht, stickig, hektisch und gleichzeitig eintönig. Doch bot die maschinelle Arbeitsteilung zahlreichen Menschen Arbeit. Um die Maschinen am Laufen zu halten, waren Dutzende von Spezialisten nötig.

Museum
Tuch + Technik
Textilmuseum
Neumünster
Kleinflecken 1
24534 Neumünster
Tel. 04321/55958-0
www.tuch-und-technik.de

Aufstieg und Niedergang der Textilindustrie werden in Neumünster anhand zahlreicher Originalmaschinen vermittelt; die Kettschärmaschine führt die Garnfäden zusammen.

Viermastbark »Passat«

»Rettet die Passat« e.V.
Am Priwallhafen 16 a
23570 Lübeck-Trave-
münde
Tel. 04502/5287
www.ss-passat.com

Die »Passat« gehört zu den berühmten »P-Linern« der Hamburger Reederei Laeisz, die von 1856 bis 1926 gebaut wurden. Von den 65 großen und schnellen Frachtseglern mit dem schwarz-weißen Stahlrumpf ist heute nur noch die einstige »Padua« als russisches Segelschulschiff »Krusenstern« auf den Weltmeeren unterwegs.

Die 1911 bei Blohm & Voss gebaute, 115 Meter lange »Passat« mit ihren bis zu 56 Meter hohen Masten liegt seit 1959 an der Travemündung auf dem Priwall. Ihre letzte große Fahrt unternahm sie 1957 als »frachtfahrendes Segelschulschiff« (seit 1951 zusätzlich mit 1000-PS-Motor ausgestattet) von Buenos Aires (Argentinien) nach Lissabon (Portugal). Die Fracht, loses Getreide, war dem Schwesterschiff »Pamir« kurz zuvor zum Verhängnis geworden: Sie sank bei einem schweren Atlantiksturm, vermutlich weil die

Ladung ins Rutschen geraten war. Danach wurde auch die »Passat« endgültig auf Reede gelegt; die Stadt Lübeck bewahrte den einstigen Kap-Hoorn-Segler vorm Abwracken. Die »Passat« ist heute ein »maritimes Denkmal«, als Museumsschiff steht sie von Mitte April bis Ende Oktober für Besucher offen. An Bord lässt sich unter Fock-, Groß-, Kreuz- und Besanmast noch einmal die große Zeit der Windjammer nacherleben. Ein besonderer technischer Leckerbissen ist der Museumsfunkraum des Schiffes.

Auf dem Segelschulschiff »Passat« wurden einst Matrosen der Handelsmarine ausgebildet; sie mussten zum Segelsetzen und -reffen die Wanten hoch in die Masten klettern. Heute heißt das Museumsschiff Schüler als Gäste willkommen.

Kalibergwerk »Glück auf«

1892 wurde in Sondershausen bei einer Probebohrung in über 600 Metern Tiefe Kalisalz gefunden. Nur drei Jahre später war der erste Schacht fertiggestellt. Heute darf sich die Anlage »ältestes befahrbares Kalibergwerk der Welt« nennen.

Erlebnisberg-werk-Betrei-bergesellschaft mbH
Schachtstraße 20
99706 Sonders-hausen
Tel. 03632/655280
www.erlebnisberg-werk.com

Die fünf Meter große Seilscheibe ist heute ein techni-sches Denkmal. Von 1976 bis 1986 war sie in Sonders-hausen in Betrieb.

Kalisalz ist eine Mischung aus Salzen, die Grundstoffe für diverse Produkte sind. So wird Kaliumchlorid vor allem zur Herstellung von Dünger verwendet. Bereits 1898 wurde die erste Fabrik zur Verarbeitung dieses Salzes in Sondershausen gegründet. Seit dieser Zeit wird die Region wirtschaftlich durch das »weiße Gold« geprägt. Mit dem Ende der DDR begann jedoch die Krise des Kalibergbaus.

Für Besucher bieten die alten Schächte und Gänge des ehemaligen Bergwerks einmalige Eindrücke. Der Auftrag »Erlebnis« wird hier großgeschrieben: Ein Förderkorb bringt die Neugierigen 680 Meter unter die Erdoberfläche. Anschließend geht es in offenen Lastwagen durch das Tunnellabyrinth. Auf einer Salzrutsche geht es mit einem »Arschleder« in nur vier Sekunden 28 Meter nach unten. Zu besichtigen sind auch ein Festsaal und ein Konzertsaal. Eine besondere Atmosphäre verströmt der Laugensee, auf dem man seit 2001 in originalen Holzkähnen aus dem Spreewald unterwegs sein kann.

Grenzmuseum Schifflersgrund

Grenzmuseum Schifflersgrund
37318 Asbach-Sickenberg
Egerländer Straße 44
Tel. 036087/98409
www.grenzmuseum.de

Dass technische Anlagen dem Menschen nicht immer positiv dienen, ist an den Relikten der innerdeutschen Grenze zu sehen.

Ganze 1,5 Kilometer des Grenzzauns sind beim 1991 eröffneten Museum erhalten, dazu ein Beobachtungsturm und die Betonplatten des Weges. Nachbauten von Selbstschussanlagen und ein Lkw sowjetischer Bauart mit Radaraufbauten erinnern an den »Schießbefehl« und die verzweifelten Opfer, deren Flucht nicht geglückt ist.

Durch die erhaltenen Grenzanlagen kann die Unmenschlichkeit der innerdeutschen Grenze nicht in Vergessenheit geraten.

Glockenmuseum

Stadtverwaltung Apolda
Markt 1
99510 Apolda
Tel. 03644/6500
www.glockenmuseum-apolda.de

Nicht nur im christlichen Kulturkreis nehmen Glocken einen besonderen Raum ein. In Apolda ist dem Thema ein Museum gewidmet.

Begonnen hatte alles 1952 mit einer Sonderausstellung, die mit Leihgaben einer Glockengießerei bestückt wurde. Heute präsentiert das Haus Exponate aus den Themenbereichen Glockenarchäologie, Entwicklung der europäischen Turmglocke, Glockenguss und außereuropäische Glocken. An die Tradition des Glockengießens erinnern auch zahlreiche Glockenspiele in der Stadt.

Meisterwerke ihrer Zunft sind zwei bronzene Glocken aus dem 17. und 18. Jahrhundert.

Automobile Welt Eisenach

Die Geschichte des Automobilbaus ist knapp über 125 Jahre alt. Der Standort Eisenach war von Beginn an bei dieser Erfolgsgeschichte dabei. Seit 1998 kann man in einem Museum diesen Spuren nachgehen.

automobile welt eisenach
Friedrich-Naumann-Straße 10
99817 Eisenach
Tel. 03691/77212
www.eisenach.de

Als 1896 die Fahrzeugfabrik Eisenach (FFE) ihre Produktion aufnahm, gab es im restlichen Deutschen Reich lediglich drei andere Automobilhersteller. Damit zählt man in Thüringen zu den Pionieren der Branche. Der erste Name einer Produktreihe war »Wartburg«, danach folgte das Modell »Dixi«. 1928 übernahmen die Bayerischen Motoren Werke (BMW) den Standort, nach dem Zweiten Weltkrieg folgte die Verstaatlichung.

Das VEB Automobilwerk Eisenach stellte ab 1955 wieder Autos mit dem Namen »Wartburg« her. Nach der deutschen Wiedervereinigung wurde 1991 der Betrieb geschlossen. Doch ein zeitgleich eröffnetes Werk von Opel sorgt bis heute für die Kontinuität bei der Autoherstellung.

Das 1998 eröffnete und 2005 erneuerte Museum liegt auf dem ehemaligen Gelände des Automobilwerks Eisenach in einem denkmalgeschützten Gebäude. Zu den Ausstellungsstücken gehören ein Wartburg-Motorwagen von 1899, ein Dixi 3/15 und ein Rennwagen von 1956. Darüber hinaus vermitteln die Sammlungen Eindrücke aus den Epochen, in denen »Oldtimer« auf den Straßen unterwegs waren.

Zahlreiche Ausstellungsstücke erinnern an die Ära der 1950er-Jahre, als Autos noch mit harmonischen Rundungen auf den Straßen unterwegs waren.

Schott GlasMuseum

Schott Glas-
Museum
Otto-Schott-Str. 13
07745 Jena
Tel. 03641/6815775
www.schott.com

Der 1851 geborene Otto Schott ist einer der Pioniere der modernen Glasindustrie in Deutschland. Ab 1882 wirkte er in Jena, wo
ihm einige herausragende Erfindungen gelangen. Sein Wirken wird
im Schott GlasMuseum gewürdigt.

Am Anfang von Schotts Innovationen stand 1879 das Lithiumglas,
das wesentlich bessere optische Eigenschaften aufwies als konventio-
nelles Glas. In den folgenden Jahren
konzentrierte sich Schott darauf, die
Produkte weiter zu verfeinern.
Dazu eröffnete er ein Glaswerk, zu
dessen Mitbegründern Carl Zeiss
gehörte. Aus diesen Anfängen entwickelte sich der Weltkonzern
Schott. Seit 1908 wurden Röhren
für pharmazeutische Ampullen produziert, 1935 kamen Glaskolben für
Fernsehgeräte aus dem Jenaer Werk,
seit 1957 wurde für die Raumfahrt
gearbeitet.
Zu Schotts bekanntesten Produkten
gehören die sogenannten CERAN®-
Kochflächen aus Glaskeramik.
Doch nicht nur in der Küche finden
sich heute moderne Glasprodukte.
Man trägt sie als leichte Brillenglä-
ser, verwendet sie in der Flugzeug-
technik und braucht sie in Photo-
voltaik-anlagen. Die historische Ent-
wick- lung samt Produktpalette wird
im Schott GlasMuseum gezeigt. Auf
die Person des Firmengründers kon-
zentriert sich die Ausstellung in der
benachbarten Schott-Villa.

**Zu den außergewöhn-
lichsten Exponaten des
Museums gehört diese
eineinhalb Meter hohe
Sanduhr.**

Optisches Museum

Optische Instrumente aus Deutschland sind in erster Linie mit den beiden Namen Carl Zeiss und Otto Schott verbunden. Die Erfinder haben vor allem in Jena gewirkt, das so zum weltweit führenden Zentrum der Optik wurde.

Optisches Museum der Ernst-Abbe-Stiftung
Carl-Zeiß-Platz 12
07743 Jena
Tel. 03641/443165
www.optischesmuseum.de

In nur wenigen Städten Deutschlands gibt es ein Museum mit einem Schwerpunkt wie dem des Optischen Museums. Es beleuchtet rund ein halbes Jahrtausend Entwicklungsgeschichte optischer Instrumente. Bereits zu Beginn des 20. Jahrhunderts wurden in der Firma Carl Zeiss Jena Brillen, Fernrohre und Mikroskope zu einer Sammlung zusammengetragen. 1922 entstand daraus die Vorgängereinrichtung des heutigen Museums, das 1993 mit einem neuen Konzept eröffnet wurde.

Im Erdgeschoss kann sich der Besucher über die historische Entwicklung aller denkbaren optischen Geräte informieren. Auch die Geschichte der Fotografie kommt zum Zuge. Die Funktionsweise einer *Camera obscura* wird ebenso erläutert wie die einer *Laterna magica*. Das Prunkstück des Untergeschosses ist die Zeiss-Werkstatt aus dem Jahr 1860. Seit 1988, dem 100. Todesjahr von Carl Zeiss, gehört sie zu den Sammlungen.

Seit 2002 wird im Obergeschoss auch Detailwissen über Planetariumstechnik präsentiert.

Heute für jeden Schüler selbstverständlich, früher Privileg für Forscher: ein Mikroskop.

Zeiss-Planetarium

Zeiss-Planetarium Jena
Am Planetarium 5
07743 Jena
Tel. 03641/885488
www.planetarium-jena.de

1926 öffnete das Zeiss-Planetarium als viertes Großplanetarium der Welt. Auch die drei anderen standen im damaligen Deutschen Reich: in Wuppertal, Leipzig und Düsseldorf. Als einzige hat die Anlage in Jena den Zweiten Weltkrieg überstanden.

In den 1920er-Jahren waren die Menschen genauso von Planetarien fasziniert, wie sie es heute noch sind: Ohne von Wolken oder zu viel Licht gestört zu werden, kann man den Sternenhimmel und die Bewegung der Gestirne betrachten. Das Ganze wird auf das Innere einer Kuppel projiziert, deren Durchmes- ser in Jena 23 Meter beträgt. Das Zeiss-Planetarium ist heute nicht nur das weltweit dienstälteste seiner Art, sondern auch das mit der modernsten technischen Ausrüstung. Die Projektionstechnik wird immer kurzfristiger gewech-

selt: Die erste Anlage hielt von 1926 bis 1969. Das Nachfolgemodell wurde 1983 ausrangiert. Von 1985 bis 1996 lief das »Cosmorama«, das vom »Universarium« abgelöst wurde. Seitdem wird die Anlage immer wieder an die Anforderungen des digitalen Zeitalters angepasst, zuletzt 2011 mit dem an acht Projektoren gekoppelten Computersystem »Powerdome«. Die Vorführungen dienen längst nicht mehr nur der Vermittlung von Wissen. Auch Unterhaltungs- und Lasershows locken Kinder wie Erwachsene in das Planetarium.

Die modernen Geräte des Planetariums bringen jedem Laien die kosmischen Dimensionen der Gestirne nahe.

Kalibergbau

Seit Jahrhunderten ist das mittlere Werratal in Thüringen und Hessen durch den Kalibergbau geprägt.

Im »Erlebnis Bergwerk Merkers« erfahren Besucher vor Ort viel über die Tradition der Branche. Dazu fährt man mit Helm und Geleucht 500 Meter in die Tiefe und begibt sich auf eine 25 Kilometer lange Tour. Höhepunkte sind ein riesiger Schaufelradbagger und die erst 1980 entdeckte Kristallgrotte, in der Salzkristalle eine Kantenlänge von bis zu einem Meter erreicht haben.

Erlebnis Bergwerk Merkers
Zufahrtstraße 1
36460 Merkers
Tel. 03695/614101
www.erlebnisberg-werk.de

Wer den Adrenalinkick sucht, kann sich 500 Meter unter der Erde auf einen Hochseilparcours der besonderen Art begeben.

Gartenzwergmuseum

Zu den urdeutschen Kulturgütern gehört der Gartenzwerg, dessen Geburtsstunde 1874 in einer Manufaktur in Gräfenroda schlug.

Das Gartenzwergmuseum ist an diese einstige Manufaktur angegliedert, die heute in vierter Generation betrieben wird. In dem Familienunternehmen wird an die Produktionsgeschichte erinnert, in deren Verlauf nicht nur die markanten Zipfelmützenträger, sondern auch Tierköpfe und Märchenfiguren aus Terrakotta entstanden.

Gartenzwergmanufaktur Philipp Griebel
Ohrdrufer Straße 1
99330 Gräfenroda
Tel. 036205/76470
www.zwergen-griebel.de

Glasforum

**Glasforum
Gehlberg**
Glasmacherstraße 1
98559 Gehlberg
Tel. 036845/50078
www.glasforum-
gehlberg.de

1645 erteilte Herzog Ernst I. von Sachsen-Gotha das Privileg einer Glashütte, um die herum sich das Dorf Gehlberg entwickelte.

Die Qualität der Produkte stieg stetig, Gehlberg wurde zum Zentrum für technische Glasgeräte wie Thermometer. Wilhelm Conrad Röntgen ließ hier die ersten Röntgenröhren herstellen, in den 1930er-Jahren kamen auch die ersten Röhren für Fernsehgeräte aus Gehlberg.

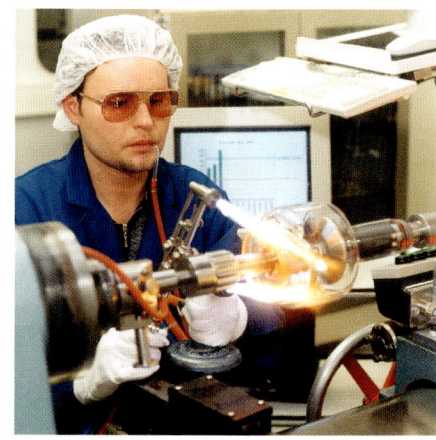

Nur Spezialisten sind dazu in der Lage, den Glaskolben für eine Hochleistungsröntgenröhre herzustellen.

Im Glasforum wird die Erinnerung an diese Glanzzeiten der 1990 eingestellten Glasproduktion wachgehalten.

Schillingschmiede

**Schilling-
schmiede**
Schneid 11
98527 Suhl
Tel. 03681/722487
www.stadtmarke-
ting-suhl.de

Seit 13 Generationen war die Familie Schilling in das jahrhundertealte Schmiedegewerbe der Stadt Suhl eingebettet.

Seit 1897 gehört den Schillings die nach ihnen benannte Schmiede, die 1990 zum technischen Denkmal erklärt wurde. In einer Dauerausstellung sind Exponate zur Firmengeschichte zu sehen. Alljährlich findet Ende Juli ein Schmiede- und Sommerfest statt, bei dem das alte Handwerk wieder zum Leben erweckt wird.

Beim alljährlichen Schmiedefest zeigen Meister des Fachs ihr Können.

Waffenmuseum

Seit 1499 ist die Herstellung von Schwertern in Suhl belegt.
Einige Jahrzehnte später ließen sich Büchsenmacher in der Stadt
nieder. Daraus entwickelte sich bis vor dem Zweiten Weltkrieg
Suhls internationaler Ruf als Stadt der Waffen.

Schon früh organisierten sich die Suhler Handwerker in Zünften, in das Jahr 1555 etwa fiel die Gründung der Innung der Rohr- und Büchsenschmiede. Damit waren die Produktionsbedingungen festgeschrieben, es wurde fast »wie am Fließband« gearbeitet: Bereits Ende des 16. Jahrhunderts verließen pro Jahr mehr als 20 000 Gewehrläufe die Stadt.
Das Waffenmuseum Suhl gilt als eines der wichtigen Spezialmuseen Deutschlands, auf drei Etagen im Malzhaus, einem Fachwerkhaus aus dem 17. Jahrhundert, gibt es Einblicke in die besondere wirtschaftliche Tradition.
Der Schwerpunkt liegt auf den Handfeuerwaffen. Auf 1000 Quadratmetern verteilen sich die fünf Abteilungen »Welt der Waffe«, »Heimat der Büchsenmacher«, »Jagdwaffen«, »Sportwaffen« und »Militärwaffen«, in denen 460 Waffen bestaunt werden können.

**Waffen-
museum Suhl**
Friedrich-König-
Straße 19
98527 Suhl
Tel. 03681/742218
www.waffenmuse-
umsuhl.de

Heute sind Waffen hochpräzise Gerätschaften. Früher hatten die Büchsenmacher noch den Blick für kunstvolle Details.

Bildinformationen

S. 2/3: Deutsches Technikmuseum, Zuse-Computer; 5: Technikmuseum Magdeburg; 6: Flugwerft Schleißheim, Deutsches Museum; 8: Sonnenobservatorium, Goseck; 9: Nachbau eines Lilienthal-Gleiters aus dem Jahre 1895; dreirädriger Motorwagen von Carl Friedrich Benz; 10: BMW-Welt, München; Wuppertaler Schwebebahn; Rennwagen Awtowelo im Industriemuseum Chemnitz; Raumgleiter Phoenix im Windkanal, Bremen. Nachsatz: Festival in der Baggerstadt Ferropolis.

Bildnachweis

© Fotolia: 40 o. (Alex Bayte), 152 (Jamiga), 169 u. (KorayErsin); © Auto & Technik Museum Sinsheim: 16, 17; © Baier: 49; © Bibliothek Museum Elbinsel Wilhelmsburg e.V.: 98 u.; © CLAAS KGaA mbH: 161 u.; © Congress Centrum Suhl - Touristik und Congress GmbH: 278 u.; © deahl: 158 u.; © Deutsches Museum, München: 55, 56 u., 56/57 o., 57 u., 58; © Deutsches Rundfunkarchiv Babelsberg/Fischer: 80 o.; © Dornier Museum Friedrichshafen: 37 o., 37 u.; © Drahkrub: 15 o.; © E.ON Avacon AG: 150 o.; © Elztal & Simonswäldertal Tourismus, Touristinformation Simonswäldertal Horst Dauenhauer: 28.u.; © Egidius Fechter, Haigerloch: 26; © Eisenhüttenverein Mägdesprung Carl Bischof e.V.: 257; © Erhard Pitzius: 227; © Evangelische Kirchengemeinde Dausenau: 214 o.; © Florian Weyl: 218 o.; © Frank Vincentz: 191 o.; © GEO-Zentrum an der KTB (www.geozentrum-ktb.de): 41 u.; © Glasmuse-um Immenhausen: 101; © Hans Jürgen Bergermann, Frankfurt: 212; © Haus der Geschichte Baden-Württemberg, Stuttgart: 81; © Heimatvereinigung Wißmar e.V., Holz + Technik Museum: 112 o.; © Heinz Albers, Essen: 145 o.; © Herbert Rubarth, Menden, www.alpenbahnen.net: 63; © Hessisches Braunkohle Bergbaumuseum Borken: 105; © Hessisches Ziegeleimuseum/ Sven Nebenführ: 103; © Hopfen Museum Tettnang: 36 u.; © Industriemuseum Lauf: 43; © Informa- tionszentrum Naturpark Altmühltal Treuchtlingen: 48 u.; © J. Herkelmann/Frankfurter Feldbahnmuseum, Frankfurt a. M.: 119 o.; © Juergen Roesener/Pano-ramio: 100 o.; © Jürgen Heegmann: 119 u.; © Keramikmuseum Westerwald: 203; © Königshütte GmbH & Co.: 157; © Landschaftsverband Rheinland, Köln: 169 o., 198, 200 (Helmut Dahmen); © Leica Microsystems: 112 u.; © Lokilech/p.d.: 226; © LWL-Industriemuseum Lage, Jürgen Hoffmann: 163 o., 164 o. (Martin Holtappels), 169, 189, 194 (2); © MAN Roland Museum Augsburg: 51; © Martin Spies, Ibbenbüren: 163 u.; © Martin-Luther-Universität Halle-Wittenberg: 94; © Mattes: 109; © Medienzentrum Rheinland/LVR: 197; © Meister Buchen, Panoramio: 177 u.; © Miele Cie KG: 160 o.; © Museum Humpis-Quartier/ Anja Köhler: 35; © Museum im Gotischen Haus, Bad Homburg: 116 o.; © Nicolaus-Copernicus-Planetarium Nürnberg, M. Schraut/J. Petzold: 45; © Pahu: 225; © Picture alliance/dpa, Frankfurt am Main: 2/3, 5, 6-9, 10 M., 11 (2) (dpa), 10 l. (Bildagentur Huber), 13 u.; 15 u. (Lou Avers); 20; 22, 54 (CHROMORANGE); 24 o. (Harry Melchert); 28 o. (Eibner-Presse); 29 o. (Patrick Seeger); 29u, 42, 44 (Bildagentur Huber); 30 (Ronald Wittak); 34 (Volker Dornberger); 36 o. (Rolf Haid); 40 u.; 41o (Daniel Karmann); 46; 47 (Helga Lade Fo); 48 u.; 50; 52 (Tobias Hase); 53 (Angelika Warmuth); 59 (OKAPIA KG); 60 o., 164u (Gambarini Mauricio); 60u (Rainer Hackenberg); 64, 128 (Bildagentur H/R. Schmidt); 68 (Berliner_Zeit); 71o (Wulf Pfeiffer); 71u (Torsten Leukert); 75 (Tagesspiegel); 65 (dpa), 66, 69 o., 74, 76 (Soeren Stache); 77 (Berliner Kuri); 83 (Helga Lade Gm); 87 (Kalaene Jens); 88 (Armin Weigel); 90, 91 o., 91 u., 92 (Ingo Wagner); 95, 97 (Bodo Marks); 24 u., 96, 98 o., 123u, 172, 231 o. (Bildagentur-o); 102; 104 (Arco Images G/ Thielmann, G.); 106 (CHROMORANGE/Alexander Feigl); 108 (Arne Dedert); 110 (Klaus Nowottnick); 111(Emily Wabitsch); 113 (Frank May); 114 (Wolfgang Minich); 115 (Sabine Lubenow); 116u (Arne Dedert); 32, 117o (akg-images); 117u (Uwe Ansbach); 121u (DUMONT Bildar/Sabine Lubenow); 124 (Wolfram Steinberg); 125 o., u, 164 (Bildagentur Hu/Sabine Lubenow); 129 (Hans Joachim Rech); 132, 136 o. (CHROMORANGE/Titus E. Czerski); 134o (Hans Joachim Rech); 136 u., 137 (Ingo Wagner); 138-139 (JTimage.de); 21, 72, 131u, 135, 142, 143, 159 u., 160, 190, 210, 214 u., 230, 232, 268 u. (DUMONT Bildarchiv); 144 o. (Heiko Wolfraum); 144 u. (Susanne Mayr); 145 u. (Patrick Lux); 146, 148 (Carmen Jaspersen); 147 (Ingo Wagner); 149 u.; 151 u. (Frank May); 153 o. (Holger Hollemann); 153 u. (Peter Steffen); 154 (Wolfram Steinberg); 155 (Uwe Gerig); 156 (Rainer Jensen); 159o (Holger Hollemann); 162, 186 u., 198 (Bernd Thissen); 165; 166, 176, 195 (Horst Ossinger); 171, 38, 167, 168 o.; 168u, 177 o., 173-175, 180-184, 186 o., 187, 188, 190 o., 192, 193 o., 193 u., 191 u., 220, 262 o., 264 o., 267, 268o (Arco Images); 185 (Sven Simon); 196 (Franz-Peter Tschauner); 199 (Federico Gambarini); 201; 202, 206, 207u (Thomas Frey); 207o (Peter Hirth); 213 (Fredrik von Erichsen); 215 (Harald Tittel); 216 (DUMONT Bildar/Rainer Hackenberg); 218u (Stadtverwaltung_Neustadt); 219, 222 (Ronald Wittek); 221 o., u, 244 (Helga Lade Fo); 23, 65 o., 67, 69, 70, 73, 78, 79 o., 79u, 80u, 133 o.; 223, 231u, 233, 234, 235 (ZB); 260 (ZB/Matthias Bein); 245 (ZB/Ronald Bonfl); 130, 149o (ZB/Jens Büttner); 253 (ZB/A. Engelhardt); 85 (ZB/Klaus Franke); 178 (ZB/Revierfoto Roy Gilbert); 249 (ZB/Waltraud Grubitzsch); 271 (ZB/Heinz Hirndorf); 242 (ZB/Ralf Hirschberger); 120, 274-276 (ZB/Jan-Peter Kasper); 247 (ZB/Thomas Lehmann); 82u (ZB/Patrick Pleul); 86 (ZB/Bernd Settnik); 82o (ZB/Soeren Stache); 131o (ZB/Volkmar Thie); 248 (ZB/Wolfgang Thieme); 134 u. (ZB/Hans Wiedl); 84 (ZB/Jan Woitas); 253 (ZB/Jens Wolf); 126, 133u (ZB/Bernd Wüstneck); 224 u., 229 (Becker&Bredel); 228 (Reiner Vofl); 236 (Oliver Killig); 237 o., u, 239, 243 o., 238, 243u (Arno Burgi); 240 (Wolfgang Schmidt); 62, 93, 99, 140, 141, 170, 179, 241, 264 u., 270 (Bildagentur H); 246 (Wolfgang Thieme); 250, 254 (Peter Förster); 251 (Jens Wolf); 255 (Peter Endig); 256 u. (Waltraud Grubitzsch); 256o (Ralf Hirschberger); 259 (Hendrik Schmidt); 261, 262u, 263 (Carsten Rehder); 265 (rtn); 266 (Stephan Persch); 269; 107, 272 o. (Uwe Zucchi); 272 u., 277 u. (Jens Büttner); 273, 277o (Martin Schutt); 278 o.; 279 (Michael Reichel); © Porzellanikon, Selb: 39; © RGZM/ R. Müller www.archaeologie-online.de © Rheinische Eisenkunstguss-Museum: 204, 205; © SAX Concept Systembau GmbH, Tübingen: 217 u.; © Schluchseewerk Aktiengesellschaft: 34; © Shutterstock: 14 o.; © Solling: 151 o.; © Stadt Mössingen (www.moessingen.de): 25; © Stadt Vöhrenbach: 31 u.; © Stadtmarketing Mannheim GmbH: 13 o.; © Stadtverwaltung Blumberg: 33; © Stadtverwaltung Ochsenhausen: 27; © Stefan Kühn: 217; © Süddeutsches Eisenbahnmuseum Heilbronn: 19; © Südsalz GmbH: 18; © Südwestdeutsche Salzwerke AG, Heilbronn: 18; © Taunus Touristik Service e. V., Bad Homburg: 121 o.; © Technoseum Mannheim: 12; © Thomas Herter, Liederbach am Taunus: 118; © Tourist-Info Forbach: 31 o.; © Tourist-Information Diemelsee/ Sascha Pfannstiel: 100 u.; © Traditionsgemeinschaft Lufttransport Wunstorf e.V.: 150 u.; © Wehrlehof, Simonswald: 28 u.; © Wiechert'sche Erdbebenwarte Göttingen e.V.: 158 o.; © Wolfgang Fuhrmannek HLMD: 122; © www.aproposzinnowitz.de: 123 o.

pa•picture alliance

Produktmanagement: Dr. Birgit Kneip
Herausgeber/Redaktion: Henning Aubel, Dortmund
Bildbeschaffung: Nathalie Skaletz, Riemerling
Layout und Satz: Werner Poll, Stephansposching
Karte: Astrid Fischer-Leitl, München
Umschlag: Studio Schübel Werbeagentur, München
Litho: Repro Ludwig, Zell am See
Herstellung: Bettina Schippel
Printed in Slovenia by Florjancic

Die Deutsche Nationalbibliothek verzeichnet diese Publikation in der Deutschen Nationalbibliografie; detaillierte bibliografische Daten sind im Internet über http://dnb.d-nb.de abrufbar.

© 2012 Bucher Verlag, München
Alle Rechte vorbehalten.
ISBN 978-3-7658-1886-8

Ebenfalls erhältlich ...

ISBN 978-3-7658-1834-9

Die 50 bedeutendsten Frauen der deutschen Geschichte in Wort und Bild – 50 faszinierende Porträts über Mut, Ehrgeiz und die Macht der Kreativität.

ISBN 978-3-7658-1837-0

50 Fragen zu Politik, Gesellschaft, Kunst, Kultur, Technik und Innovation, erklären die wichtigsten Ereignisse des 20. Jahrhunderts.

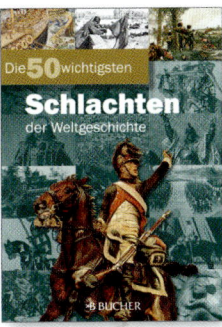

ISBN 978-3-7658-1821-9

Diese großen Gefechte der Weltgeschichte sollte man einfach kennen.

ISBN 978-3-7658-1833-2

50 Fragen führen durch das bewegte Leben des bayerischen »Kini«, erklären Kurioses und nehmen uns mit zu berühmten Schauplätzen.

ISBN 978-3-7658-1884-4

Pünktlich zum Untergangs-Jubiläum 2012: Das bewegende Schicksal des Luxusliners RMS Titanic in eindrucksvollen Bildern.

ISBN 978-3-7658-1831-8

Zum 300. Geburtstag Friedrichs des Großen: alles Wissenswerte über den berühmten Preußenkönig in einem informativem Band.

www.bucher-verlag.de